新型纺织服装材料与技术丛书

天然蛋白质纤维
粉体化及其应用

刘 欣 饶 崛 刘可帅 著

中国纺织出版社有限公司

内 容 提 要

本书主要讲述了天然蛋白质纤维的结构与性能，天然蛋白质纤维粉体的制备设备与原理，超细天然蛋白质纤维粉体的微观结构与性能及其在膜材料与纤维材料中的应用，以及超细天然蚕丝粉体在人造血管中的应用，内容涉及天然蛋白质纤维粉体化的基础理论、设备制造及其相关应用的技术特点、工艺参数等具体案例，结构体系逻辑性强，从理论基础向应用实践深入。

本书适合作为纺织服装院校师生的参考书使用，也可作为纺织行业从业者的资料使用。

图书在版编目（CIP）数据

天然蛋白质纤维粉体化及其应用 / 刘欣，饶崛，刘可帅著 . -- 北京：中国纺织出版社有限公司，2023.11
（新型纺织服装材料与技术丛书）
ISBN 978-7-5229-0851-9

Ⅰ . ①天… Ⅱ . ①刘… ②饶… ③刘… Ⅲ . ①天然纤维－蛋白质纤维－研究 Ⅳ . ① TS102

中国国家版本馆 CIP 数据核字（2023）第 152790 号

责任编辑：苗 苗 责任校对：江思飞
责任印制：王艳丽

中国纺织出版社有限公司出版发行
地址：北京市朝阳区百子湾东里 A407 号楼 邮政编码：100124
销售电话：010—67004422 传真：010—87155801
http://www.c-textilep.com
中国纺织出版社天猫旗舰店
官方微博 http://weibo.com/2119887771
三河市宏盛印务有限公司印刷 各地新华书店经销
2023 年 11 月第 1 版第 1 次印刷
开本：787×1092 1/16 印张：15 插页：4
字数：283 千字 定价：78.00 元

感谢下列项目和组织的大力资助

国家自然科学基金（项目编号：U21A2095，52173062）

湖北省重点研发计划（项目编号：2021BAA068，2020DGC003）

武汉纺织大学学术著作出版基金

纺织新材料与先进加工技术国家重点实验室（武汉纺织大学）

武汉纺织大学材料科学与工程学院

武汉纺织大学纺织科学与工程学院

由于天然蛋白质纤维除了在服装和床上用品中用作保暖填充材料，以及在复合材料中作为增强材料外，大部分只是在简单加工处理后用作饲料或以发酵等方法进行降解，造成了大量的浪费。天然蛋白质纤维具有优良的生物特性和可再生性。在倡导绿色消费的当下，天然蛋白质纤维的再生利用已越来越受到各国消费者的青睐。为此，我们将天然蛋白质纤维制备成超细粉体，然后将其作为功能载体分别与多种高分子材料进行复合，并进行纺丝、制膜或者掺杂，达到重构天然蛋白质纤维功能特性的目的，实现了废弃材料的再生回收利用。在节约资源、绿色环保的基础上，还提出了重构天然蛋白质纤维特性效果的构想。

本书的主要内容是关于天然蛋白纤维粉体化的基础理论、设备制造、工程技术、工艺参数及其相关的应用案例，本书的材料均来自作者多年的研究经验和成果。本书第1章简要介绍了天然蛋白质纤维的结构与性能，分析了不同天然蛋白质纤维的微观结构和性能特点；第2章介绍了天然蛋白质纤维粉体的制备设备与原理；第3章对超细天然蛋白质纤维粉体的微观结构与性能进行了详细的探讨和研究，为天然蛋白质纤维粉体的应用奠定理论基础；第4章介绍了超细天然蛋白质纤维粉体在膜材料中的应用，阐述了制备不同膜的各种参数和性能分析；第5章介绍了超细天然蛋白质纤维粉体在纤维材料中的应用，列举了相关工艺参数与技术难点；第6章主要介绍了超细天然蚕丝粉体在人造血管中的应用，着重阐述了在生物实验、临床实验方面的数据及多种医学检测结果等。

值得说明的是，本书的大量工作是在众多研究人员共同努力的基础上完成的。在理论和实验研究阶段，得到了李文斌、杨红军、王鑫、彭旭锵、陈玉波、黄娟等的大力支持；在产业化及应用方面得到了诸多知名企业的大力支持；他们提供了大量的真实研究数据并共同取得了技术攻关成果。特别感谢华中科技大学同济医学院欧阳晨曦教授,正是他和他的团队在生物实验及动物实验方面的大力支持,使天然蛋白质纤维成功应用于生物医用材料领域,为本书锦上添花。

本书在学术思想上独具特点,主要是在微观结构层次上的协同成型,以新的方法研制具有天然和合成材料性能交叉融合的新纤维并实现某些特殊功能;内容范围包括天然蛋白质纤维粉体化的基础理论、设备制造及其相关应用的技术特点、工艺参数等具体案例,结构体系逻辑性强,从理论基础向应用实践深入,文笔流畅,通俗易懂。

该书的内容和成果不仅对广大纺织行业科研人员和高分子工程技术人员有重要参考价值,也对正在蓬勃兴起的天然蛋白质再生行业科研人员、工程技术人员具有引导和参考作用。虽然天然蛋白质纤维粉体设备与技术在某些方面具有一定的优势,但是继续挖掘它的优点和特点,还需要我们与企业共同继续努力,相信有兴趣致力于天然蛋白质纤维再生利用的科研单位和企业厂家在本书的基础上会有更好的突破并取得硕果。

由于时间仓促,实验与应用范围比较有限,书中可能存在不足之处,也恳请读者谅解。

作者

2022年9月

目录
Contents

第5章　超细天然蛋白质纤维粉体在纤维材料中的应用

第6章　超细天然蚕丝粉体在人造血管中的应用

展望

天然蛋白质纤维粉体化及其应用

第 1 章

天然蛋白质纤维的结构与性能

由于具有特殊的结构及优良的服用性能，羊毛纤维成为纺织工业不可或缺的纤维材料。羊毛纤维具有鳞片，既带来了很好的缩绒性能，又由于其良好的保暖性能及优良的蛋白质材料风格，被广泛应用于外衣及防寒服装。近年来，为了拓宽羊毛纤维的研究领域，研究者试图从羊毛的微细结构出发，找到发展和应用羊毛纤维的新途径，并取得了一定的进展。

纳米材料及超细粉体材料由于具有特殊的表面性能及超细效应，迅速成为近年来研究的热点。于是，有研究者将蚕丝进行超细粉体化研究，并有很好的应用前景，随后便有了超细羊毛粉体及其应用研究，这些研究具有独创性，发展和拓宽了纺织材料特别是羊毛纤维的应用范围。

材料改性是发展新材料最有利、最直接的方法，复合材料的出现更是将材料改性的发展推向高潮。由于羊毛超细粉体具有特殊的性能，可以将其用到材料改性方面，赋予材料新的性能，与其他高分子材料相结合，突出羊毛纤维的特征，从而改善高分子的性能，使其具有更高的应用价值。

1.1.1 羊毛纤维的结构

作为一种天然蛋白质纤维，羊毛纤维是具有复杂结构的多细胞纤维。通常可将羊毛纤维分为鳞片层（scale）、皮质层（cortex）和髓质层（medulla）。其毛干由皮质细胞（cortical cell）和细胞间质（cell membranes）堆砌而成，并且表面覆盖有一层鳞片。

图1-1和图1-2为羊毛纤维及其表面鳞片的扫描电镜（Scanning Electronic Microscope，SEM）图，从图中可以明显地看到羊毛纤维表面覆盖一层像鱼鳞一样的鳞片。这些鳞片的根部附着在毛干上，梢部伸出毛干并指向毛尖，凸出于纤维表面并向外张开，形成一个阶梯结构。羊毛鳞片起到保护羊毛主干的作用，并且对羊毛纤维的光泽和表面性质有极大的影响，而且这种特殊的结构使羊毛织物中的纤维在热湿和机械外力的作用下逐渐收缩紧

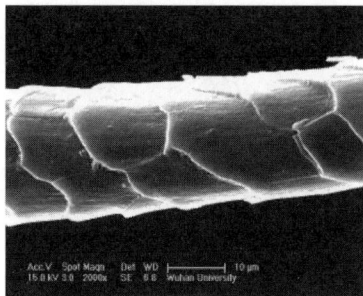

图1-1　羊毛纤维的扫描电镜图　　　图1-2　羊毛纤维鳞片的扫描电镜图

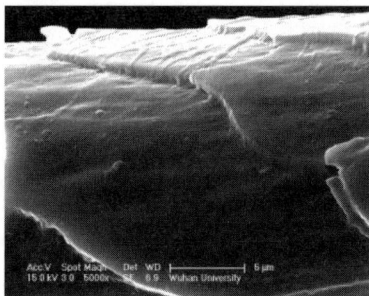

密，并相互穿插纠缠，交编毡化，即所谓的缩绒性。

羊毛的鳞片细胞由鳞片表层（Epi）、鳞片外层（Exo）和鳞片内层（End）三部分组成。

鳞片表层又称为表皮细胞薄膜层。它实质上就是一般的动物细胞表面的原生细胞膜转化而成的一层薄膜，具有良好的化学惰性，但研究表明它不具备双脂层结构特征，处于暴露状态的鳞片部位（可见部分）的鳞片表层呈单层脂类结构，非极性基团外露，因而具有极强的疏水性。

鳞片外层主要由角质化蛋白质组成，是羊毛鳞片的主要组织部分。它又可细分为Exo-a、Exo-b两层。a层位于羊毛的外侧，具有很高的含硫量，胱氨酸残基的含量很高。b层位于内侧，其含硫量稍低，但是仍比其他部位的含硫量高。鳞片外层内蛋白质分子肽键主要是以无定型形式存在，这是由于胱氨酸含量过多，难以有效地形成有序排列所致。

鳞片内层位于鳞片层的最内层，由含硫量很低的非角质化蛋白质构成，由于鳞片内层中只含有3%（物质的量分数）的胱氨酸残基，且极性氨基酸的含量相当丰富，所以，其化学性质非常活泼，易于被化学试剂、水等膨润，并且可被蛋白质消化。

羊毛为天然蛋白质纤维的一种，其结构主要由氨基酸通过肽链联结而形成长链分子。蛋白质大分子之间的作用形式主要有氢键、盐式键和二硫键的作用。羊毛角蛋白的主要形式是 α 螺旋形构象，其分子伸展可能性大，弹性较好。羊毛角蛋白的主要特征是高含硫量的胱氨酸，从而形成了多肽链之间的强烈硫化交联，这种交联固定了角蛋白的结构，使羊毛纤维具有很好的强力，并且给羊毛带来了化学稳定性。

图1-3为羊毛纤维的各级结构。右螺旋 α 大分子构成了左螺旋分子组合，形成了羊毛纤维的基原纤，微原纤由9根基原纤加上中间2根构成（中间是否是2根尚有争论），直径大约为7nm。微原纤形成高硫蛋白质，进而形成了直径在200nm左右的巨原纤。更为宏观的微细结构是皮质细胞，分为正皮质细胞和副皮质细胞。正皮质细胞中存在巨原纤和微原纤，而副皮质细胞直接由微原纤和原纤间质构成，且间质成分较多，含硫量较高。正副皮

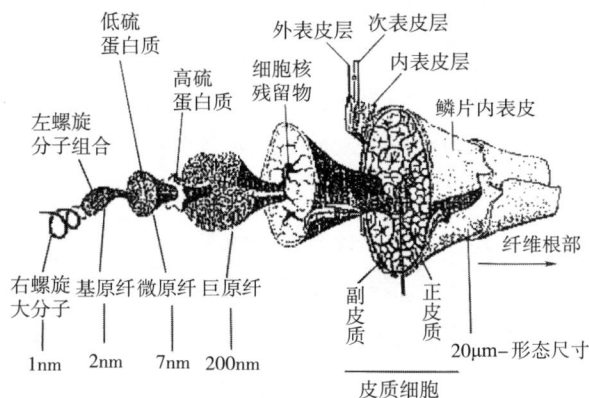

图1-3 羊毛纤维的结构（Bruce Fraser，1972）

质细胞的分布形式直接决定了羊毛纤维在自然状态下的空间形态，一般来说，正皮质细胞位于卷曲的外侧，而副皮质细胞位于卷曲的内侧。

1.1.2　羊毛纤维的应用研究及其创新

羊毛纤维具有特殊的结构、良好的弹性和缩绒性，而且羊毛纤维织成的织物具有良好的保暖性能，所以，羊毛纤维主要用于秋冬服装面料。利用其优越的缩绒性，可以制成很好的呢料，具有华丽的外观和厚实的手感，通常作为高档面料使用。目前，人们对羊毛纤维及其应用研究主要集中在防缩、夏用凉爽羊毛、羊毛粉体、羊毛特殊整理、等离子体处理及羊毛角蛋白研究等方面。

防缩是羊毛研究最悠久的课题，曾经出现的防缩方法有氯化法、树脂法及氯化—树脂法等。概括地说，羊毛防缩的方法分为两大类，即加量法和减量法。加量法主要是指树脂整理法，其防缩机理可分为三种：①少量树脂通过"点焊接"或产生纤维—纤维键将纤维粘接起来；②纤维表面形成一层聚合物薄膜遮盖鳞片；③纤维表面沉积物阻止鳞片相互作用。目前，能够单独用于羊毛防缩的树脂从结构上可分为两类：环氧树脂类、聚氨酯类。由于"加量法"不利于环保，因此，近年来发展得不是很快。"减量法"是基于减小羊毛鳞片的定向摩擦效应的基础上提出来的，主要是指通过羊毛纤维的表面改性，如加上试剂和鳞片反应、刻蚀鳞片、剥除鳞片等，来降低羊毛纤维表面的定向摩擦效应，从而达到防缩的目的，如氧化法、氯化法和等离子体刻蚀等。

凉爽羊毛（Cool wool）是由国际羊毛局（IWS）倡导的课题，由澳大利亚、日本等国发起的探索用于夏季服装的羊毛面料开发。首先必须要考虑羊毛纤维剥鳞片加工、细化和平滑化、表面亲水、消除刺痒感、吸湿透气及防缩等；其次要使用新的纺纱和织造技术，制作轻薄、凉爽的羊毛织物；最后还要加上一些必要的后整理技术以带来干燥和凉爽的手感等。

羊毛纤维的特殊整理包括阻燃整理、防蛀整理、拒水拒油整理、抗起毛起球整理、抗静电整理、等离子体整理和光稳定整理等。

近年来，研究者对于羊毛角蛋白进行了深入研究，羊毛角蛋白的研究是基于废弃羊毛和品质差的羊毛的回收和再利用发展起来的。这类废弃的纤维均含有羊毛角蛋白质，如果能够将其溶解成溶液，然后采用纺丝技术加工成各种各样的纤维，就像人类回收利用废棉做成再生纤维素纤维一样。这类再生蛋白质纤维将具有很好的蛋白质材料的特性，并将具有良好的服用性能，其性能甚至可能超过最优良的羊毛。由于羊毛角蛋白结构特殊，不能熔融，因此目前广泛采用的方法是选择适当的助剂、溶剂，采用适度溶解的方法制成溶液，这种角蛋白溶液可以作为纺丝添加剂而制造蛋白/化纤复合蛋白纤维，或者直接纺丝制造蛋白纤维。目前，国外对羊毛溶解制取角蛋白的研究比较深入，并有相关文献出现，其主要原理是选用合适的试剂使其与羊毛纤维内大分子之间的双硫键产生反应，打开双硫键，从而得到角蛋白溶液。通过羊毛溶解制取角蛋白的主要方法有氧化法（氧化剂为过氧乙酸或甲酸）和还原法（洗净羊毛溶解在水、尿素、还原剂和表面活性剂中）。除此之外，也有通过分解双硫键而制备角蛋白高分子膜。羊毛角蛋白溶液或膜的制备给羊毛的多样化发展提供了很好的研究方向，具有很强的研究意义和价值，然而，由于制取工艺复杂，角蛋白制成工艺极难控制，并且还要经过透析等复杂的处理程序，所以比较难以实现工业化生产。

1.2 蚕丝纤维

蚕丝作为人类的衣着材料已有几千年的历史。由于它具有良好的光泽、手感、吸湿性、保暖性，向来被人们誉为"纤维皇后"，千百年来一直处于供不应求的状态。但到20世纪20年代末，蚕丝业第一次出现全球性生产相对过剩。蚕丝业发达的日本为了维护其该行业的国际地位及促进蚕丝业的健康发展，从1933年起，农林省蚕丝实验场将有关蚕茧新用途的研究列入政府预算，开始了蚕丝新用途的开发研究。同时，由于蚕丝作为优良的纺织材料，也存在易泛黄、易皱、不耐磨、染色牢度差等问题，因此，最初的研究主要围绕蚕丝的应用性能和实用功能展开。到了20世纪70年代末，日本蚕丝业进一步萎缩，很多学者开始重新考虑蚕丝的多用途开发利用问题，此举也引起了其他蚕丝生产国的关注。目前在改性蚕丝的研究、新品种原料茧的培育和开发、蚕丝蛋白质新用途的开拓等方面取得了突破性进展。近年来，由于生物化学和分子生物学向生命科学以外领域的广泛渗透，蚕丝的研究也逐渐向分子水平方向发展；应用方面也由原来的绢丝织物向医药、食品、化妆品、生物制剂等领域进一步延伸。

1.2.1 蚕丝纤维的基本组成和性质

蚕丝是天然蛋白质纤维的一种，也是高档的丝织原料，按蚕的品种分，蚕丝有家蚕丝和野蚕丝两种。家蚕丝即桑蚕丝，也叫真丝，野蚕丝主要有柞蚕丝、蓖麻蚕丝等。蚕丝是由蚕体内绢丝腺分泌出的丝液凝固而成。在显微镜下观察，蚕丝是由两条平行的单丝组成，单丝内部为丝素，是蚕丝的主要成分，丝素表面有保护丝素的丝胶（图1-4）。在蚕丝的组成中，除了丝素和丝胶两种蛋白质物质外，还含有少量蜡质物、无机物质和色素等，其含量随蚕的品种、饲养条件等不同而变化。丝素和丝胶都是蛋白质，主要由碳、氢、氧、氮、硫等元素组成。蛋白质的基本组成单位是氨基酸，目前在蚕丝蛋白质中发现有18种氨基酸。丝素和丝胶都由氨基酸组成，但因其结构有明显的区别，所以在性质上也有很

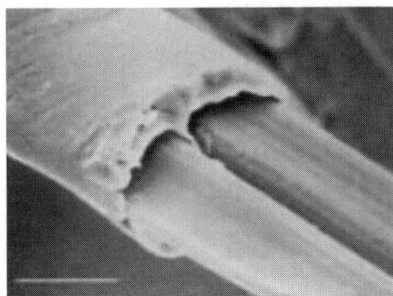
图1-4　蚕丝纤维

大不同。丝素分子由两部分组成：排列整齐紧密的结晶部分和排列松散的无定形部分。在规整部分，由于结构紧密，水分子不能进入其内，纤维不溶于水并对化学药剂有一定的稳定性；在无定形区部分，由于结构疏松，支链中反应基团较多，再经化学处理时，化学药剂容易进入，另外，该区域分子排列比较紊乱，使纤维具有弹性和伸长能力。而丝胶多以无定形结构为主，其表面分布着很多具有亲水性基因的氨基酸，因此，极易在水中溶解，它的存在使纤维的手感粗糙，处理时应将其大部分除去。

1.2.2　蚕丝纤维在各大领域的开发再利用

1.2.2.1　蚕丝纤维在纺织领域的开发再利用

目前，蚕丝在纺织领域的开发再利用主要集中在新型复合纤维的开发上。利用蚕丝进一步开发新型复合纤维的方法基本局限于同一个原理，即先将蚕丝纤维（或绢纺废料）经特殊的盐溶液进行溶解，通过盐析的方法去掉无机盐以制备蛋白质大分子的纯溶液，然后将它们与其他纺丝溶液进行接枝共聚并抽丝以制备新的纤维。但由于盐析的过程较为复杂，成本较高，所以这种纤维的开发暂时没有工业化的应用，直接用这些蛋白质溶液进行纺丝就更加困难。另外就是在制取蛋白质溶液后与聚乙烯醇或其他高聚物接枝共聚开发生物相容性好的蛋白丝素膜，其中聚乙烯醇主要起到粘接成型和增强的作用。再就是蚕丝通过不同的方法以粉末的形式大量生产，在纺织上也得到了一定的应用。例如，Taikyu Shoten K. K.用蚕丝粉末对棉织物进行后整理，从而改善了棉织物的折皱回复性能、抗撕裂性能及染色性能等。他已经将该项技术用于彩色棉织物的后整理，并且计划将这种棉织物以"Powder Taste"为商标推向市场。还可用丝胶对化纤纺织品进行涂层，涂层织物可避免化学纤维对皮肤的刺激，还具有显著的抗菌效果和抗静电功能，是一种很好的卫生保健材料。

1.2.2.2　蚕丝纤维在生物医药领域的开发利用

蚕丝作为一种生物性原料，与人体的角质和胶原同为蛋白质，结构非常相似，具有很好的生物相溶性，且透气、吸湿等物理性能良好。蚕丝由丝素和丝胶组成，这两部分在医学上都有着广泛的应用。

用蚕丝作为手术缝合线由来已久，在体内不会引起过敏或致癌。人造血管也可用蚕丝纤维为原料直接编织而成，迄今已能制造各种不同类型和口径的真丝人造血管，适应各种不同的血管病变治疗。

现在丝素膜在医疗方面的用途正日趋完善。例如，丝素膜经钴辐照消毒可制成创面保护膜用于浅度烧伤、创伤和整形取皮区等皮肤缺损区域的治疗。日本的GOTOH等人已通过实验研究得出了利用蚕丝可以制作细胞培养基和组织相溶性材料的结论。国内也有研究人员以丝素用于多孔药物载体、细胞培养基、人造皮肤等生物医学领域为目标，开发了多孔丝素膜，改善了普通丝素膜的透气性、透湿性。另外，丝素药物缓释材料可调节多孔丝素膜的孔尺寸和孔隙率，具有较大的药物控制范围。我国的中药丝素膜也于1999年研制成功。

丝素蛋白膜还可作为酶的载体来制作生物传感器。近年来，许多天然聚合物，如胶原蛋白、明胶和血清蛋白常常用来固定酶、细胞或微生物，但用这些材料制定的固定化载体易使生物催化剂泄漏，不得不采用少许试剂如戊二醛、聚乙烯亚胺进行交联，或用纤维素透析膜进行覆盖。而用丝素蛋白膜作为固定酶的载体不用任何化学试剂处理，并且固定作用强，热安全性好，对酶的处理和电渗析作用抵抗力高。在制作生物传感器方面，已经开发出的有葡萄糖传感器，它能够将对葡萄糖有选择反应性的葡萄糖氧化酶封闭于丝素膜中，并和氧电极结合起来测定葡萄糖的浓度，用于糖尿病的诊断。当然，丝素蛋白也有助于糖尿病的治疗，早在《本草纲目》中就有记载："缫丝汤治消渴大验"，这是利用蚕丝水解物治疗糖尿病的直接佐证。另外，丝素膜还可用于固定生物活性物抗体、抗原、动物细胞和微生物等，保持其活性不变，或制成免疫传感器，日本就以丝素为原料开发出了癌症自动诊断仪，它是用固相及过氧化氢酶标记的单克隆抗体，在装有氧电极的免疫传感器中测癌细胞物质含量。

在医用仿生材料方面，玉田利用蚕丝的强度和弹性系数与生物体的肌腱相近似的特征及其良好的生物亲和性，开展了人工肌腱与韧带方面的研究。将带有负电荷的羟基、磷酸基导入绢丝素材料进行改性处理，改性后的丝素可与生物骨基质中的主要无机成分羟基磷灰石紧密凝聚，其钙的凝集量与处理前相比有大幅度的增加，特别是导入磷酸基后，钙的凝聚量比处理前提高了10倍以上。

抗凝血物质在医疗临床上有广泛应用，而具有较强抗凝血活性的物质是肝磷脂，它含有的硫酸基，对抗凝血活性起着重要的作用。最近遗传因子排列的分析理论表明丝素的氨基酸是以六种残基（Gly—Ala—Gly—Ala—Gly—Ser）重叠结构为主的物质，其排列长度与肝磷脂基本结构的长度几乎不相上下。因此，若在蚕丝中导入硫酸基，丝素有望被赋予抗凝血作用。

另外，蚕丝还可用来制造药用蛋白。随着生物工程技术的发展，利用基因嵌合技术使家蚕吐出高级药用蛋白已非难事。日本学者曾用家蚕DWW作载体，在培养细胞和蚕体内表达人的2–干扰素取得成功。美国也曾报道法国科学家正用编码来源于人体的干扰素、生长激素、白细胞色素乃至艾滋病毒的其他基因，来代替指挥蚕合成蚕丝的幼蚕基因，使蚕体成为制造贵重药材的工厂。

1.2.2.3　蚕丝纤维在食品领域的开发应用

日本学者的一些研究表明，将废蚕茧及废丝等经过处理后，可制备出水溶性丝素粉末，在其中加入一定数量的淀粉浆和砂糖后，即可加工成丝素蛋白食品，对身体健康有促进作用。丝素蛋白质粉末作为一种高级的食品添加剂，含有大量低分子量的肽键，易溶于水，粉末还具有独特的酸甜味，有很强的吸湿性，加入此种粉末的食品和饮料已上市销售。丝素蛋白粉本身可用来制作一些果冻类食品，口感好、营养价值高。

丝素由18种氨基酸构成，其中绝大多数为甘氨酸、丙氨酸、丝氨酸和酪氨酸。对氨基酸的研究表明，甘氨酸、丝氨酸有减少血液中胆固醇含量的作用；酪氨酸可防止衰老，对老年痴呆症有预防效果；丝素肽有降低血糖值和胆固醇含量的作用；赖氨酸具有加速细胞新陈代谢、强神补脑的作用。平林等用水解的丝素蛋白喂食大白鼠，证实了丝素食品确实可以降低血糖值，促进胰岛素分泌，防治帕金森氏症。平林等还证实了水溶性丝素粉促进酒精代谢、保护肝脏的作用。最近又有研究表明，许多种氨基酸组成的肽链，对于预防老年中风、调节生理功能和免疫系统确有功效。因此，把蚕丝开发成一种理想的功能性保健食品非常有前景。此外，丝胶也可作为食品的营养添加剂和油脂类食品的天然抗氧剂，以延长油脂的保质期。SASAKI等用丝胶对鼠添食发现鼠得结肠癌的概率与数量都得到了控制，说明丝胶有望被开发成结肠癌的化学预防药剂。

1.2.2.4　蚕丝纤维在化妆品领域的再利用

蚕丝主要以粉末添加剂的形式应用在化妆品领域。蚕丝具有良好的保湿性、保温性，能帮助皮肤调节水分；丝素蛋白又属于纤维状蛋白，与皮肤角朊蛋白相似，两者有较好的亲和性；再加上蚕丝中的甘氨酸能与紫外线进行光化反应，因此，蚕丝粉末还具有吸收紫外线、防止日光辐射的作用。将蚕丝粉末用作化妆品的添加剂，国内外已报道多次。20世纪80年代初，有关研究表明，相对分子质量在2000以下的丝素肽溶于水，可作化妆品的添加剂。相对分子质量为1000、2000的丝素肽成膜性能好，能赋予皮肤毛发自然光泽，其保湿作用还能使毛发易于成型。这些低分子量的肽能渗入皮肤与毛发的内部，并很快被吸收，可为皮肤和毛发的正常代谢提供必需的养分，对防止皮肤与毛发的化学机械损伤也有一定功效。丝素肽在护肤护发方面，除了有调湿保湿、抑制黑色素生长的作用外，还有光泽效应。丝素肽保持了丝素的微观片层结构和三角形截面，其优雅、柔和的光泽效应使皮肤光滑柔软，富有弹性。同时，江苏、浙江相继利用丝素粉制成丝素膏，产品远销东南亚。20世纪80年代中期，山东、浙江等地研究出在日用化工、医药工业上有多种用途的丝（素）精，把它配入镇痛消炎的皮肤外用药膏中，可起到愈合伤口、防止皮肤干燥、促进皮肤吸收的作用。而到1992年时，日本利用蚕丝粉末已经成功开发出粉底、粉饼、香波、固形剂、洗发剂、头发保护剂、唇膏等一系列化妆品。

另外，蚕丝作为涂层材料的应用也很广泛。坪内（1996）将超细蚕丝粉末混合一些树脂制作了一种新型感触性涂层材料。日本蚕丝昆虫研究所用蚕丝微粉作为主要原料，制作圆珠笔内涂层，其圆珠笔质量非常高，获得了有关方面的好评，被称为圆珠笔革命。近年来，德国还研制出一种采用蚕丝生产的内墙涂料。采用蚕丝涂料装饰内墙面后，由于蚕丝能形成多孔结构，不仅能有效地透气，而且有极佳的隔热、保温性能，可使室内达到冬暖夏凉的效果，另外还可抗静电、防止墙面积尘。

1.3　羽绒纤维

1.3.1　羽绒纤维的分子结构与形态结构

国外对羽绒纤维形貌结构的研究较少，经LUCAS和CHUONG研究发现，羽毛纤维具有高度有序多级枝杈排列的结构，这种结构能够确保鸟类具有飞行的能力。2002年YU等人在 *Nature* 上发表了关于羽毛形态结构生长的研究论文，这篇论文不仅讲述了羽毛纤维的结构形态，也从生物学、医学、进化学的角度分析了羽毛纤维的生物结构与机理。

国内，东华大学于伟东教授课题组与绍兴文理学院的金阳等人对羽绒纤维的分子结构和形貌结构进行了系统的分析与研究，总结如下。

①羽绒纤维的枝杈结构：文献表明，羽绒纤维以绒朵的形式存在，在电子扫描显微镜（SEM）下，羽绒纤维具有巨大的树枝状枝杈结构。羽绒纤维结构如图1-5所示，每个绒枝上分布着大量的绒小枝分枝。一般情况下，绒核呈现树根状，长度一般为0.5~4mm，绒枝围绕绒核伸向不同的方向，形成球状，绒枝长度一般为0.5~3.5cm，直径为8~30μm，绒小枝长度为100~500μm，细度为2~15μm。

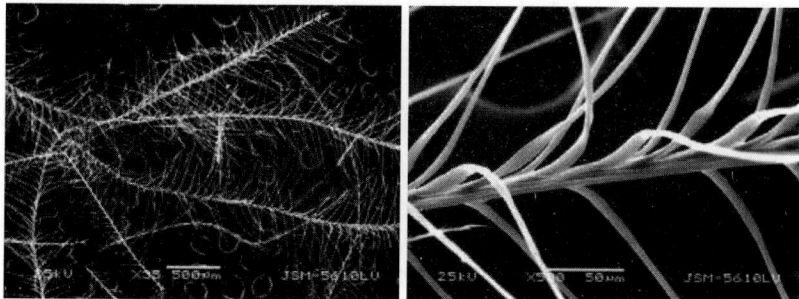

图1-5　羽绒纤维的SEM照片

②羽绒纤维的表面形貌结构：根据图1-5显示，羽绒纤维的绒枝上有明显的沟槽结构，这与文献的研究结果一致，而且次一级的绒小枝则表现出更加明显的沟槽结构。

③羽绒纤维的分子结构：羽绒纤维的最表面是一层细胞膜，它由甾醇与三磷酸酯的双分子层组成。甾醇是指环戊烷骈全氢化菲类化合物，难溶于水，其结构式如图1-6（a）所示。三磷酸酯是由有机醇类与三分子磷酸进行缩合而成的酯类化合物，是一种非常难溶于水的有机化合物，其结构式如图1-6（b）所示：这层双分子膜占羽绒纤维整体重量的10%以下，因此羽绒纤维的防水性能较好。双分子膜的里层是组成羽绒纤维的最主要成分。蛋白质，也称作羽朊，是由多种氨基酸缩合而成。羽绒纤维蛋白质分子中各种氨基酸相互结合形成多肽链，称为羽朊的初级结构。在同一个多肽链中，两个半胱氨酸大分子之间可以生成—S—S—键，使多肽链中的一部分形成环状，同一个多肽链中C═O基和—NH$_2$基之间可形成氢键，使多肽链的构象成为右螺旋形，称为α螺旋或α氨基酸，它是羽朊的二级结构。几个多肽链靠氢键扭成一股，而这几股又扭在一起，可以形成多层次的绳索状结构。

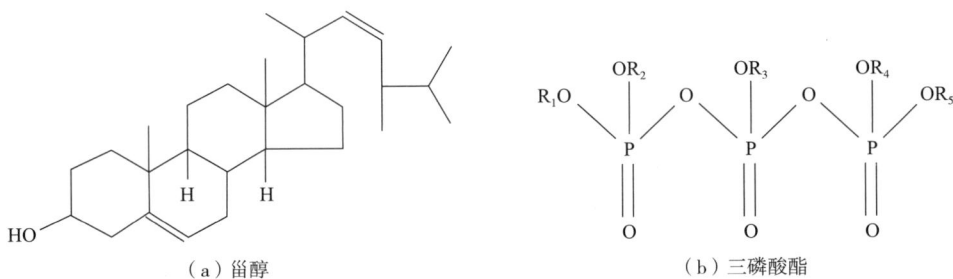

（a）甾醇　　　　　　　　　　　（b）三磷酸酯

图1-6　甾醇与三磷酸酯的分子结构式

1.3.2　羽绒纤维的物理化学性能

金阳等人对羽绒纤维的物理化学性能进行了研究，他们认为由于羽绒纤维独特的多枝杈结构，其具有独特的蓬松性，含绒量为90%时，蓬松度可达530。羽绒纤维对日光的稳定性与羊毛纤维接近（1000h左右），高于蚕丝纤维（305h）。羽绒纤维耐酸性较强，无论强酸还是弱酸，无法破坏羽绒纤维的大分子结构，但在提高温度后，酸能水解羽绒纤维大分子并使主链断裂，进而溶解羽绒纤维。羽绒纤维耐碱性较差，在pH为8的溶液中即发生破坏，pH为10或11的溶液中可以溶解，强碱的存在不仅能够破坏羽绒纤维大分子间的盐式键，还能够破坏二硫键。氧化剂对羽绒纤维的影响也较大，弱氧化剂在较低温度下对羽绒纤维本身的破坏作用不大，但在强氧化剂和高温条件下，能够将胱氨酸中的二硫键氧化成磺酸基，断裂多种缩氨酸键，使蛋白质迅速降解，进而失去蛋白质活性。而还原剂对羽绒纤维的影响主要在于定形作用，还原剂可以使胱氨酸中的二硫键拆解成半胱氨酸磺酸盐和半胱氨酸，而后半胱氨酸再和另一侧的半胱氨酸氧化形成新的二硫键。

高晶与于伟东研究了羽绒纤维的吸湿性能，总结出羽绒的形态结构、表面成分对羽绒纤维的吸湿性能具有较大的影响。羽绒纤维复杂的枝杈状结构，使其比表面积显著增加，一定程度上提高了羽绒纤维的吸湿性，但其表面具有致密的拒水性双层分子膜，又由于羽绒纤维内部较为紧密的排列结构，有效地限制了水分子的进入，使羽绒纤维和其他天然纤维（羊毛、棉）相比，吸湿性能较低。这一特点非常有利于羽绒纤维保暖性能的提高，在相同条件下，纤维集合体易于维持柔软蓬松状态，增加了静止空气的蓄含量，进而可以保持较好的保暖性。温湿度对羽绒纤维的吸湿性能也有较大的影响：在同一温度下，湿度越高，羽绒纤维的吸湿性越大；在同一湿度下，温度越高，羽绒纤维的吸湿性越差。当相对湿度维持较低的时候，随着温度升高，羽绒纤维的吸湿性能呈现降低趋势；当相对湿度维持较高的时候，随着温度升高，吸湿性能呈增加的趋势。

1.3.3 羽毛类再生天然蛋白质纤维复合材料的研究现状

朱选等采用挤压机对羽毛进行了挤压加工，并对羽毛角蛋白经挤压作用而产生变化的原因进行了探讨，发现在高温条件下挤压后，二硫键大量降解，并随着挤压温度提高，二硫键断裂程度增加，但半胱氨酸残基量的改变极其缓慢，并没有和二硫键的挤压降解呈良好的关联性。认为在二硫键降解过程中，降解物半胱氨酸残基易转化为脱氢丙氨酸残基，并与半胱氨酸残基结合形成羊毛硫氨酸，或者与其他氨基酸之间产生反应。同时发现，经过动态挤压后，羽毛角蛋白表面极性点增多，分布均一化，物理形态从束状结构挤压为蓬松状，挤压后角蛋白的可消化性增加。

MARTNEZ等将鸡毛用于聚甲基丙烯酸甲酯（PMMA）中，并对PMMA/鸡毛复合材料进行了一系列拉伸试验，此外，还在光学显微镜和扫描电镜下对复合材料拉伸断面进行了观察。由于鸡毛的亲水性，使纤维和PMMA基材之间具有良好的相容性，在没有使用偶联剂的条件下，纤维在复合材料中具有良好的分散性。拉伸测试表明：加入蛋白质纤维鸡毛之后，复合材料的强度有所变化，当鸡毛用量在1%~5%时，复合材料的强度为28.85MPa~34.82MPa，当鸡毛含量在3%时，复合材料的拉伸强度最大，达到34.82MPa，比纯PMMA的拉伸强度高出17.32%，同时，PMMA的刚性有所改变，复合材料的弹性模量有所增加。此外，PMMA/鸡毛复合材料的拉伸断面经显微镜观察显示纤维和基材之间具有良好的黏结性。

BARONE等将羽毛在120℃条件下通过增塑剂将二硫键打开挤出成型，或者将从鸡毛中获得的羽毛角蛋白和高密度聚乙烯（HDPE）共混，挤出成型，制备了聚乙烯（PE）基复合材料，并分别研究了混合时间、混合温度、挤出速度，以及纤维的分散性对复合材料性能的影响。发现羽毛角蛋白的加入使HDPE的刚度增加，但拉伸强度有所降低，同时，纤维在200℃时能保持长时间的热稳定性，但处理温度为205℃时复合材料的性能最佳。而此时，纤维的热稳定性只能保持几分钟。

经过简单处理，利用下料分离技术，从鸡毛中分离出金孢属菌并对其进行培育产生角蛋白酶，同时将鸡毛、羊毛或毛发进行降解，以及采用真菌或腐生物对角蛋白进行降解，通过寻找特定的细菌或发酵方法使羽毛类纤维降解程度提高，或者将羽毛作为蛋白酶及细菌生长的培养基是另外一种利用羽毛的方法。

参考文献

[1] XU W, CUI W, LI W, et al. Development and characterizations of super-fine wool powder[J]. Powder Technology, 2004(140): 136–140.

[2] 姚金波, 滑钧凯, 刘建勇, 等. 毛纤维新型整理技术[M]. 北京: 中国纺织出版社, 2000: 56–59.

[3] WILLIAMS V A. From fleece to fabric [M]. Geelong: CSIRO Wool Technology, 1998: 47.

[4] 杨刚, 闫克路. 精纺毛织物的防毡缩整理综述[J]. 上海毛麻科技, 2002(4): 23–24.

[5] 刘让同. 羊毛角蛋白纤维化再生的研究进展[J]. 毛纺科技, 2004(11): 5–9.

[6] YAMAUCHI K, HOJO H, YAMAMOTO Y. et al. Enhanced cell adhesion on RGDS-carrying keratin film[J]. Materials Science and Engineering, 2003(23): 467–472.

[7] YAMAUCHI K, YAMAUCHI A, KUSUNOKI T, et al. Preparation of stable aqueous solution of keratins, and physiochemical and biodegradational properties of films[J]. Journal of Biomedical Materials Research, 1996,31(4): 439–444.

[8] 肖练章. 世界蚕丝生产与科技发展动态[J]. 广东蚕业, 1994(2): 66.

[9] SUN Y, SHAO Z, ZHOU J, et al. Compatibilization of acrylic polymer-silk fibroin blend fibers. I. Graft copolymerization of acrylonitrile onto silk fibroin[J]. Journal of Applied Polymer Science, 1998,69(6): 1089–1097.

[10] SUN Y, SHAO Z, MA M, et al. Acrylic polymer-silk fibroin blend fibers[J]. Journal of Applied Polymer Science, 1997,65(5): 959–966.

[11] HIRANO S, NAKAHIRA R, NAKAGAWA M, et al. Wet-spun blend biofibers of cellulose-silk fibroin and cellulose-chitin-silk fibroin[J]. Carbohydrate Polymers, 2002,47(2): 121–124.

[12] MIN S, NAKARRIURA T, TERAMOTO A. Preparation and characterization of crosslinked porous silk fibroin gel[J]. Journal of the Society of Fiber Science and Technology, 1998,54(2): 85–92.

[13] LOCK R L. Process for making silk fibroin fibers: USA, 5252285[P]. October 12, 1993.

[14] LU X, AKIYAMA D. Production of silk powder and properties[J]. Journal of Sericultural Science of Japan, 1994,63(1): 21–27.

[15] TAKESHKE H, FUMIO Y, IAMIKAZU K, et al. Production of fine powder from silk by radiation[J].

Macromolecular Materials and Engineering, 2001,283(1): 126–131.

[16] OTOI, HORIKAWA. Process for producing a fine powder of silk fibroin: USA, 4233212[P]. November 11, 1980.

[17] TSUBOUCHI, KOZO. Process for preparing fine powder of silk fibroin: USA, 5853764[P]. December 29, 1998.

[18] KAWAHARA T, SHOYA M, TAKAKU A. Effects of non-formaldehyde finishing process on dyeing and mechanical properties on cotton fabrics[J]. American Dyestuff Reporter, 1996,85(9): 88–91.

[19] 盛家镛, 林红, 王磊, 等. 易溶性丝胶粉的微细结构及理化性能研究 [J]. 丝绸, 2000(6)：6–9.

[20] 黄伯安, 朱德安, 吴征宇, 等. 一种新的创面覆盖物——丝素膜 [J]. 中华整形烧伤外科杂志, 1998, 14(4)：270–274.

[21] YOHKO G, MASUHIRO T, NORIHIKD M, et al. Synthesis of poly(ethylene glycol). Silk fibroin conjugates and surface interaction between L-929 cells and the conjugates[J]. Biomaterials, 1997,18(3)：267–271.

[22] 李明忠, 等. 多孔丝素材料的研究 [C]. 2000 年全国丝绸年会交流材料.

[23] 张幼珠, 吴徵宇, 霍锦彧, 等. 中药丝素膜的研制及其性能 [J]. 丝绸, 1999(8)：29–30.

[24] 徐新颜, 徐静斐, 吉鑫松, 等. 丝素蛋白膜作为葡萄糖氧化酶载体的研究 [J]. 蚕丝科学, 1997(3)：152–156.

[25] 彭图治, 祝方猛, 杨丽菊, 等. 丝蛋白膜免疫传感器的研制及临床分析应用 [J]. 应用科学学报, 1999, 17(1)：16–20.

[26] 常春枝. 以蚕丝为原料的抗血凝物质的开发 [J]. 国外丝绸, 1997(4)：34–35.

[27] 周耀祖. 丝素粉的简易加工法与用途开发 [J]. 蚕桑通报, 1997, 28(4): 51.

[28] 朱良均, 姚菊明, 李幼禄. 蚕丝蛋白的氨基酸组成及其对人体的生理功能 [J]. 中国蚕业, 1997(1)：42–44.

[29] 梁秀玲. 关于桑蚕废丝的开发利用 [J]. 广西蚕业, 1996(2)：54–55.

[30] SASAKI M, KATO N, WATANABE H, et al. Silk protein, suppresses colon carcinogenesis induced by 1,2-dimethylhydrazine in micd[J]. Oncology Repots, 2000,7(5): 1049–1052.

[31] 湖南省蚕科所情报资料室. 蚕丝的新用途 [J]. 蚕丝科技, 1998(2): 41.

[32] 贾延华. 蚕丝新用途——化妆品添加剂 [J]. 辽宁丝绸, 1998(4): 32.

[33] 孙德斌, 汪琳. 蚕丝的多功能开发与利用 [J]. 江苏蚕业, 2000, 22(1)：1–3.

[34] LUCAS A M, STETTENHEIM P R. Avian Anatomy-Integument[M]. Agricultural Handbook 362: Agricultural Research Services (US Department of Agriculture, Washington DC), 1972.

[35] CHUONG C M. The making of a feather: Homeoproteins, retinoids and adhesion molecules[J]. BioEssays, 1993, 15(8): 513–521.

[36] FEDUCCIA A. The Origin and Evolution of Birds [M]. 2nd edition. New Haven, Connecticut: Yale

University Press, 1999.

[37] CHATTERJEE S. The rise of birds [M]. Baltimore, Maryland: John Hopkins University Press, 1997.

[38] REGAL P J. The evolutionary origin of feathers [J]. The Quarterly Review of Biology, 1975,50(1): 35–66.

[39] YU M K, WU P, WIDELITZ R B, et al. The morphogenesis of feathers[J]. Nature, 2002,420(21): 308–312.

[40] 金阳, 李薇雅. 羽绒等几种天然蛋白质纤维结构和性能的研究 [J]. 毛纺科技, 2000(1): 23–26.

[41] 金阳, 李薇雅. 羽绒纤维结构与性能的研究 [J]. 毛纺科技, 2000(2): 14–19.

[42] 高晶, 于伟东, 潘宁. 羽绒纤维的形态结构表征 [J]. 纺织学报, 2007, 28(1): 1–4.

[43] 金阳, 鲍世还, 林伯祥. 羽绒理化性能研究 [J]. 现代纺织技术, 2000, 8(1): 7–9.

[44] 高晶, 于伟东. 羽绒纤维的吸湿性能 [J]. 纺织学报, 2006, 27(11): 28–31.

[45] 朱选, 金征宇, 刘当慧. 羽毛角蛋白挤压机制的研究 [J]. 中国粮油学报, 1998, 13(4): 16–19.

[46] BULLIONS T A, GILLESPIE R A, PRICE-O'BRIEN J, et al. The effect of maleic anhydride modified polypropylene on the mechanical properties of feather fiber, kraft pulp, polypropylene Composites [J]. Journal of Applied Polymer Sciencem, 2004, 92(8): 3771–3783.

[47] BULLIONS T A, HOFFMAN D, GILLESPIE R A, et al. Contributions of feather fibers and various cellulose fibers to the mechanical properties of polypropylene matrix composites [J]. Composites Science and Technology, 2006, 66(3): 102–114.

[48] MARTINEZ-HERNANDEZ A L, VELASCO-SANTOS C, ICAZA M D, et al. Mechanical properties evaluation of new composites with protein biofibers reinforcing poly(methyl methacrylate) [J]. Polymer, 2005,46(19): 8233–8238.

[49] BARONE J R, SCHMIDT W F, GREGOIRE N T. Extrusion of feather keratin [J]. Journal of Applied Polymer Science, 2006,100(2): 1432–1442.

[50] BARONE J R, SCHMIDT W F, CHRISTINA F E. Compounding and molding of polyethylene composites reinforced with keratin feather fiber [J]. Composites Science and Technology, 2005,65(9): 683–692.

[51] MUHSIN T M, HADI R B. Degradation of keratin substrates by fungi isolated from sewage sludge [J]. Mycopathologia, 2001,54(3): 185–189.

[52] ROZS M, MANCZINGER L, VAGVOLGYI C, et al. Fermentation characteristics and secretion of proteases of a new keratinolytic strain of Bacillus licheniformis [J]. Biotechnology Letters, 2001,23(23): 1925–1929.

第 2 章

天然蛋白质纤维粉体的制备设备与原理

2.1 超细粉体概述

超细粉体材料是20世纪70年代后，随着现代高新技术产业的兴起而发展起来的一个领域，受到国内外的普遍重视。早期对超细粉体的定义很不明确，经过长期的发展，国内对超细粉体有了一个基本统一的概念。一般来说，超细粉体是指粒径100%小于30μm的粉体，它分为微米级（粒径＞1μm）、亚微米级（0.3μm粒径＜1μm）和纳米级（粒径为0.001~0.1μm）。对于纳米材料，其物理化学性能与块状材料有明显差异，随着粉体粒径的减小，其特性与表面原子状态的关系密切性加大，可呈现出表面效应、小尺寸效应、量子效应与宏观量子隧道效应四种效应。对于粒径为微米或亚微米的超细粉体，虽然其物理化学性质与大块材料的相差不大，但其比表面积、表面能、表面活性、表面与界面性质都发生了很大变化。

近年来，随着对超细粉体特殊性质的认识及其加工制备技术的发展，超细粉体在现代工业和高技术的相关领域，如高级陶瓷、复合材料、精细化工、微电子、光学、生物、催化、冶金、造纸、塑料、橡胶、药品等工业部门得到了广泛的应用。它不仅本身是一种功能材料，而且为新的功能材料的复合与开展展现了广阔的应用前景。

超细粉体在材料领域应用广泛，如磁性材料、隐身隐形材料、高耐磨及超塑材料、新型冶金材料及建筑材料。利用超细陶瓷粉可制成超硬塑性抗冲击材料，可用其制造坦克和装甲车复合板，这种复合板较普通坦克钢板重量轻30%~50%，而抗冲击强度较之提高1~3倍，是一种极好的新型复合材料。在化工领域，将催化剂超细化后可使石油的裂解速度提高1~5倍，赤磷超细化后不仅可制成高性能燃烧剂，而且与其他有机物反应可生成新的阻燃材料。油漆、涂料、染料中固体成分超细化后可制成高性能高附着力的新型产品。医药经超细化后，外用或内服时可提高吸收率、疗效及利用率，适当条件下可改变剂型，如微米、亚微米及纳米药粉可制成针剂使用。在医疗方面可将超细粉体经适当处理后注入或服入人体内进行各种病理诊断。此外，将废地毯、废电缆、废汽车轮胎等废弃物粉碎处理，制成各类材料，针对环境与资源的综合利用课题，越来越被国内外研究机构重视。例如，粉碎炉渣可作为填料加入建筑材料中，不仅减轻重量而且经济耐用。

2.2 超细羊毛粉体及其应用

羊毛、蚕丝等天然蛋白质纤维是自然界极其有价值的物质。由于纺织技术所限，经常有大量的短纤维被废弃，这无疑是对有限自然资源的浪费，因此，研究新的方法和途径，有效利用宝贵的自然资源有十分重要的意义。羊毛、蚕丝等天然蛋白质纤维具有良好的性能，如吸湿保湿性、保温性等，特别是与人体皮肤有优良的亲合性。如何充分利用天然蛋白质纤维的优良性能使其服务于人类生活的其他方面，成为最近热门的研究课题。例如，对胶原蛋白、明胶、丝素等降解物的研究利用，不仅使有限的自然资源得以充分利用，而且由于它们取代了部分人工合成物质，大大地减轻了生产这些合成物质所造成的环境污染。因此，羊毛粉体、蚕丝粉体的研究开发和利用自然也越来越得到了人们的重视。

2.2.1 羊毛粉体的制备方法

对羊毛粉体的制备方法的研究开始于日本，至今已经有将近40年的历史。在这40年中，人们已经发明了多种蛋白质纤维粉体的制备方法，将其归纳起来主要有机械法（包括低温机械法、真空机械法）和化学—机械联合法（包括酶处理法、氧化—还原法、溶解—析出法等）两大种。

首先是在20世纪80年代初期，将精练后纤维状态的羊毛在低温（−40℃）下粉碎成10~60μm的粉体，这种方法可称为低温机械法，此法制备的粉体主要用于人造皮革表面的涂布材料及化妆品的吸湿材料。到20世纪80年代末期又发明了真空机械法，该法利用循环真空粉碎装置，将预先用有机溶剂脱脂处理后的羊毛在真空下粉碎，得到平均直径为30μm以下的片状粉体，用作化妆品的原料。

20世纪90年代初，羊毛超细粉体的制备方法由单纯的机械方法向化学—机械处理法发展，即先对羊毛进行化学处理（包括酶处理、氧化剂处理、还原剂处理及无机金属盐处理等），然后对其进行机械物理粉碎，这样可以得到平均直径为10μm以下的超细羊毛粉体。特别是酶—机械处理法能够得到无色、无气味并能保持羊毛特性的粉体，用作合成皮革的填充剂、表面改性用涂布材料、化妆品中的保湿成分等。

另外，人们还采用溶解—析出法制备羊毛粉体，先将羊毛用浓氯化锌水溶液溶解后，再用氧化剂处理，然后用热水稀释，待白色粉体析出，最后干燥，得到可以用作重金属捕捉剂、化妆品及食品添加剂、毛发营养剂、织物整理剂等的羊毛粉体；也可以将洗净的羊毛纤维与尿素、还原剂、表面活性剂的混合物加热处理，用超声波处理后过滤、透析，得到羊毛角蛋白的水溶液，将其干燥后的固体粉碎，得到羊毛的粉体。

2.2.2　羊毛粉体的形状特征

超细粉体的制备方法比较多，采用不同的制备方法可以得到不同粒径和状态的超细羊毛粉体，但不同的制作方法其性能也有较大的变化。日本的上甲恭平等人在研究观察了不同制备方法得到的羊毛粉体后，将现有的羊毛粉体分为纤维状粉体、纺锤状粉体、无定形粉体，并且总结了羊毛粉体的形状特征与制备方法之间的关系，见表2-1。

表2-1　羊毛粉体的形状与制备方法之间的关系

制备方法		粉体形状	直径/μm	粉体特征	化学组成
物理—机械法		纤维状	10~60	显微镜下可见角质层	同羊毛（含一定量的二硫化物）
		纺锤状	<30	显微镜下可见纺锤状皮质细胞	
化学—机械法	酶处理法	无定形状	<10	显微镜下可见无特定形状的微小粒子	一部分二硫键被破坏
	溶解—析出法		<10	显微镜下可见无特定形状微小粒子	二硫键部分或全部被破坏

2.2.3　羊毛粉体的化学结构特征

羊毛的角蛋白由18种氨基酸组成，其中胱氨酸约占12%，这样在蛋白质大分子之间就存在大量的二硫键结合，二硫键的交联给羊毛带来了很高的强力，使蛋白质大分子之间结合得更加紧密，同时二硫键的交联使羊毛内层结构受到很好的保护。

羊毛纤维在被加工成超细羊毛粉体的过程中，伴随一系列的化学变化和物理处理，羊毛纤维中的蛋白质氨基酸大分子主链之间原有的一些化学键会发生一定的变化，而且不同的加工过程会导致不同的结构变化。其中物理—机械法制造的超细羊毛粉体在加工过程中几乎未受到化学试剂的直接作用，因此，从理论上来讲，在这种加工方法下的羊毛超细粉体的基本化学结构未遭到破坏。无定形状的羊毛超细粉体由于所经受的处理过程不同，其中所含胱氨酸受到的化学作用程度也有所不同，胱氨酸二硫键是否被破坏还与超细羊毛粉体中所含胱氨酸、半胱氨酸的情况有关。

2.2.4　羊毛粉体应用领域

羊毛粉体的问世时间较短，对羊毛粉体的研究、应用不够深入，再加上制备成本高，其应用性能和应用技术方面尚处在研究阶段。表2-2为羊毛粉体的主要应用范围。

表2-2 羊毛粉体的应用范围

用途分类	实例
人工合成皮革	公文包、运动袋、家具装饰物
橡胶、塑料	商业用包、汽车内装饰材料、橡胶辊、安全帽
涂料、油墨	汽车内装饰涂料、家用电器、文具、家庭用品、钟表、体育用品
化妆品	化妆膏、化妆水、粉底霜、防护霜类、口红
医疗、医药	生物材料,如人工皮肤、人工血管、人工脏器、抗血栓剂
食品	功能性食品、饲料
织物整理	运动外衣、滑雪服、高尔夫服、网球服、外套、夹克
其他	脱臭剂、酶固定化剂、分析固定相用试剂

2.3 粉体化设备与构造

随着科学技术的进步,将有机材料制成超细粉末具有广泛的应用前景,而有机材料如羊毛、蚕丝、贝壳等,由于它们本身的物理特性,采用通常的陶瓷粉末加工设备(如球磨机等)很难将其处理成超细粉末,一般而言,脆性材料比较容易被破坏和被加工成纳米级粉末,而有机材料一般具有结晶结构,构成材料的大分子分子量较大,因此,该类材料的韧性较强,断裂伸长较大,具有较强的抵抗外界的破坏能力,采用金属界面(金属磨盘等)对其进行处理时,也很难使该类材料达到纳米级的水平,因为金属材料的耐磨性能较差,同时由于金属界面在摩擦时容易产生热量,一般会逐步由白色变成黄色和最终的黑色,因此,用金属材料制成的磨盘或其他类型的加工设备往往具有耐磨性能差及发热等弊端,到目前为止还没有理想的将有机材料加工成纳米级粉末的设备。

针对上述存在的问题,我们提供一种用于加工有机纳米粉末的磨盘,其技术方案为:该磨盘的上、下磨盘分别由上、下外套,上、下盘芯,上、下橡胶垫构成,上、下磨盘中的橡胶垫分别置于上外套、上盘芯,下外套、下盘芯之间,螺栓分别穿过上外套和下外套将橡胶垫及上盘芯、下盘芯分别固定在上外套、下外套中,上盘芯呈外锥面状,下盘芯呈内锥面状,上、下盘芯的锥面相互吻合形成磨合面。上、下盘芯分别由盘芯框架和陶瓷齿条组成,上、下盘在圆周方向均匀分成八个扇形区域,每个区域呈45°,上下盘芯框架分别呈外锥面和内锥面状,在盘芯框架的每个均分扇形区域中,分别开有4~13条弧形圆周半径,有序排列的梯形槽,与梯形槽相配合的呈梯形状的陶瓷齿条分别镶嵌在梯形槽中,陶瓷齿条上表面按比例高出盘芯框架表面，其上表面为斜面。

　　磨盘在结构上采用非平面状，而磨盘中的陶瓷齿条底部均与有一定弹性和硬度的橡胶垫紧密接触，当上下磨盘中的陶瓷齿条相互运动时，橡胶垫的弹性可以保证陶瓷齿条沿上下方向可以进行适量的运动，这样可以进一步保证上下盘面中的陶瓷齿条界面之间的紧密配合，更好地完成粉末材料的处理，同时，它也克服了常规设备耐磨性差和易发热的弊端，具有很好的耐磨性和不发热的特点，是理想的将有机材料处理成纳米级粉末的设备（图2-1）。

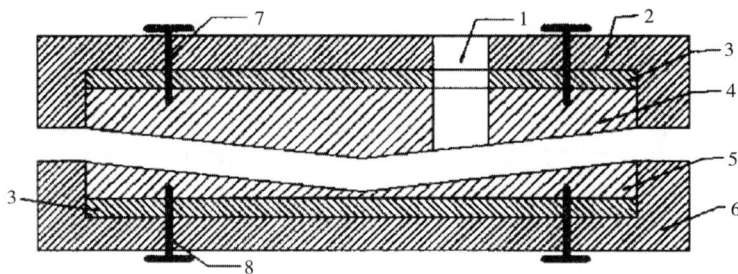

（a）磨盘的结构示意图

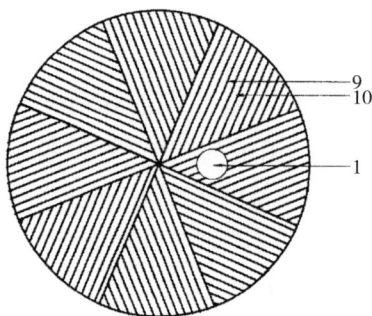

（b）磨盘的上盘芯的界面示意图　　　　　　　　（c）磨盘的下盘芯的界面示意图

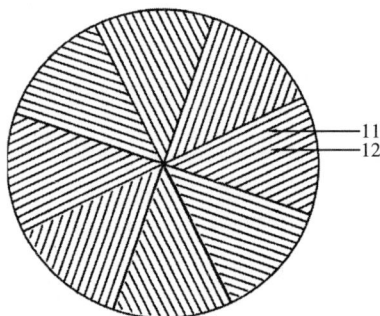

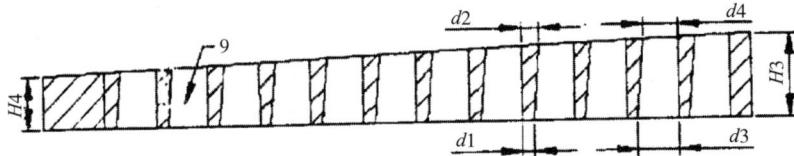

（d）磨盘上盘芯框架的某一个扇形区域横断面示意图

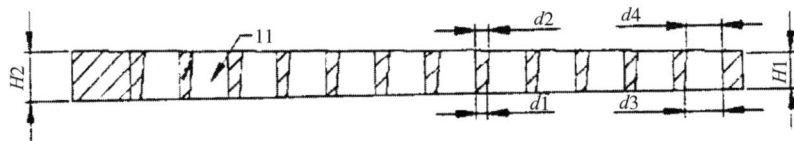

（e）磨盘下盘芯框架某一个扇形区域横断面示意图

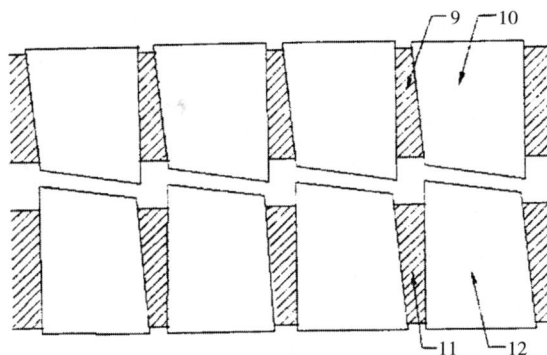

（f）上、下磨盘局部界面配合示意图

图2-1　磨盘的结构示意图

1—喂料孔　2—上外套　3—橡胶垫　4—上盘芯　5—下盘芯
6—下外套　7—螺栓　8—螺栓

该磨盘还具有以下结构特点。

（1）镶嵌在盘芯框架的梯形槽中的陶瓷齿条，在磨盘运动时，上磨盘和下磨盘中的陶瓷齿条相向运动，陶瓷齿条之间的配合越来越紧，而进入两陶瓷齿条之间的物质在剪切力和挤压机械力的作用下将被加工成纳米级粉末。

（2）由于磨盘为锥面状，它可以让被加工的物质在磨盘的磨合面之间停留更长的时间，还可提高下磨盘的转动速度，以提高生产率。同时，在进行力化学（研磨的同时加入一定化药品）处理时，内凹的下磨盘有利于化学药品不外流，防止污染。

（3）陶瓷齿条的底部与橡胶垫紧密接触，当上、下齿条相互运动时，橡胶的弹性可以保证陶瓷齿条沿上、下方向进行适量的运动，这样可以进一步保证上下陶瓷齿条界面之间的紧密配合。

参考文献

[1]沈云，沈新元.超细粉体在功能纤维开发中的应用[J].产业用纺织品，2001(8)：1.

[2]王俊萍，沈海峰，李瑞芬.超细粉体及其测量技术[J].林业机械与木工设备，2001，29(11)：10-12.

[3]邵佳敏，夏浙安，杨丽，等.功能性纳米粉体在聚合物中的应用[J].现代塑料加工应用，2002，14(1)：30-31.

[4]郝保红，杨金生，桑福平.超细纳米技术的研究进展和应用前景[J].北京石油化工学院学报，2001，9(1)：44-47.

[5]丁浩.超细粉体在复合材料中的功能作用及加工技术[J].矿产保护与利用，1998(6)：14-17.

[6]潘志东，李竟先.超细粉体的制备与表征[C]//第六届全国颗粒制备与处理学术会议论文集，2000：130-133.

[7] LOCK R L. Process for making silk fibroin fibers: USA, 5252285[P]. 1993-10-12.

[8] LU X, AKIYAMA D, HIRABAYASHI K, et al. Production of silk powder and properties[J]. The Journal of Sericultural Scienle of Japan, 1994,63(1): 21–27.

[9] OTOI K, HORIKAWA Y. Process for producing a fine powder of silk fibroin: USA, 4233212[P]. November 11, 1980.

[10] TAKESHITA H, YOSHII F, KUME T, et al. Production of fine powder from silk by radiation[J]. Macromo lecular Materials and Engineering, 2000,283(1): 126–131.

[11] LI Y, XU W. Apparatus for producing fine powder: USA, 7000858B2 [P]. 2006-2-21.

[12] 徐卫林, 郭维琪, 李文斌. 一种用于加工有机纳米粉末的磨盘: 中国, 1509818A[P]. 2004–7–7.

第 3 章

超细天然蛋白质纤维粉体的微观结构与性能

3.1.1 羊毛纤维超细粉体化及表征

纳米粉体技术及超细粉体技术近年来得到了长足的发展，由于超细粉体具有特殊的表面性能和超细效应，因而具有很多特殊性能，这些都在研究之中，并取得了很好的进展。20世纪出现了超细蚕丝粉体并有相关的专利和应用出现，这极大地推动了纳米技术或超细粉体技术在纺织行业的应用。

在超细粉体技术的基础上，利用自制设备将羊毛纤维或废弃羊毛纤维下脚料碾磨成超细粉体（甚至是纳米粉体），表征了超细羊毛粉体的表面形貌，并对其粒度分布进行了较为详细的表征。

相关文献详细报道了超细羊毛粉体及其表征，笔者在其方法的基础上制造了超细羊毛粉体。在不同的处理时间及羊毛粉体精加工前后对羊毛超细粉体进行表面形貌的扫描电镜（SEM）观察，以得出羊毛纤维在超细化过程中的形态变化。在制备好超细羊毛粉体之后，对其粒度、直径、等效长度、等效面积等进行了表征，以便得出超细羊毛粉体的形态尺寸和粒径分布规律。

3.1.2 羊毛超细粉体的表观形态

图3-1为粉碎处理前后的羊毛纤维扫描电镜照片。其中，图3-1（a）为羊毛纤维的扫描电镜照片，从图中可以看出羊毛纤维在未处理时表面鳞片很完整。图3-1（b）为粉碎处理5min之后的羊毛纤维扫描电镜照片，可以明显地看出，即使是粉碎了很短的时间

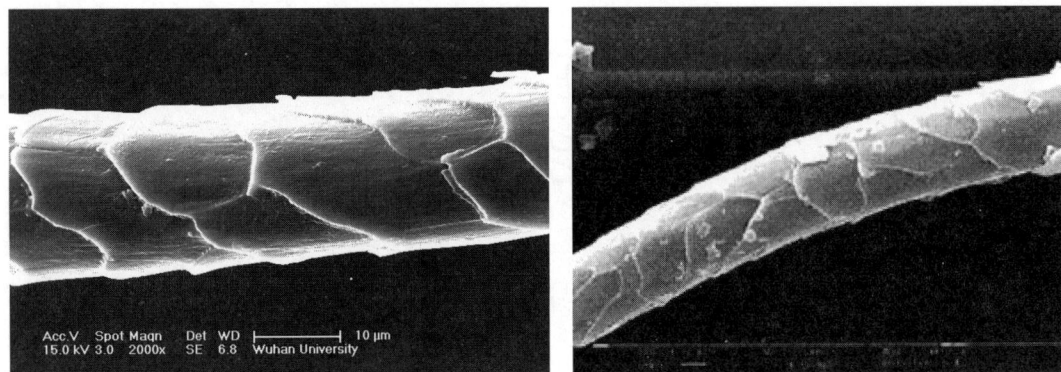

（a）羊毛   （b）羊毛纤维处理5分钟

图3-1 粉碎处理前后的羊毛纤维

（5min），羊毛纤维的表面鳞片有很多已经被剥离，但纤维还是维持了本来的形貌。物理粉碎对羊毛纤维具有很强的破坏和剥离分裂作用，随着处理时间的延长，羊毛纤维会进一步破坏细化成微小"纤维"或粉体。

由前面的介绍可知，经过粗加工可将羊毛简单粗糙的超细粉体细化，但是，粉体的粒径均匀性和粉碎程度很难达到理想的效果，因此，考虑将粗加工的超细羊毛粉体进行精加工。图3-2为超细羊毛粉体在精加工前后的扫描电镜照片，从图3-2（a）、图3-2（b）中可以清楚地看出，经过精加工后的超细羊毛粉体在整体粒径分布上具有更好的均匀性，另外，精加工对纤维碎片具有更进一步的粉碎效果，如图3-2（c）、图3-2（d）所示。图3-2（e）、图3-2（f）为超细羊毛粉体的具体粒子照片，可以清楚地看出超细羊毛粉体的表面形貌。

（a）精加工前羊毛粉体的形貌

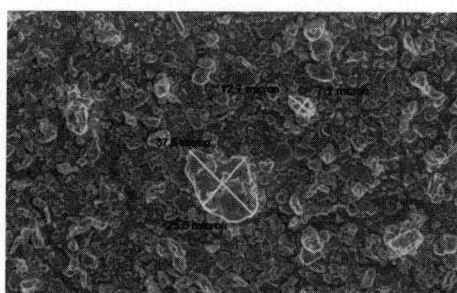

（b）精加工后羊毛粉体的形貌

（c）精加工前羊毛纤维碎片

（d）精加工后羊毛纤维碎片

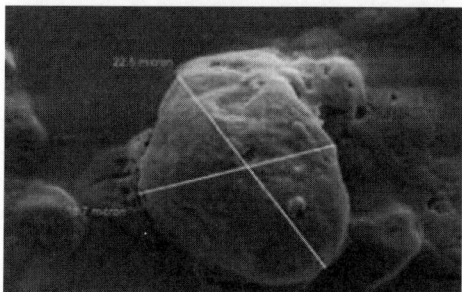

（e）精加工前的粒子形貌

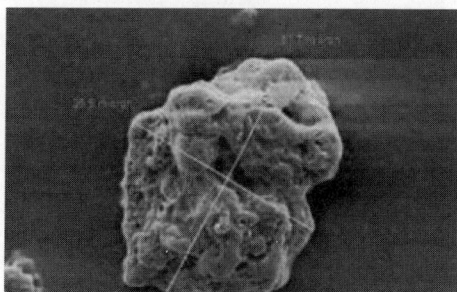

（f）精加工后的粒子形貌

图3-2　超细羊毛粉体的扫描电镜照片

3.1.3　羊毛粉体的粒度表征

一般粉体形状各异，无法用同一方法来精确描述其大小，因此引入"粒径"。所谓"粒径"，即表示颗粒直径的尺寸。对于同一颗粒，由于测量方法的不同，所得粒径值也不尽相同。一般来讲，除了圆球和立方体以外，单个颗粒的大小并不能用一个简单的尺寸唯一地确定下来，通过粒径表征，既取决于直接测量（或间接测量）的数值尺寸，也取决于测量方法。

目前，粒径测量已有多种方法，各方法因测量原理不同，结果也不尽相同。例如，筛分法是用颗粒能否通过筛网孔测定粒度，它只遵循简单的"极限量规"原理，得到的是筛孔径；吸移管法是将试样均匀分散于液体中，由其浓度的变化来求出粒度分布，得到的是等效径；比重计法是利用比重计在一定位置时，悬浊液比重随时间的变化而求得粒度分布；光透过法是将均匀分散的颗粒悬浊液装入静置的透明容器内，待透明容器中出现浓度的变化时，检测透明容器侧向投射光线的透光量，进而求得粒度分布；流体透过法是利用流体透过粉体填充层时的规律性测定粒度，求得的是比表面积径；显微镜法是最基本的一种方法，它是采用光学显微镜、电子显微镜和近摄照片等，从正上方观测散布于平面上的颗粒，由颗粒的投影图形以确定粒径，从而得到的是统计平均直径。

上述测量粒径和粒度分布方法的共同不足之处表现在：测量时间过长、测量步骤繁多和测量准确度受主观因素影响较大，同一试样采用同一测量原理测量，往往因所用仪器和操作人员不同而得出相差很大的结果。而这些不足对于图像分析仪来说，则是很容易克服的问题。

一般来讲，由于表面形貌的不规则性，给表征超细羊毛粉体的粒径带来了很大的困难，图3-3显示了超细羊毛粉体具体形貌图，可以看出，在表征超细羊毛粉体的尺寸时，必须考虑最大尺寸、最小尺寸，对各种尺寸取出平均值，即得到平均尺寸。

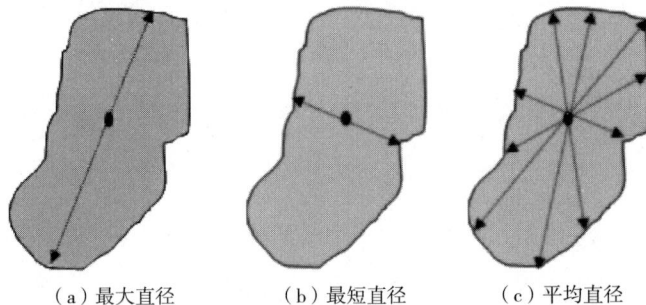

（a）最大直径　　　　　（b）最短直径　　　　　（c）平均直径

图3-3　羊毛粉体的形状及其尺寸示意图

表3-1对超细羊毛粉体的等效面积、等效长度和等效直径进行了有效测试，得出了最大值和最小值，并得出了平均值和标准差，然后分析了不同粉体百分数下的等效面积、等

天然蛋白质纤维粉体化及其应用

效长度和等效直径。从表3-1中可以看出，羊毛粉体等效粒径的均值为1.7μm，众数和中间值分别为1.3μm和1.5μm，粉体的粒度非常小。粉体等效长度与等效直径的众数相同，说明大多数颗粒呈现圆形。

表3-1　图像分析超细羊毛粉体粒度分布统计数据

统计项目		等效面积/μm²	等效长度/μm	等效直径/μm
数目	有效	20738	20738	20738
	无效	0	0	0
平均值		5.3	2.8	1.7
中间值		2.7	2.3	1.5
众数		1.3	1.3	1.3
标准偏差		19.2	3.3	0.7
偏斜度		29.4	19.6	2.7
偏斜度标准差		0.02	0.0	0.0
峰态值		975.1	546.4	17.5
峰态值标准差		0.0	0.0	0.0
范围		657.8	99.7	14.1
最小值		0.1	0.0	0.3
最大值		657.9	99.7	14.4
百分数	25	1.4	1.6	1.3
	50	2.7	2.3	1.5
	75	5.3	3.0	2.0
	80	6.3	3.4	2.2

　　另外，从表中数据可以看到所测三个指标的标准偏差都很小，尤其是等效直径仅为0.7，这表明所得的数据离散度小，有较高的可靠性；高的峰态值和偏斜度说明粒度分布曲线比较尖且偏向一边。粉体的等效面积、等效长度、等效直径的直方图，如图3-4~图3-6所示。

　　针对粒度分析的数据，可以对粉体的粒度进一步分级，分析的结果见表3-2。可以看出，只有极少数（4.7%）的超细粉体表现为粒度分析上的极大值，其平均直径在3~6μm。

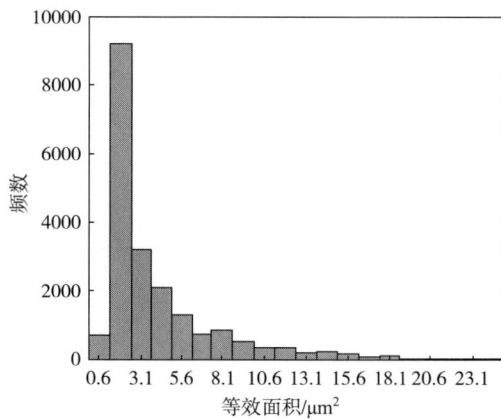

图3-4　粉体等效面积分布图

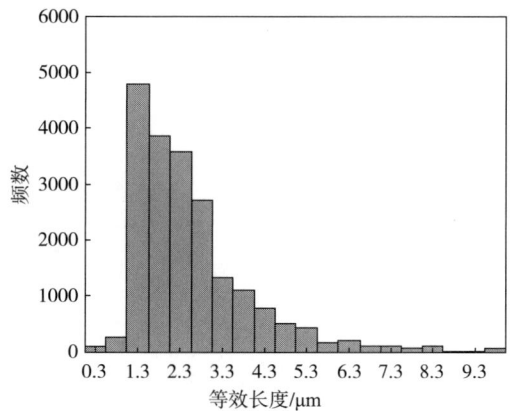

图3-5　粉体等效长度分布图

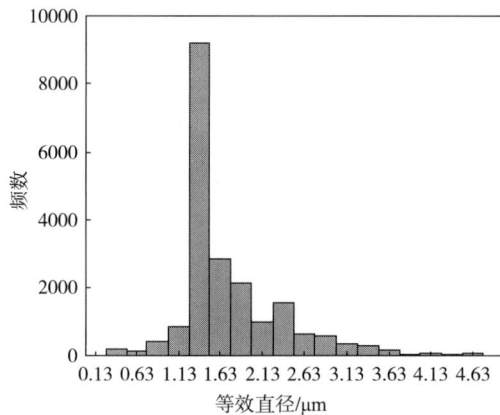

图3-6　粉体等效直径分布图

结果表明95%的颗粒直径小于3.0μm，平均值为1.7μm，为界限中的最小值。

表3-2　颗粒尺寸分级

颗粒尺寸	百分比/%	尺寸分布		
		平均等效面积/μm²	平均等效长度/μm	平均等效直径/μm
<3μm	95.3	4.1	2.6	1.7
3~6μm	4.7	12.8	4.7	3.0

　　物理粉碎的方法可以将羊毛纤维加工成超细羊毛粉体。粉碎加工对羊毛纤维具有极强的破坏和分裂作用，经过精加工后的羊毛超细粉体具有很好的宏观粒径均匀性和理想的超细形貌。

粒度分析可以得出超细羊毛粉体的平均尺寸及其分布，超过95%的超细羊毛粉体的等效直径为1.7μm，等效面积为4.1μm²，等效长度为2.6μm。

3.2 超细天然羽绒纤维粉体的热学性能

3.2.1 超细羽绒粉体的热失重（TG）分析

图3-7是羽绒纤维和超细羽绒粉体的热失重曲线和一次微分曲线（DTG）。羽绒纤维和超细羽绒粉体均存在两个失重台阶，第一个台阶在28~150℃，属于样品回潮水的质量；第二个台阶在200~600℃，属于样品的热降解失重。从图3-8可以明显看出，超细羽绒粉体的第一个失重台阶大于羽绒纤维，表明超细羽绒粉体拥有更高的回潮率，这是因为超细羽绒粉体具有较大的比表面积，从而为吸附更多的水分子提供了条件。另外，从DTG曲线中可以看出，超细羽绒粉体低温区域峰值向高温偏移，说明去除超细羽绒粉体中的回潮水需要更多的能量；超细羽绒粉体的高温区域存在两个峰值，这表明羽绒纤维经粉体化过程后，其微观结构发生了变化。

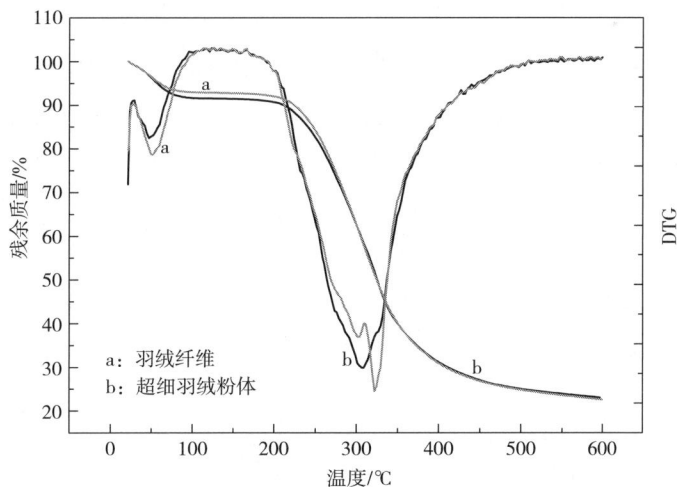

图3-7　羽绒纤维和超细羽绒粉体的热失重曲线

图3-8是不同粒径羽绒粉体的热失重曲线，研究不同粒径对羽绒粉体热降解性能的影响。随着粉体粒径的减小，羽绒粉体的回潮率不断增加，剩碳率逐渐减少，然而羽绒粉体的基本热降解过程没有发生明显的改变。在粉体化过程中，羽绒粉体比表面积增加是最为

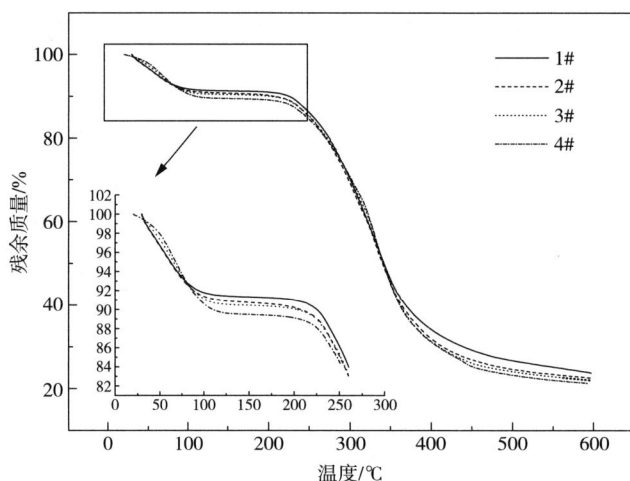

图3-8　不同粒径羽绒粉体的热失重曲线

显著的变化，从而导致回潮率的增加。同时，粉碎过程中去除了羽绒纤维表面的一些蜡质和酯质层，降低了羽绒粉体的剩碳率。

3.2.2　超细羽绒粉体的差示扫描量热（DSC）分析

图3-9是羽绒纤维和超细羽绒粉体的 DSC 和 TG 曲线。羽绒纤维和超细羽绒粉体的 DSC 曲线都显示出四个吸热峰，也对应着 TG 曲线的两个失重台阶。根据相关文献研究，四个吸热峰分别解释为：第一个吸热峰对应样品的回潮率；第二个吸热峰对应蛋白质材料结晶体的解体；第三个吸热峰为天然蛋白质材料中—S—S—、H键和盐式键等交联键的分解；第四个峰为氨基酸肽链的降解。可以看出，超细羽绒粉体的四个吸热峰相比羽绒纤维

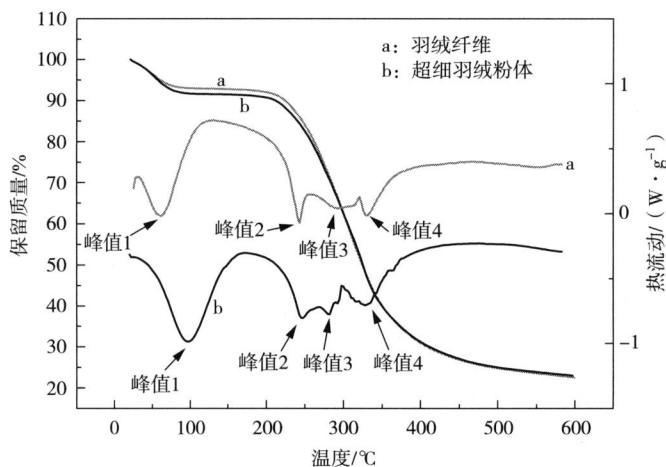

图3-9　羽绒纤维和超细羽绒粉体的DSC和TG曲线

具有明显的变化，这表明在制备粉体的过程中，羽绒的微观结构发生了变化，这与 TG 分析的结果相符合。

图 3-10 是不同粒径羽绒粉体的 DSC 曲线，其中，1# 表示羽绒纤维；2# 表示平均粒径为 71.46μm 的羽绒粉体；3# 表示平均粒径为 53.43μm 的羽绒粉体；4# 表示平均粒径为 2.34μm 的超细羽绒粉体。表 3-3 为不同粒径羽绒粉体的 DSC 曲线热力学参数，探讨不同粒径羽绒粉体在微观结构上的变化。第一个吸热峰的面积间接表示粉体中回潮率的大小。随着粉体粒径的减小，第一个吸热峰的温度值和热熔值都在逐渐增加，说明羽绒粉体的粒径越小，吸附的回潮水相应越多，这是因为不断增加的比表面积致使更多的亲水基团能够吸附更多的水分子。相关文献报道多肽聚合物和羊毛纤维在 230℃ 具有一个显著的热力学现象，属于蛋白质材料中结晶区的解离，并在 250℃ 以后开始降解。根据对比分析相关文献对羊毛纤维热学性能的研究，羽绒纤维的热稳定性高于羊毛纤维，羽绒纤维的结晶区解离和热降解温度分别为 242.2℃ 和 293.4℃，分别比羊毛纤维的相应温度增加了 5.3% 和 5.7%，这可能是因为羽绒纤维表层含有大量的醇和磷酸酯结构造成的。随着羽绒粉体粒径的逐渐减小，第二~第四吸热峰的热熔值呈现明显的下降趋势，超细羽绒粉体这三个吸热峰的热熔值相比羽绒纤维分别下降了 53.6%、40.0% 和 71.25%。表明在粉体制备过程中，机械力破坏了羽绒蛋白质的聚集态结构和大分子结构。

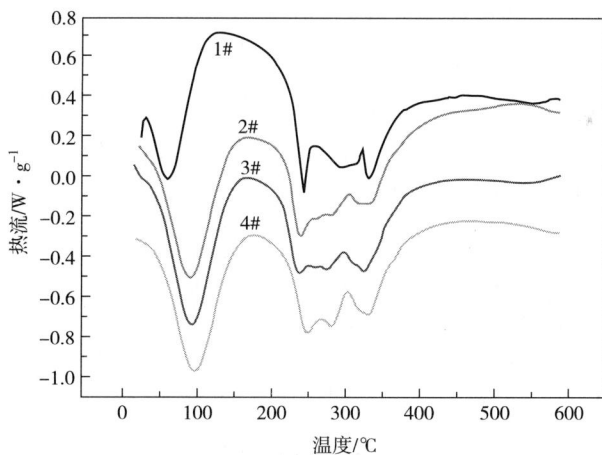

图 3-10　不同粒径羽绒粉体的 DSC 曲线

1#—羽绒纤维　2#—羽绒粉体（平均粒径 =71.46μm）　3#—羽绒粉体（平均粒径 =53.43μm）
4#—超细羽绒粉体（平均粒径 =2.34μm）

另外，相比羽绒纤维，超细羽绒粉体的第二~第四吸热峰出现向高温区域偏移的现象。当羽绒纤维制备成粉体后，只有不容易被破坏的结晶区、交联键和氨基酸肽链保留了下来，所以，超细羽绒粉体表现出较高的吸热峰温度值。

表3-3 不同粒径羽绒粉体的DSC曲线热力学参数

样品编号	吸热峰温度/℃				热熔值/J·g⁻¹			
	峰1	峰2	峰3	峰4	峰1	峰2	峰3	峰4
1#	61.0	242.2	293.4	330.9	102.72	26.47	5.48	21.18
2#	90.5	238.0	283.1	330.5	233.61	19.24	3.48	9.02
3#	94.0	236.5	274.5	324.0	245.23	14.66	3.36	7.12
4#	97.7	247.7	280.2	327.7	260.64	12.27	3.29	6.09

3.2.3 超细羽绒粉体在空气、氮气中的热失重（TG）分析

图3-11是超细羽绒粉体在空气、氮气条件下的热失重曲线。由氮气条件下的TG曲线可知，超细羽绒粉体在30~530℃的范围内显示出较低的失重率。在30~120℃范围内的失重率为回潮水的质量，这证明回潮水在氮气条件下更容易去除，因为空气中的湿度远大于纯氮气的湿度。有趣的是空气中的氧气减弱了超细羽绒粉体在300~530℃范围内的热失重率。当温度超过300℃后，超细羽绒粉体的交联结构和氨基酸肽链开始分解，同时产生大量的自由基，而这些自由基可以同空气中的氧气发生复杂的化学反应，因此，氧元素的加入减弱了超细羽绒粉体的热失重率。当温度超过530℃后，热氧化降解反应发生，氧气加速了蛋白质大分子结构的降解，产生大量气体，导致热失重率的增加。另外，600℃下，超细羽绒粉体在空气条件下的残留量小于其在氮气条件下的残留量。

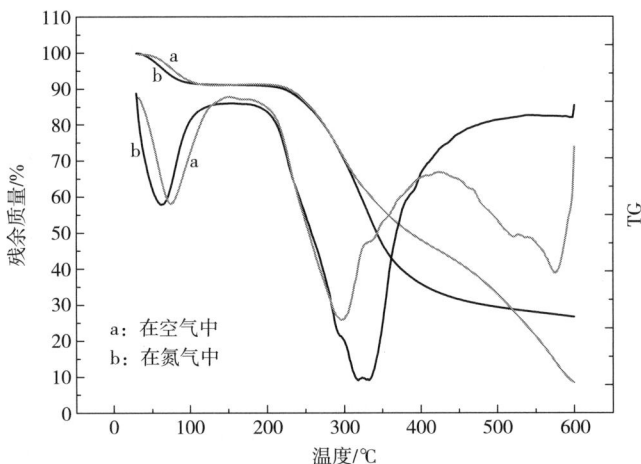

图3-11 超细羽绒粉体在空气、氮气条件下的TG曲线

3.2.4 超细羽绒粉体的热重—红外联用（TGA-FTIR）分析

图3-12是超细羽绒粉体TGA-FTIR分析的TG曲线和GS（Gram-Schmidt）曲线。在GS曲线上，有四个分解气体区域并分别对应DSC曲线上的四个峰，不同的是GS曲线上的分解气体峰向高温区域偏移，这可能是由于分解气体的产生与测量之间存在时间差造成的。GS曲线上第一个峰为超细羽绒粉体蒸发出来的水分子，第二个峰和第三个峰是GS曲线上最主要的两个峰，分别代表结晶区分解和交联键断裂所释放出的高温气体，表明在这个区域有大量气体产生，热降解也主要发生在这个区域。第四个峰较小，表明蛋白质肽链的分解没有释放出大量的气体，表现出较小的红外消光系数。

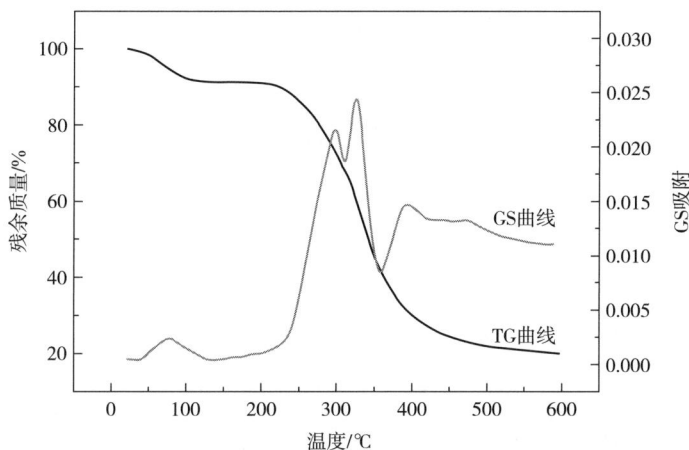

图3-12 超细羽绒粉体在氮气条件下的TG和GS曲线

图3-13是超细羽绒粉体在氮气条件下热降解气体的3D红外图谱。图中显示，超细羽绒粉体的热降解主要发生在190~530℃的范围内，在307℃时为其峰值。图3-14是超细羽绒粉体在氮气保护下于307℃时分解气体的红外图谱，显示了超细羽绒粉体在高温下发生热降解时释放出的有机气体小分子。根据相关文献的报道，图3-14中红外吸收峰对应的化学基团如下：3700cm^{-1}、3333cm^{-1}（ν H$_2$O）；2970cm^{-1}（ν—CH$_3$）；2853cm^{-1}、2940cm^{-1}（ν—CH$_2$—）；2358cm^{-1}、2316cm^{-1}（ν CO$_2$、NO$_2$）；2071cm^{-1}（ν CO）；1763cm^{-1}、1731cm^{-1}（ν—CO—）；1624cm^{-1}（ν—C=C—）；1476cm^{-1}（δ—CH$_3$）；1382cm^{-1}（δ—CH$_2$—）；1115cm^{-1}（ν—C—O—）；1078cm^{-1}（ν SO$_2$）；963cm^{-1}（—C—O—）；930cm^{-1}（H$_2$O）。图3-15是超细羽绒粉体在氮气保护下于不同温度时段分解气体的红外图谱。可以看出，从195℃开始，超细羽绒粉体开始降解并释放出气体分子，在307℃时达到最大，超过350℃后，释放的分解气体有机分子开始下降直至平衡。

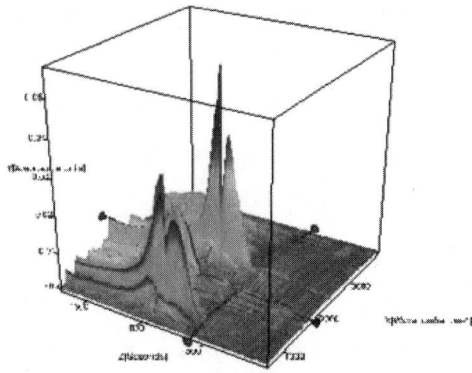

图3-13　超细羽绒粉体在氮气条件下热降解分解气体的3D红外图谱

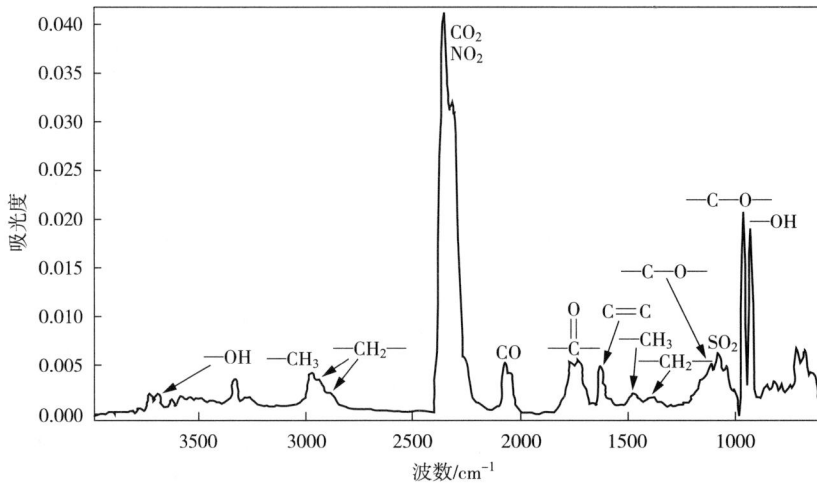

图3-14　超细羽绒粉体在氮气保护下于307℃时分解气体的红外图谱

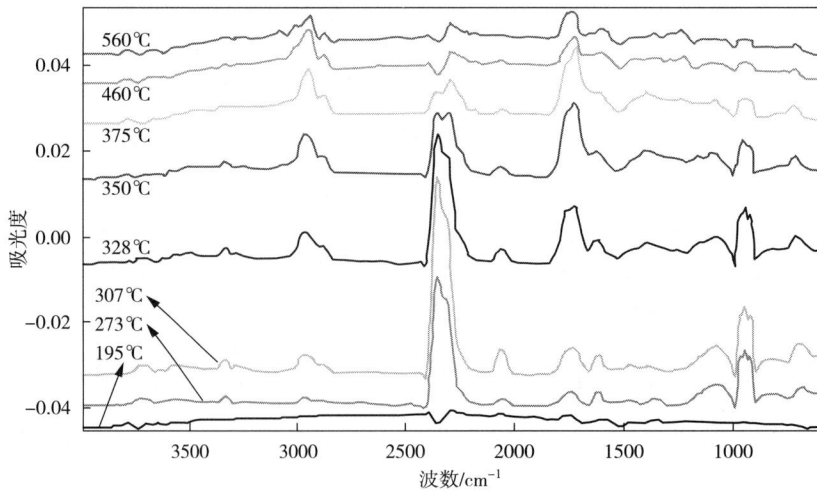

图3-15　超细羽绒粉体在氮气保护下于不同温度时段分解气体的红外图谱

3.2.5 不同温度下超细羽绒粉体热降解残留物的红外图谱

图3-16为超细羽绒粉体在不同温度下热降解残留物的红外图谱。从图谱中可以看出，超细羽绒粉体在常温下维持着天然蛋白质的红外特征峰，$3100 \sim 3700 cm^{-1}$为回潮水分子的伸缩振动吸收峰，$2962 cm^{-1}$为—CH_2—的反对称伸缩振动吸收峰，$2850 cm^{-1}$为—CH_2—的对称伸缩振动吸收峰，$1645 cm^{-1}$为酰胺键的—CO—伸缩振动吸收峰，$1520 cm^{-1}$为酰胺键的—NH变形振动吸收峰。热降解温度选取240℃和320℃两个温度，可以看出，240℃条件下，超细羽绒粉体的热降解残留物已经开始丧失天然蛋白质材料的红外特征峰，但当温度达到300℃时，超细羽绒粉体的热降解残留物几乎完全丧失了天然蛋白质的红外特征峰，表明温度越高，超细羽绒粉体的蛋白特性损失越大。

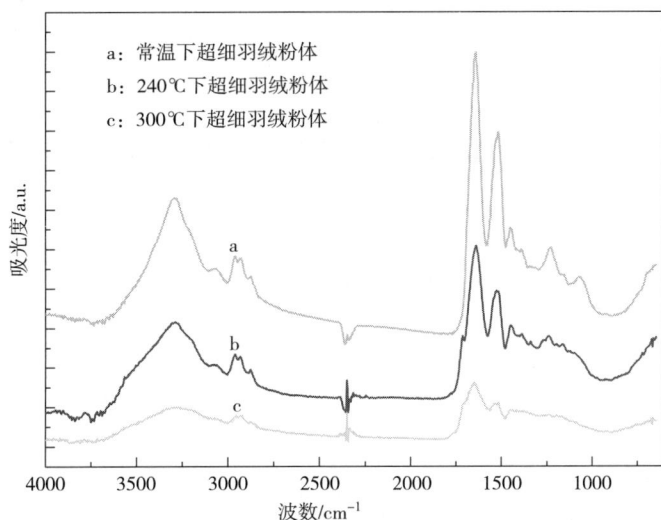

图3-16 不同温度下超细羽绒粉体热降解残留物的红外图谱

3.2.6 超细羽绒粉体不同温度下热压后的光学照片

图3-17是超细羽绒粉体在不同温度下热压后的光学照片，图3-18是超细羽绒粉体在190℃热压不同时间后的光学照片，热压压强为5MPa。从图3-17可以看出，当温度超过

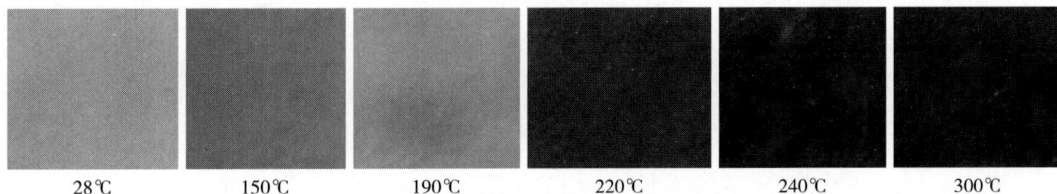

| 28℃ | 150℃ | 190℃ | 220℃ | 240℃ | 300℃ |

图3-17 超细羽绒粉体在不同温度下热压后的光学照片（见文后彩图1）

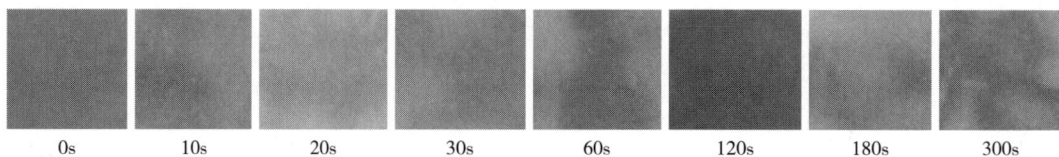

| 0s | 10s | 20s | 30s | 60s | 120s | 180s | 300s |

图3-18 超细羽绒粉体在190℃下热压不同时间后的光学照片（见文后彩图2）

190℃后，超细羽绒粉体发生剧烈的颜色变化，变为深褐色。热压温度高于240℃后，超细羽绒粉体完全变为黑色，这主要是由于热氧降解的作用导致的。因此，超细羽绒粉体最佳的加工温度为≤190℃。在190℃下热压，随时间的增加，超细羽绒粉体逐渐从白色向浅褐色变化，从光学照片分析，超细羽绒粉体最佳热加工时间为≤60s。

3.3　超细羽绒蛋白纤维粉体的染色性能

3.3.1　羽绒纤维和超细羽绒粉体的上染率对比

图3-19是羽绒纤维和超细羽绒粉体在3%染料浓度中不同温度条件下的上染率曲线。上染的过程分为扩散、上染和固着三个阶段，从上染率曲线上可以看出，酸性染料非常容易上染天然蛋白质材料，在10min就已经完成了近80%的上染率，而后上染率缓慢增加直至平衡。总体上来看，超细羽绒粉体的上染率远大于羽绒纤维的上染率，提高了两倍以

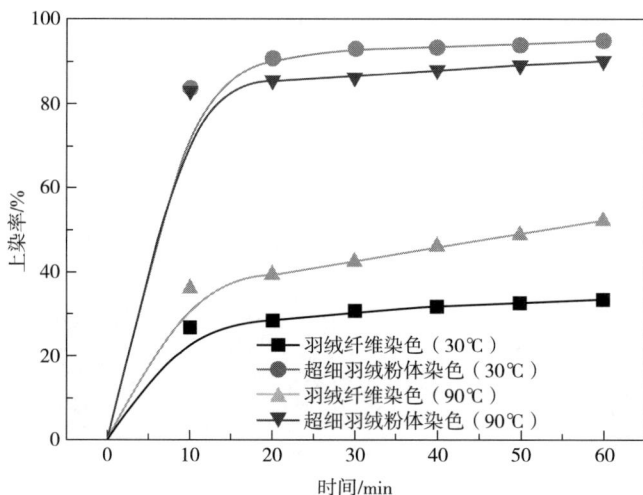

图3-19　3%的染料浓度中羽绒纤维和超细羽绒粉体在不同温度条件下的上染率

上。因为超细粉体的制备提高了羽绒材料的比表面积，使染料能够更多地接触上染基团完成染色过程。另外，超细羽绒粉体的强吸附能力同样起着关键性作用。在粉碎过程中，机械作用力破坏了粉体的聚集态结构，结构疏松的超细羽绒粉体增强了酸性染料的上染过程，提高了上染率。温度对羽绒纤维上染率的影响较大，较高的染色温度提高了羽绒纤维的上染率。但超细羽绒粉体没有表现出这种特征，这可能是因为高温下酸性染料分子的活性较高，高比表面积特性的超细羽绒粉体增加了染料逃脱的概率，从而降低了上染率。这显示出超细羽绒粉体具有低温染色的特性，为今后的应用提供了基础理论支撑。图3-20是在30℃条件下，超细羽绒粉体分别在3%和10%染料浓度中的上染率。图中显示，在10%的染料浓度中，超细羽绒粉体的上染率达到90%左右，表明超细羽绒粉体能够吸附更多的染料，这为今后超细羽绒粉体在染色加工企业中的污水处理提供了基础数据。

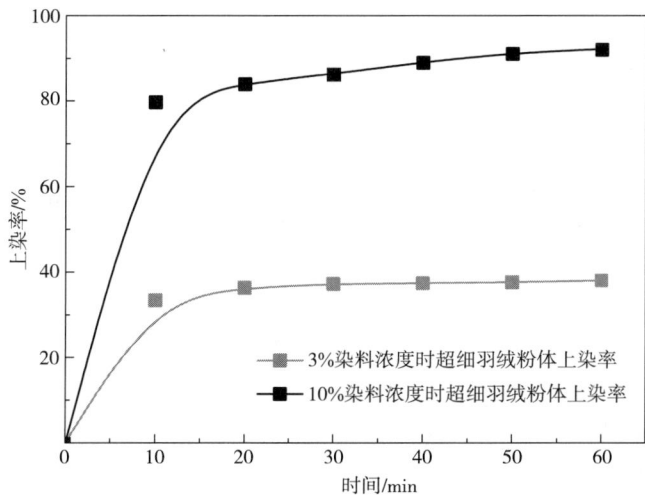

图3-20　超细羽绒粉体在不同染料浓度中染色的上染率（30℃）

3.3.2　羽绒纤维和超细羽绒粉体的 K/S 值对比

图3-21是羽绒纤维和超细羽绒粉体色深值（K/S）的对比图谱。总体上不难发现，虽然超细羽绒粉体相比羽绒纤维具有较高的上染率，但其 K/S 值却小于羽绒纤维。理论上来说，K/S 是由反射系数、散射系数和吸收系数决定的，由于超细羽绒粉体的粒径较小，漫反射程度远大于羽绒纤维，而且散射现象明显，因此，其反射系数和散射系数大于羽绒纤维的相关参数，导致其 K/S 值反而较小。图3-22是将羽绒纤维和超细羽绒粉体 K/S 的最大值进行了对比，发现在温度为30℃、染料浓度为10%的条件下，超细羽绒粉体的 K/S 值大于羽绒纤维，结合上染率的分析，超细羽绒粉体具有低温染色的能力和应用前景。

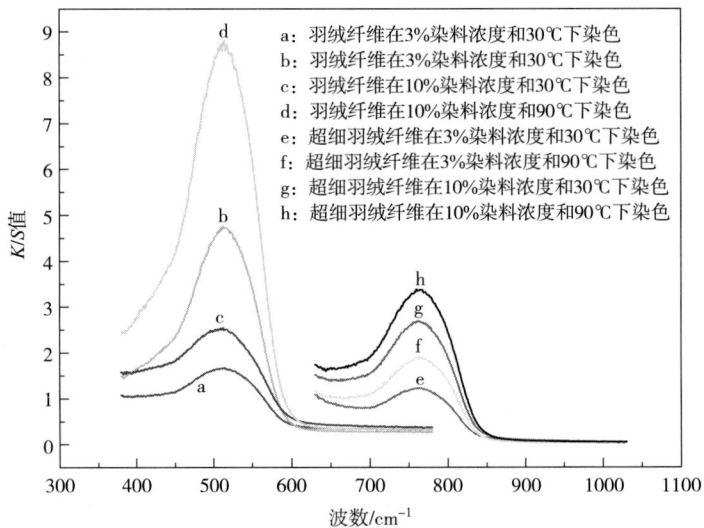

图3-21 羽绒纤维和超细羽绒粉体的K/S图

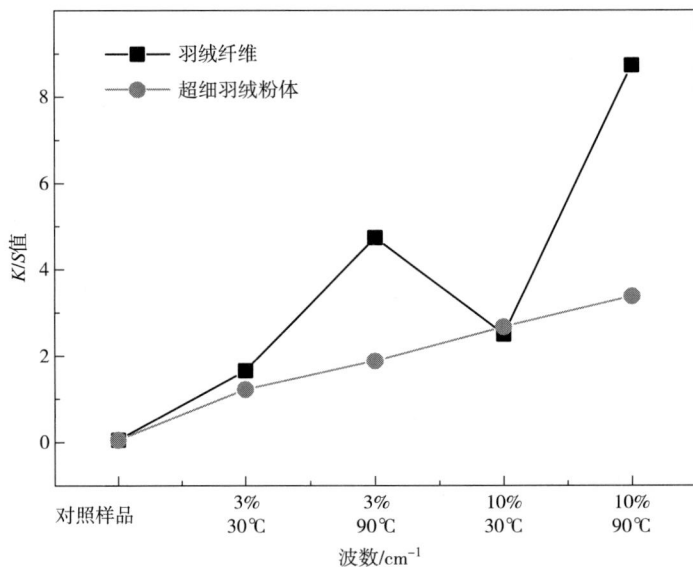

图3-22 羽绒纤维和超细羽绒粉体K/S峰值的对比图

3.3.3 不同颜色超细羽绒粉体的光学照片

图3-23是超细羽绒粉体经不同颜色酸性染料上染后的光学照片，图中显示超细羽绒粉体经过红、黄、蓝三原色进行染色，色泽鲜艳。另外，超细羽绒粉体的K/S可根据染色工艺自由调整，而且可以根据三原色自由配置成任何一种颜色，为颜料家族新添了一种材料，具有潜在的应用价值。

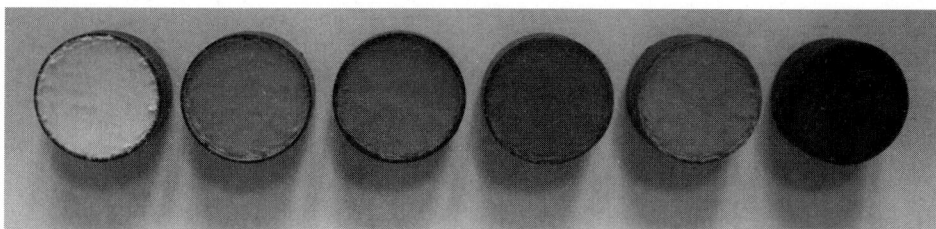

图3-23 不同颜色超细羽绒粉体的光学照片（见文后彩图3）

3.4 超细羽绒纤维粉体的吸附性能

3.4.1 印染废水的处理方法及研究进展

印染行业是工业废水排放大户。印染废水具有水量大、有机污染物含量高、成分复杂、色度高、碱性大、水质变化大等特点，属难处理的工业废水。近年来，随着环境污染的加剧及人们环保意识的提高，我国加大了对印染废水的治理力度，排放标准日益严格。同时，随着化纤织物的发展和印染后整理技术的进步，新型助剂、染料、整理剂等在印染行业中大量应用，难降解、有毒有机成分的含量也越来越多，对环境尤其是水环境的威胁和危害越来越大，给印染废水的处理带来了难度。因此，开发经济有效的印染废水处理技术日益成为当今环保行业关注的课题。

羽绒是一种天然蛋白质材料，其拥有天然蛋白质材料优良的亲水性，又拥有独特的蓬松性和在溶剂中良好的溶胀性。羽绒纤维制成纳米级的超细羽绒粉体，表面积增大，使表面具有良好的吸附性能，因此，粉体的吸湿、溶胀、染色性能得到提高。同时，羽绒粉体的利用实现了废弃材料的再生回收利用，节约资源、绿色环保。

3.4.2 超细羽绒粉体对分散染料的吸附性能

3.4.2.1 酸性条件下超细羽绒粉体对分散染料的吸附性能

图3-24为超细羽绒粉体在pH为4时对分散染料的吸附曲线。根据图3-24显示，随着羽绒粉体的加入量的增多，曲线的峰越来越低，说明上清液中的染料越来越少，如图3-25所示，从左到右粉体含量逐渐增加，上清液中的颜色越来越浅，羽绒粉体对染料的吸附很明显。当粉体加入量为0.08g时，其曲线无明显的峰，且其吸光度都小于0.05，其光学效果

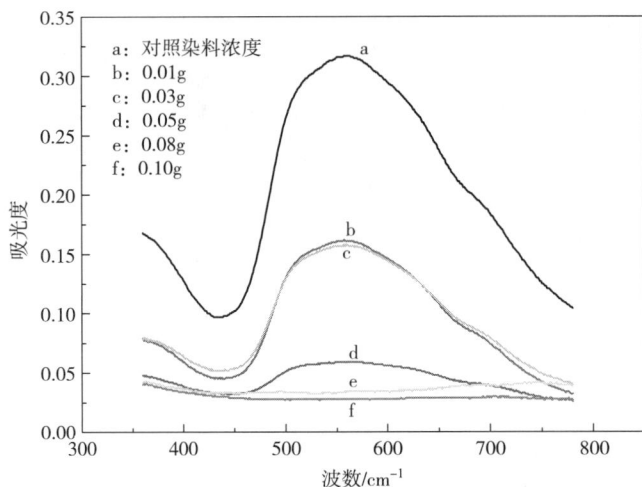

图 3-24 超细羽绒粉体对分散染料的吸附曲线图（pH=4）

图 3-25 超细羽绒粉体对分散染料的吸附结果的光学照片（pH=4，见文后彩图4）

图中上清液为无色透明的。当粉体加入量达到 0.10g 时，其吸光度无明显下降。说明在粉体加入量为 0.08g 时染液中的染料几乎全部被羽绒粉体吸附了。

3.4.2.2 中性条件下超细羽绒粉体对分散染料的吸附性能

图 3-26 为中性条件（pH=7）下，超细羽绒粉体对分散染料的吸附曲线图。粉体的加入量为 0.08g 和 0.10g 时的曲线几乎重合可知，在粉体加到 0.08g 时，粉体对染料的吸附已经达到一个极限，再向其中加粉体时，溶液中染料几乎不变。与图 3-24 相比，图 3-26 中的每条曲线都在其上，说明其上清液中染料的含量比酸性条件下相对应的上清液的染料含量多。图 3-26 中，粉体加入量为 0.10g 时，测其上清液的吸光度还是大于 0.05，而在酸性条件下，当粉体加入量足够时，其上清液的吸光度值都小于 0.05，这说明在中性条件下，羽绒粉体对分散染料的吸附效果比在酸性条件下的吸附效果差。在中性条件下，分散蓝不易形成离子键，羽绒粉体对染料的化学吸附较弱，而 pH 不影响羽绒粉体对分散蓝的

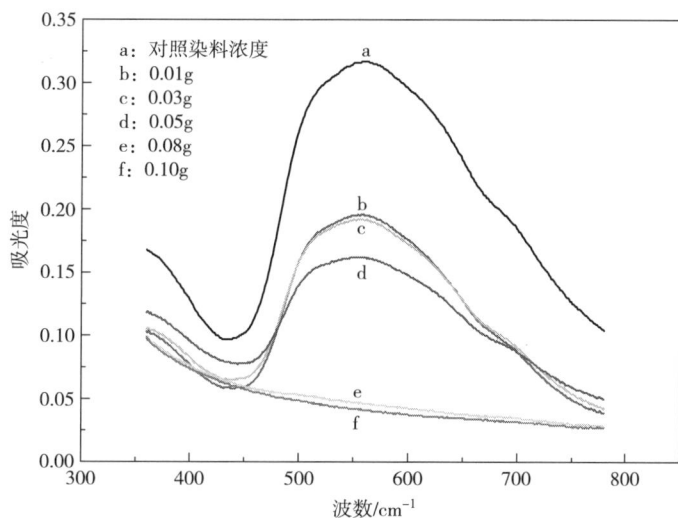

图 3-26 超细羽绒粉体对分散染料的吸附曲线（pH=7）

物理吸附。

图 3-27 为超细羽绒粉体对分散染料的吸附结果的光学照片，从左到右，随粉体的增加，上清液的颜色逐渐变浅，这很直观地呈现出上清液中染料的含量逐渐减少。

图 3-27 超细羽绒粉体对分散染料的吸附结果的光学照片（pH=7，见文后彩图 5）

3.4.2.3 碱性条件下超细羽绒粉体对分散染料的吸附性能

图 3-28 为超细羽绒粉体对分散染料的吸附曲线图。粉体加入量的多少对吸附曲线的影响不大。说明在碱性条件下，超细羽绒粉体很难吸附分散染料。这主要是因为羽绒纤维耐碱性较差，在 pH=8 的溶液中即发生破坏，pH 为 10、11 的溶液中可以溶解，强碱的存在不仅能够破坏羽绒纤维大分子间的盐式键，还能够破坏二硫键。在 pH 为 10 时，超细羽绒粉体的分子结构被破坏了，粉体部分溶解在染液中，而且在碱性条件下，分散蓝不能形成离子键，羽绒粉体对分散蓝的化学吸附几乎没有，主要是物理吸附。

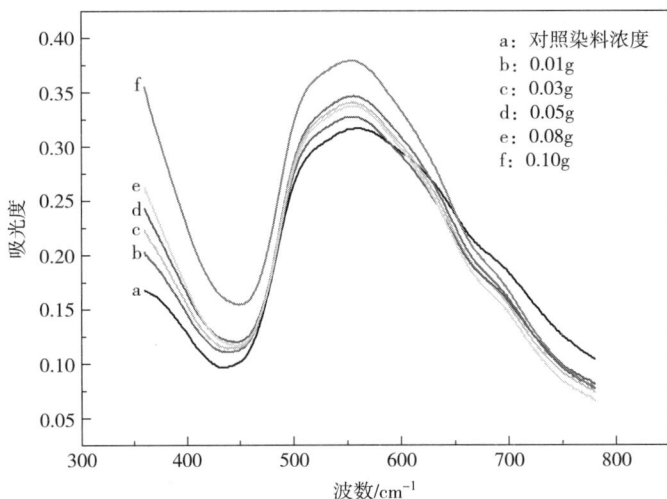

图3-28 超细羽绒粉体对分散染料的吸附曲线（pH=10）

图3-29为pH=10时超细羽绒粉体对分散染料的吸附结果的光学照片，可以看出颜色变化不大。

图3-29 超细羽绒粉体对分散染料的吸附结果的光学照片（pH=10，见文后彩图6）

3.4.3 超细羽绒粉体对酸性染料的吸附性能

3.4.3.1 酸性条件下超细羽绒粉体对酸性染料的吸附性能

图3-30为超细羽绒粉体对酸性染料的吸附曲线图。加入0.01g羽绒粉体后，吸光度都在0附近了。说明在酸性条件下，羽绒粉体对酸性染料的吸附效果非常好。与图3-24相比，在pH为4时，0.01g羽绒粉体对酸性染料的吸附效果比0.10g羽绒粉体对分散染料的吸附效果还好。这说明在酸性条件下，羽绒粉体对酸性染料的吸附能力比对分散染料的吸附

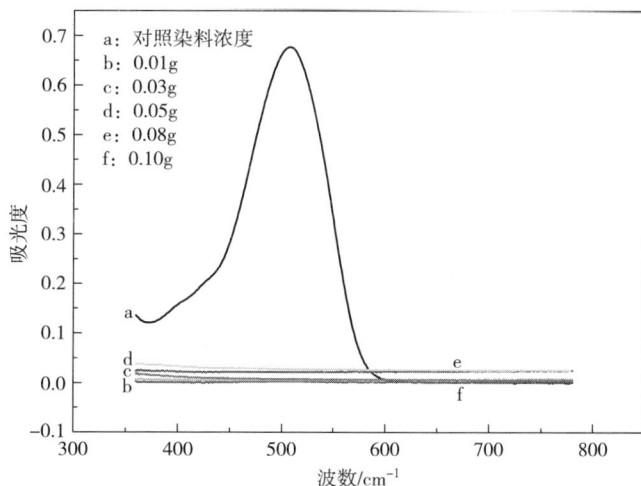

图3-30　超细羽绒粉体对酸性染料的吸附曲线（pH=4）

能力大很多倍。

在酸性条件下，酸性红138上的磺酸钠基团极易电离，羽绒粉体对其的化学吸附占绝大部分，物理吸附只占很少一部分。所以，只加少量的粉体就能将染液中的染料全部吸附。如图3-30加入羽绒粉体量为0.01g和0.10g时，达到的效果都差不多。

图3-31为pH=4时超细羽绒粉体对酸性染料的吸附结果的光学照片。

图3-31　超细羽绒粉体对酸性染料的吸附结果的光学照片（pH=4，见文后彩图7）

3.4.3.2　中性条件下超细羽绒粉体对酸性染料的吸附性能

图3-32为超细羽绒粉体对酸性染料的吸附曲线图。在中性条件下，随粉体的增加，吸光度逐渐减小。如图3-33所示，为pH=7时，超细羽绒粉体对酸性染料的吸附结果的光学照片，从图中可以看出上清液的颜色也是逐渐变浅的。这是因为在中性条件下，酸性红138电离程度减小，加入粉体后，其形成的离子键也较少，粉体对酸性红138的化学吸附变少了，故而出现随粉体的增加，吸附逐渐增加。当粉体加入足够量后，上清液的吸光度都

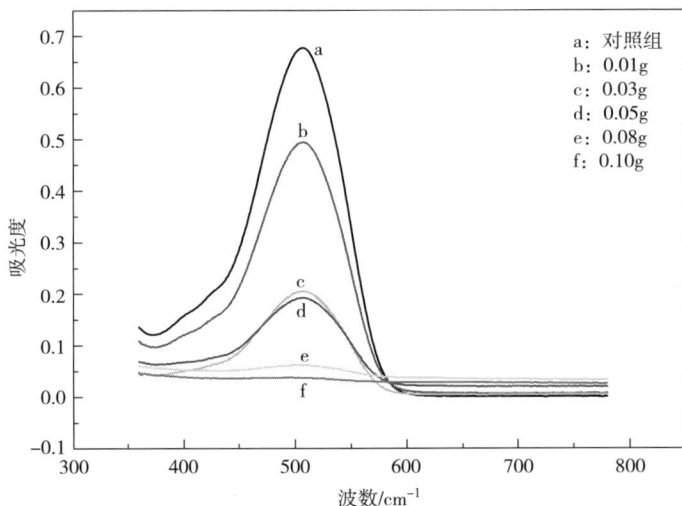

图3-32 超细羽绒粉体对酸性染料的吸附曲线（pH=7）

图3-33 超细羽绒粉体对酸性染料的吸附结果的光学照片（pH=7，见文后彩图8）

小于0.1。这表明在中性条件下，羽绒粉体对酸性染料的吸附比对分散染料的吸附效果好。这是因为在中性条件下，加入粉体后，酸性红138与分散蓝183相比更易形成离子键。羽绒粉体对酸性红的化学吸附能力大些。

3.4.3.3 碱性条件下超细羽绒粉体对酸性染料的吸附性能

图3-34为超细羽绒粉体对酸性染料的吸附曲线图（pH=10）。在pH为10时，随粉体的增加，吸光度逐渐减小。但与原始染液相比，吸光度在波长的一段区域比原始染液大，在另外一段区域又比原始染液小。但其最终的吸附效果比在酸性和中性条件下都差。这是因为在碱性条件下，羽绒粉体部分溶解；并且在碱性条件下，羽绒粉体与酸性红138难形成离子键，其化学吸附很小，羽绒粉体对酸性染料的吸附，主要是物理吸附。

图3-35为pH=10时超细羽绒粉体对酸性染料的吸附结果的光学照片。

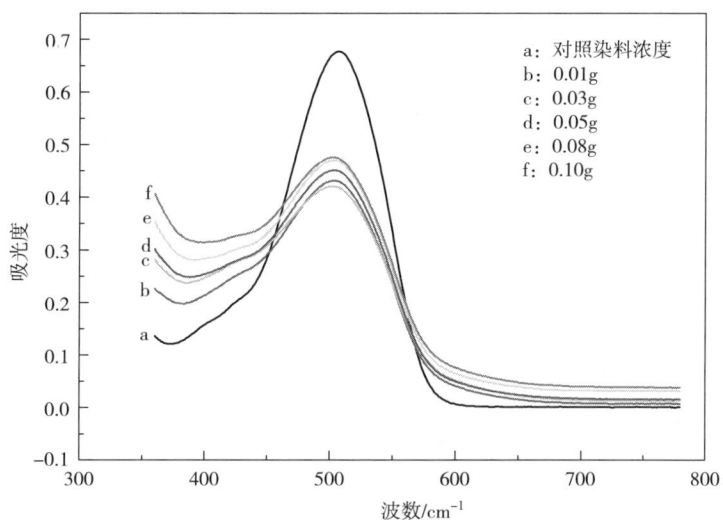

图3-34　超细羽绒粉体对酸性染料的吸附曲线（pH=10）

图3-35　超细羽绒粉体对酸性染料的吸附结果的光学照片（pH=10，见文后彩图9）

3.4.4　超细羽绒粉体对活性染料的吸附性能

3.4.4.1　酸性条件下超细羽绒粉体对活性染料的吸附性能

图3-36为超细羽绒粉体在pH为4时对活性染料的吸附曲线。从图3-36可以看出，当加入羽绒粉体量为0.1g时，没有出现吸收峰，可见羽绒粉体对染料的吸附已经达到饱和。所以，在酸性条件下，羽绒粉体对活性染料的吸附效果很好，吸附后液体中基本没有染料残留。

图3-37为超细羽绒粉体在pH为4时对活性染料吸附的光学照片。从光学照片中也可以很容易地看出，清液中基本没有染料残留，完全被羽绒粉体吸附。

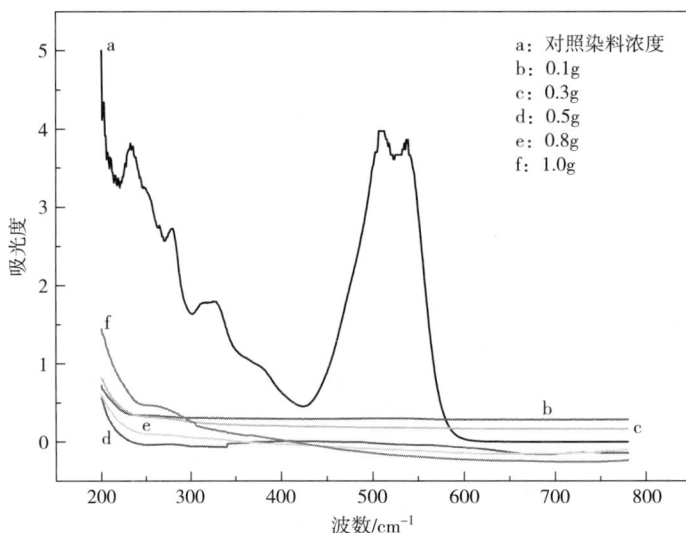

图3-36 超细羽绒粉体对活性染料的吸附曲线（pH=4）

图3-37 超细羽绒粉体对活性染料的吸附结果的光学照片（pH=4，见文后彩图10）

3.4.4.2 中性条件下超细羽绒粉体对活性染料的吸附性能

图3-38为中性条件下，羽绒粉体对活性染料的吸附曲线。从图中可以看出，当粉体的加入量为0.5g时就无明显吸收峰，可以看出在粉体加到0.5g时，粉体对染料的吸附已经达到饱和，再向其中加粉体时，溶液中染料几乎不变。与图3-36相比，当粉体加入量为0.1g和0.3g时，图3-38中的曲线明显高于图3-36，说明其上清液中染料的含量比酸性条件下相对应的上清液的染料含量多。图3-38中，粉体加入量为0.5g时，测其上清液才无明显吸收峰，而在酸性条件下，当粉体加入量为0.1g时，其上清液就没有出现明显的吸收峰，这说明在中性条件下，羽绒粉体对活性染料的吸附效果比在酸性条件下的吸附效果差。

图3-39为pH=7时超细羽绒粉体对活性染料的吸附结果的光学照片，从左到右，随粉体加入量的增加，上清液的颜色逐渐变浅，这很直观地呈现上清液中染料的含量逐渐减少。

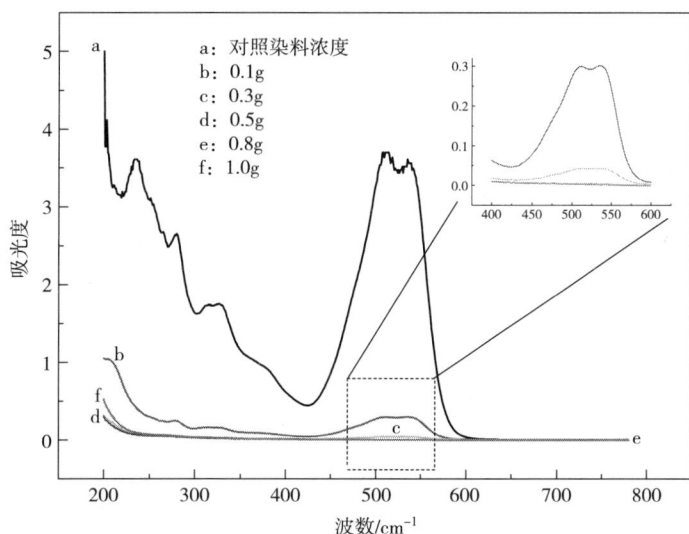

图 3-38　超细羽绒粉体对活性染料的吸附曲线（pH=7）

图 3-39　超细羽绒粉体对活性染料的吸附结果的光学照片（pH=7，见文后彩图 11）

3.4.4.3　碱性条件下超细羽绒粉体对活性染料的吸附性能

图 3-40 为碱性条件下超细羽绒粉体对活性染料的吸附曲线。从图中可以直观地看出随着粉体量的增加，上清液中染料残留逐渐减少。其加入粉体量在 0.8g 时，才无明显的吸收峰，羽绒粉体对染料的吸附已经达到饱和。而在中性条件下，加入粉体量在 0.5g 时，羽绒粉体对染料的吸附就已经达到饱和。而且在加入粉体量没有饱和的情况下，碱性条件下的各曲线都比中性条件下的曲线高，由此说明，碱性条件下羽绒粉体的吸附效果比中性条件下效果差。

图 3-41 为 pH=10 时超细羽绒粉体对活性染料的吸附结果的光学照片。从左到右，随粉体的增加，上清液的颜色逐渐变浅。

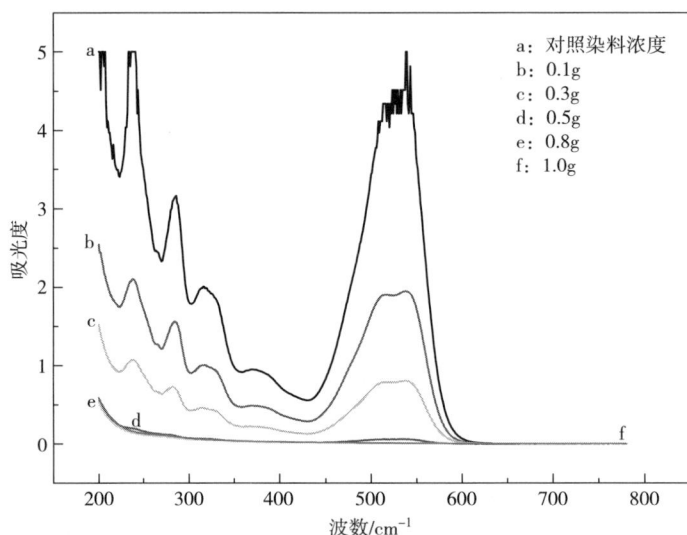

图3-40 超细羽绒粉体对活性染料的吸附曲线（pH=10）

图3-41 超细羽绒粉体对活性染料的吸附结果的光学照片（pH=10，见文后彩图12）

3.4.5 超细羽绒粉体对直接染料的吸附性能

3.4.5.1 酸性条件下超细羽绒粉体对直接染料的吸附性能

图3-42为酸性条件下超细羽绒粉体对直接染料的吸附曲线。加入0.1g羽绒粉体后，吸光度都在0附近了。这说明在酸性条件下，羽绒粉体对直接染料的吸附效果非常好，染液中无任何染料残留。

图3-43为pH=4时超细羽绒粉体对直接染料的吸附结果的光学照片。

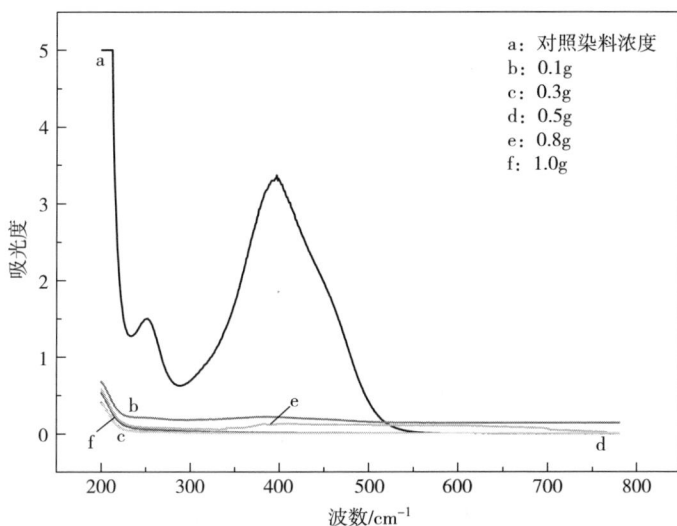

图3-42　超细羽绒粉体对直接染料的吸附曲线（pH=4）

图3-43　超细羽绒粉体对直接染料的吸附结果的光学照片（pH=4，见文后彩图13）

3.4.5.2　中性条件下超细羽绒粉体对直接染料的吸附性能

图3-44为中性条件下超细羽绒粉体对直接染料的吸附曲线。从图中可以看出，当粉体的加入量为0.5g（即图3-45中的B23）时就无明显吸收峰，可以看出在粉体加到0.5g时，粉体对染料的吸附已经达到饱和，再向其中加粉体时，溶液中染料几乎不变。与图3-42相比，当粉体加入量为0.1g和0.3g时，图3-44中的曲线高于图3-42，说明其上清液中染料的含量比酸性条件下相对应的上清液的染料含量多。图3-44中，粉体加入量为0.5g时，测其上清液才无明显吸收峰，而在酸性条件下，当粉体加入量为0.1g时，其上清液就没有出现明显的吸收峰，这说明在中性条件下羽绒粉体对直接染料的吸附效果比在酸性条件下的吸附效果差。图3-45为pH=7时超细羽绒粉体对直接染料的吸附结果的光学照片。

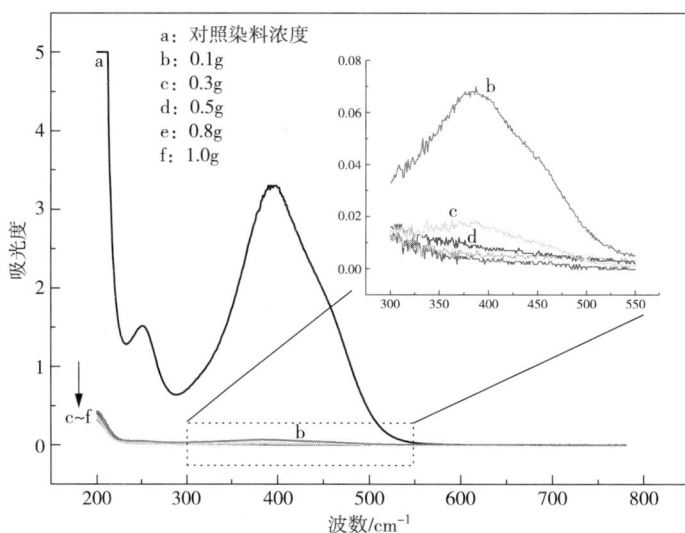

图3-44 超细羽绒粉体对直接染料的吸附曲线（pH=7）

图3-45 超细羽绒粉体对直接染料的吸附结果的光学照片（pH=7，见文后彩图14）

3.4.5.3 碱性条件下超细羽绒粉体对直接染料的吸附性能

图3-46为碱性条件下超细羽绒粉体对直接染料的吸附曲线。从图中可以直观地看出随着粉体量的增加，清液中染料残留逐渐减少。其在加入粉体量为0.8g时，才无明显的吸收峰，羽绒粉体对染料的吸附已经达到饱和。而在中性条件下，加入粉体量在0.5g时，羽绒粉体对染料的吸附就已经达到饱和。而且在加入粉体量没有饱和的情况下，碱性条件下的各曲线都比中性条件下的曲线高，由此说明，碱性条件下羽绒粉体对直接染料的吸附效果比中性条件下效果差。图3-47为pH=10时超细羽绒粉体对直接染料的吸附结果的光学照片。

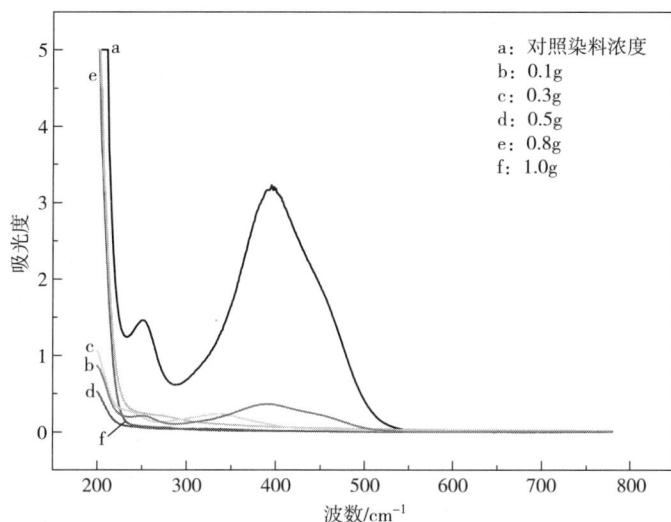

图3-46 超细羽绒粉体对直接染料的吸附曲线（pH=10）

图3-47 超细羽绒粉体对直接染料的吸附结果的光学照片（pH=10，见文后彩图15）

表3-4 超细羽绒粉体吸附活性染料和直接染料的参数

染料		活性染料			直接染料		
pH		4	7	10	4	7	10
粉体量	0.1g	0.00	0.34	2.01	0.00	0.02	0.53
	0.3g	0.00	0.05	1.12	0.00	0.00	0.42
	0.5g	0.00	0.00	0.05	0.00	0.00	0.18
	0.8g	0.00	0.00	0.00	0.00	0.00	0.00
	1.0g	0.00	0.00	0.00	0.00	0.00	0.00

从表3-4中可以看出，羽绒粉体可以吸附直接染料及活性染料；酸性条件下，羽绒粉体对染料（直接染料以及活性染料）的吸附效果最好；在中性以及碱性条件下，羽绒粉

对直接染料的吸附效果比对活性染料的吸附效果要好；超细羽绒粉体吸附直接染料速度比活性染料快。

3.4.6　原理分析

在酸性条件下，羽绒粉体首先吸附氢离子形成氨基正离子(—NH^{3+})，因而对阴离子染料产生吸附作用，并且染料阴离子对羽绒粉体有更大的亲和力，因此，在酸性条件下吸附效果最好（图3-48）。

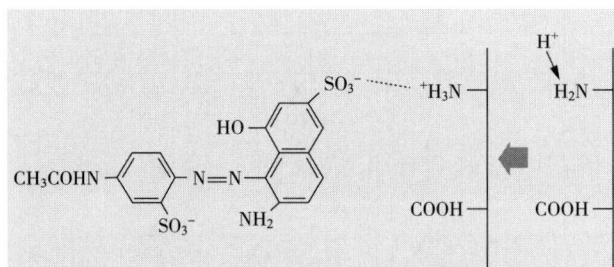

图3-48　羽绒粉体酸性条件下吸附粉体原理

在中性条件下，羽绒纤维对染料阴离子的吸附仅靠亲和力的作用，因此，在中性条件下吸附效果一般。

在碱性条件下，羽绒纤维对染料阴离子的吸附除靠亲和力的作用外，其中间还存在负离子间的反作用力，因此，吸附效果显著下降。

参考文献

[1] FEUGHELMAN M, MITCHELL T. The melting of α keratin in water[J]. Textile Research Journal, 1966,36(6): 578–579.

[2] BENDIT E. Melting of α-keratin in vacuo[J]. Textile Research Journal, 1966,36(6): 580–581.

[3] DIORIO A, MANDELKERN L, LIPPENCOTT. Polymorphism in fibrous polypeptides: α-β transformation in naturally occurring keratin[J]. The Journal of Physical Chemistry, 1962,66(11): 2096–2100.

[4] XU W, GUO W, LI W. Thermal analysis of ultrafine wool powder[J]. Journal of Applied Polymer Science, 2003,87(14): 2372–2376.

[5] MENEFEE E, YEE G. Thermally-induced structural changes in wool[J]. Textile Research Journal, 1965,36(9): 801–812.

[6] FALIX W, MEDOWALL M, EYRING H. The differential thermal analysis of natural and modified wool and mohair[J]. Textile Research Journal, 1963,33(6): 465–471.

[7] SCHWENKER R. The differential thermal analysis of textile and other high polymeric materials[J]. Textile Research Journal, 1960,30(10): 800–801.

[8] HALY A, SNAITH J. Differential thermal analysis of wool-the phase-transition endotherm under various conditions[J]. Textile Research Journal, 1967,37(10): 898–907.

[9] AWARD W H, WILKIE C A. Investigation of thermal degradation of polyurea: The effect of ammonium polyphosphate and expandable graphite[J]. Polymer, 2010,51(11): 2277–2285.

[10] HIROSE S, KOBASHIGAWA K, IZUTA Y, et al. Thermal degradation of polyurethanes containing lignin studied by TG-FTIR[J]. Polymer International, 1998,47(3): 247–256.

[11] PRAMODA K P, LIU T, LIU Z, et al. Thermal degredation behavior of polyamide 6/clay nanocomposites[J]. Polymer Degradation and Stability, 2003,81(1): 47–56.

[12] WANG P, CHIU W, CHEN L, et al. Thermal degradation behavior and flammability of polyurethanes blended with poly(bispropoxyphosphazene)[J]. Polymer Degradation and Stability, 1999,66(3): 307–315.

[13] LAN P, CORNEILLIE S, SCHACHT E, et al. Synthesis and characterization of segmented polyurethanes based on amphiphilic polyether diols[J]. Biomaterials, 1996,17(23): 2273–2280.

[14] ZHAO M, ZAHANG H, SU X. Color of bronze powder and ins influence factors[J]. The Chinese Journal of Nonferrous Metals, 2003,13(5): 1232–1237.

[15] JAMES J D, LEWIS W P, WILSHIRE B. Control of reflective properties flake metal products[J]. Powder Metallurgy, 1993,36(1): 42–46.

[16] XU W, KE G, WU J, et al. Modification of wool fiber using steam explosion [J]. European Polymer Journal, 2006(42): 2168–2173.

[17] XU W, SHEN X, WANG X, et al. Effective methods for further improving the wool properties treated by corona discharge [J]. Sen'i Gakkaishi, 2006(62): 47–50.

[18] 王鑫. 超细羊毛粉体的热塑性探讨及其与聚丙烯共混应用[D]. 武汉：武汉纺织大学，2006.

[19] XU W, CUI W, LI W, et al. Development and chraceterization of super-fine wool powder [J]. Powder Technology, 2004(140): 136–140.

[20] XU W, GUO W, LI W. Thermal analysis of ultrafine wool powder[J]. Journal of Applied Polymer Science, 2003,87(14): 2372–2376.

[21] XU W, WANG X, CUI W, et al. Characterization of superfine down powder[J]. Journal of Applied Polymer Science, 2009(111): 2204–2209.

[22] LIU X, GU S, XU W, Thermal and structural characterization of superfine down powder [J]. Journal of Thermal Analysis and Calorimetry, 2013(111): 259–266.

[23] CUI W, LIU X, SHEN X, et al. Dyeing properties of silk super fine powder [J]. Research Journal of Textile and Apparel, 2008,12(8): 23–29.

第4章

超细天然蛋白质纤维粉体在膜材料中的应用

聚丙烯（PP）是应用最为广泛的高分子材料之一，其由于分子链上的甲基（—CH$_3$）排列位置的不同可形成不同的构型，分为等规、间规和无规。在高分子领域，PP是当今世界五大通用塑料之一，具有十分广泛的应用，在纺织行业，PP通过熔融纺丝可制得丙纶长丝和丙纶短纤。但由于非极性带来的染色问题使丙纶的染色一直成为丙纶发展的瓶颈。为了改善丙纶的染色性能，人们试图采用常规的染色方法并开发合适的染料，通过添加促染剂等助剂来改善丙纶的染色，只有分散染料对于丙纶染色具有可及性，也有研究通过添加助剂获得了一定的效果，并有相关专利出现，但由于这些方法成本昂贵，染色牢度一般，因此不适合价廉的聚丙烯纤维。

为了改善聚丙烯的染色性能和极性，研究者试图将聚丙烯与其他材料结合使用，以获得良好的共混效果，研究通过将可接收染料的基团接枝到聚丙烯纤维大分子主链上从而改性丙纶染色，主要的接枝单体有乙烯基类的单体、丙烯酸类单体和聚酰胺类单体等，并具有一定的效果。

对于高分子领域，许多研究者通过接枝共聚的方法改善了PP的极性，同时将PP接枝物应用到了PP与其他材料制作合金的研究之中。PP接枝主要有溶液接枝、熔融接枝和固相接枝等，目前主要研究的接枝单体有马来酸酐、甲基丙烯酸甲酯、丙烯酰胺等。这种通过接枝改性的方法很好地改善了PP和其他材料的共混相结构，对于共混材料的结合性能具有很大的提高。溶液接枝还处于研究阶段，由于接枝效率及工艺控制难等方面的问题，很难实现工业化生产。固相接枝机理比较复杂，对实验条件要求极高，有时还有超声等辅助。而熔融接枝可以在螺杆挤出机里面使单体、引发剂和PP反应，工艺控制简单，容易实现工业化生产，具有很广泛的应用前景，并有很多相关方面的文献出现。

由此可见，聚丙烯与其他材料的结合已经成为一种发展趋势，这种做法可以使原本非极性的聚丙烯的染色性能、表面性能等得到改善，从而可以提高聚丙烯的使用途径和范围，具有很好的发展前景。

羊毛的多样化发展要求对羊毛研究提出新的发展要求，超细粉体和纳米科技的发展推动了现代科技的飞速发展，为此，将超细粉体技术应用到纺织上来，使羊毛纤维超细化具有十分重要的意义。

羊毛纤维超细粉体化后的可塑性研究对于应用超细粉体提供了新的思路，为超细粉体和聚合物共混研究做了很好的铺垫。超细粉体的特殊性能决定了应用中的复杂性，因此，如何发展和应用超细粉体成了新的课题，将粉体技术应用到不同行业中，体现出超细技术的优势，同时，提升行业本身的附加值和竞争力，具有十分重要的理论价值和实际效益。

将羊毛超细粉体添加到聚合物中，制备具有新功能的新材料。基于这种改性膜的研究，既可以为羊毛超细粉体改性化学纤维做必要的探讨和准备，又可以为塑料工艺提供新的发展方向，主要表现在以下几个方面。

（1）羊毛的超细粉体化及其表征：利用自制的羊毛粉碎设备加工超细羊毛粉体。对超细羊毛粉体进行表观形貌表征，观察整体形貌、粉体粒子形态并对比纤维形貌的变化。通过粒度表征超细羊毛粉体的粒径及其分布。

（2）超细羊毛粉体的可塑性加工探讨：将超细羊毛粉体在合适的增塑剂和其他改性剂的配合使用下，探讨其热塑成膜的可塑性能，并对热塑成膜进行必要的测试和表征，同时，对影响超细羊毛粉体成膜性能的因素进行探讨。

（3）超细羊毛粉体与聚丙烯共混热塑膜及其表征：利用超细羊毛粉体的可塑性能和PP的良好成膜性能，在双螺杆挤出机中将超细羊毛粉体和PP充分混合均匀挤出，并造粒。选用混合均匀的超细羊毛粉体/PP粒子，在平板硫化机上热塑成膜，探讨超细羊毛粉体/PP共混膜的成膜性能，对共混膜进行现代化表征，并探讨其漂白性能、染色性能、机械性能及其他性能。

4.1.1　超细羊毛粉体可塑性加工探讨

羊毛纤维具有极强的二硫键交联，研究者们曾致力于打开羊毛纤维二硫键制作蛋白高分子膜，并取得了一定的进展。将常用的增塑剂在热压的条件下作用于超细羊毛粉体，发现具有良好的高温热压成膜性。

对角蛋白高分子膜的研究已有很长的历史并有相关文献出现。ATTILA等研究了羊毛纤维的降解和成膜，其原理是通过溶液预处理将羊毛纤维降解，打开二硫键交联，使之成为低分子量的聚合物，然后进行成膜加工，选用的降解剂有Na_2SO_3、$NaHSO_3$、$K_2S_2O_5$，以及DTT〔$HSCH_2(CHOH)_2CH_2SH$〕，在130℃以上水压成膜，膜具有良好的机械性能。姚金波等利用还原法制造了羊毛角蛋白溶液，并在增塑剂甘油的作用下将羊毛角蛋白溶液在特氟仑或聚丙烯平板上成膜，制得的透明薄膜具有良好的刚度、强度和耐水性，并且具有离子透过性能和细胞增殖性。

4.1.1.1　成膜材料及增塑剂的选择

（1）成膜材料的选择：实验中，利用平板硫化机可以将材料在不同的温度下热压成膜，选用羊毛织物、羊毛纤维和超细羊毛粉体作为原料在相同的条件下进行热塑成膜试验。具体的热压成膜条件为温度160℃、压力5MPa、压膜时间5min。成膜之后在显微镜下进行表面成膜形貌观察。

图4-1为羊毛织物和羊毛纤维在没有任何助剂的条件下在平板硫化机上热压成膜的显微镜照片。对于羊毛织物而言，热压成膜后织物没有任何表面形貌的变化，从放大200倍的照片上可以明显看出织物的纹路，从放大2000倍的照片上可以看到平行排列整齐的羊毛纤维，可以看出羊毛纤维没有遭到破坏。而对于羊毛纤维而言，情况有所不同，首先，在膜的中央有一小块成膜产生，而在膜的周围纤维没有明显变化，从放大200倍的照片上可以看出中央的成膜形貌和周围的不同，中间部分颜色变深，似乎发生了部分熔融，而从2000倍的放大照片上可以明显地看到周围没有受到影响的纤维表面形貌没有受到破坏，依旧可以看到羊毛纤维的表面形态，而对于中央的成膜部分，纤维的颜色变深，表面形貌也发生了变化。

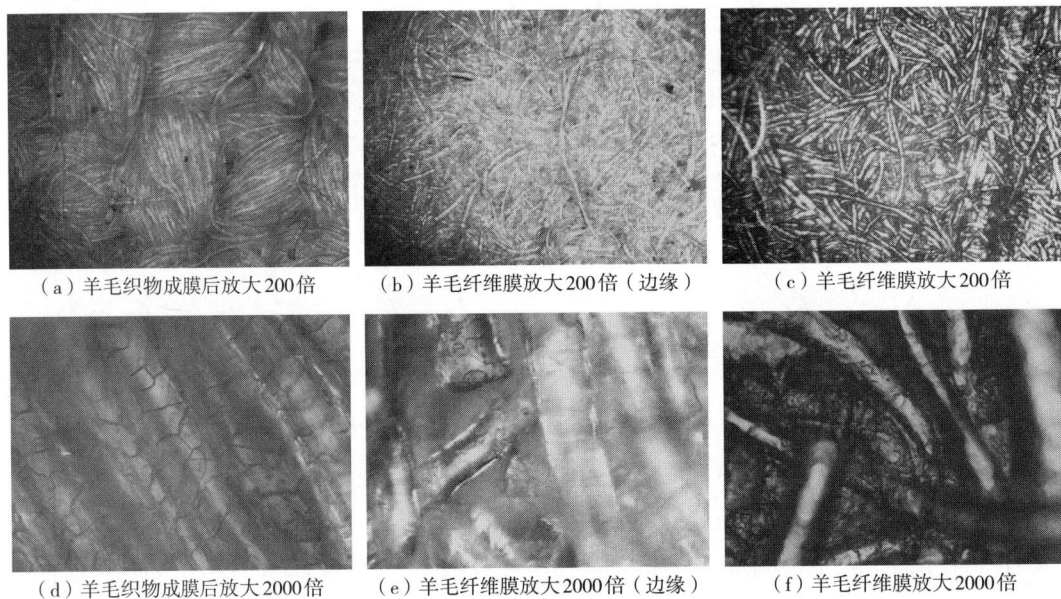

（a）羊毛织物成膜后放大200倍　　（b）羊毛纤维膜放大200倍（边缘）　　（c）羊毛纤维膜放大200倍

（d）羊毛织物成膜后放大2000倍　　（e）羊毛纤维膜放大2000倍（边缘）　　（f）羊毛纤维膜放大2000倍

图4-1　羊毛织物和羊毛纤维的热压成膜

图4-2为超细羊毛粉体及其热塑成膜的显微镜照片。从图4-2（a）、图4-2（d）的超细羊毛粉体的显微镜放大照片可以看出羊毛粉体的表面形貌呈颗粒状，这点在第2章已经提及。与羊毛纤维压膜相似，成膜之后中间有一块成膜，而边缘则有一圈没有成膜，从图4-2（b）、图4-2（e）和图4-2（c）、图4-2（f）的显微镜照片可以明显地看出。

由此可以看出，羊毛纤维和超细羊毛粉体是可以热塑成膜的。值得指出的是，虽然羊毛纤维和超细羊毛粉体在没有增塑剂存在的条件下经过热塑成膜处理，可以在中央部分成膜，但成膜极脆，强力极低，因此没有实际的应用价值。

（2）增塑剂的选择：蛋白质纤维材料的纤维的增塑剂有很多，如丙三醇、丙二醇、聚乙二醇（PEG）、山梨糖醇等。笔者重点考察了丙三醇、聚乙二醇和石油醚对羊毛纤维、羊

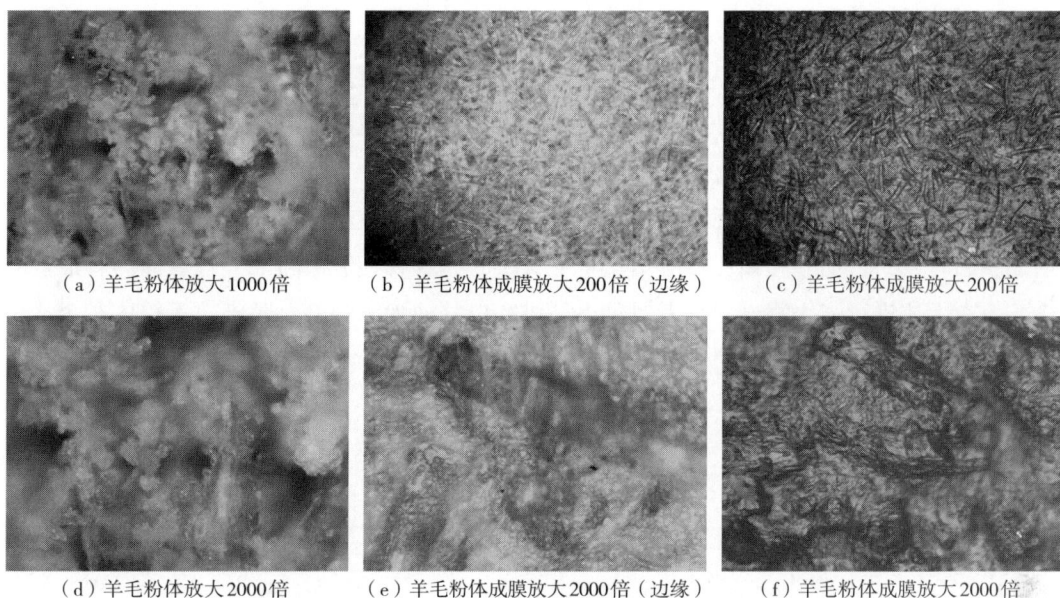

（a）羊毛粉体放大1000倍　　（b）羊毛粉体成膜放大200倍（边缘）　　（c）羊毛粉体成膜放大200倍

（d）羊毛粉体放大2000倍　　（e）羊毛粉体成膜放大2000倍（边缘）　　（f）羊毛粉体成膜放大2000倍

图4-2　超细羊毛粉体及其热压膜

毛织物及羊毛超细粉体的成膜性能，并通过分析选出最好的成膜基体及最好的增塑剂。实验条件为增塑剂含量为超细粉体重量的50%，成膜条件为温度160℃、压力5MPa、压膜时间5min。

　　图4-3为超细羊毛粉体在不同增塑剂存在的情况下的热压膜显微镜放大照片。石油醚存在的条件下成膜比较均匀，然而表面却容易形成凸起的气泡，严重影响了成膜效果，如

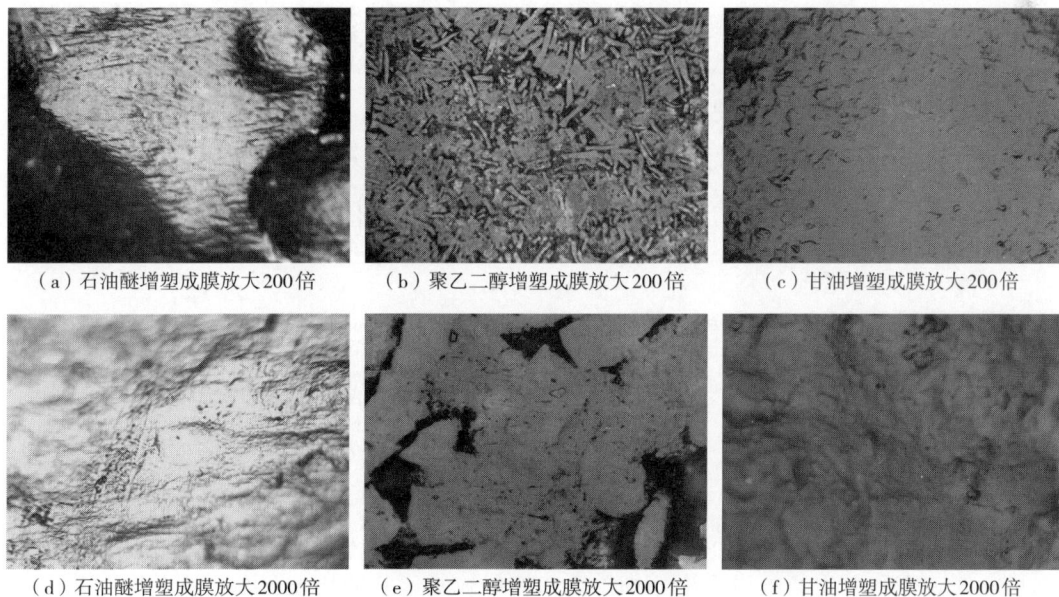

（a）石油醚增塑成膜放大200倍　　（b）聚乙二醇增塑成膜放大200倍　　（c）甘油增塑成膜放大200倍

（d）石油醚增塑成膜放大2000倍　　（e）聚乙二醇增塑成膜放大2000倍　　（f）甘油增塑成膜放大2000倍

图4-3　不同增塑剂作用下的羊毛超细粉体热压膜

图4-3（a）、图4-3（d）所示。PEG虽然也有不错的增塑性能，不过从图4-3（b）、图4-3（e）的显微镜照片可以看出，成膜效果似乎不是太好，表面有很多沟槽和裂缝，这严重影响成膜强力。而甘油成膜效果很好，表面相对比较均匀，成膜表面没有裂缝，并且成膜比较透明，如图4-3（c）、图4-3（f）所示。

从上面的分析可知，羊毛纤维和超细羊毛粉体均可以热塑成膜，然而，在不同的增塑剂成膜的时候，石油醚和聚乙二醇增塑羊毛纤维时，成膜性能极脆，并且表面具有很多裂缝，根本无法进行强力测试。笔者对羊毛纤维在以甘油为增塑剂、超细羊毛粉体在聚乙二醇和甘油为增塑剂的条件下的热塑膜的成膜机械性能进行了测试，其结果见表4-1。

表4-1　不同增塑剂对不同成膜材料的成膜机械性能

试样	机械性能				
	断裂伸长/mm	断裂强力/N	断裂功/J	初始模量/N·mm^{-2}	拉伸强度/MPa
毛纤维+甘油	0.990	94.1	0.0475	157.6	4.71
超细粉体+PEG	2.861	36.4	0.0685	31.1	1.82
超细粉体+甘油	8.500	89.8	0.5727	36.2	4.49

表4-1中列出了不同增塑剂条件下的超细羊毛粉体的成膜机械性能。在测试的过程中，石油醚作为增塑剂和聚乙二醇作为增塑剂的羊毛纤维成膜具有太大的脆性，无法进行拉伸强力的测试。从表4-1中不难看出，甘油使羊毛纤维热塑成膜时的初始模量达到了157.6N/mm^2，断裂伸长小于1mm，因此，羊毛纤维成膜的脆性比较大，不适合热塑成膜。而超细羊毛粉体在甘油或聚乙二醇为增塑剂的条件下具有较好的可塑性，但聚乙二醇热塑成膜的强力比较低，而甘油使羊毛粉体在热塑成膜后的强力、伸长和初始模量均达到了很好的水平，因此，可以得出甘油对羊毛粉体具有很好的增塑效果。

综上所述，考虑热塑成膜的强力和可塑性，超细羊毛粉体是最好的热塑成膜材料，而甘油为最好的增塑剂。

4.1.1.2　超细羊毛粉体热塑膜的表观形貌

选用甘油为增塑剂，含量为超细羊毛粉体的50%，成膜条件为温度160℃、压力5MPa、压膜时间5min，对超细羊毛粉体进行热压成膜实验，并对热压之后的热塑膜进行表观形貌的表征。

图4-4即为超细羊毛粉体热塑膜的电镜照片。从前文对超细羊毛粉体和羊毛纤维进行扫描电镜观察和对比，可以看出超细羊毛粉体呈粒子形状的均匀分布，而从图4-4（a）、图4-2（b）可以明显地看出在甘油作为增塑剂的条件下超细羊毛粉体具有很好的成膜效

果，膜的表面十分光滑，羊毛粉体完全在增塑剂和热压下形成了塑性膜。图4-4（b）中的凸起部分为扫描电镜聚焦时高能冲击膜表面所致。

图4-4（c）、图4-4（d）为超细羊毛粉体热塑膜的断面扫描电镜图，从整体形貌上看，粉体在膜中分布很均匀，超细羊毛粉体在增塑剂的作用下，在高温下表现出了很好的柔软性和可变形能力，并黏结在一起，粉体之间形成了很好的连续相，具有很好的成膜效果。在热塑膜断面高倍的放大电镜照片图4-4（d）中可以看到超细羊毛粉体分布均匀。

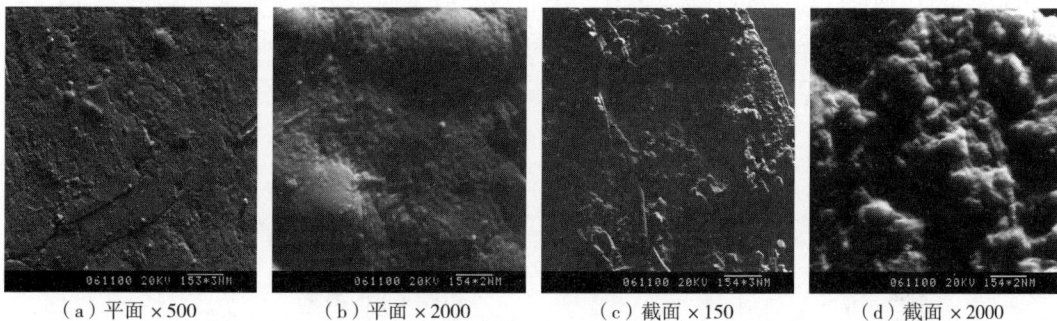

（a）平面×500　　　（b）平面×2000　　　（c）截面×150　　　（d）截面×2000

图4-4　超细羊毛粉体热塑膜的扫描电镜照片

4.1.1.3　超细羊毛粉体热塑膜的红外光谱（FTIR）分析

选用甘油为增塑剂，含量为超细羊毛粉体的50%，成膜条件为温度160℃、压力5MPa、压膜时间5min，对超细羊毛粉体进行热压成膜实验，并对热压之后的热塑膜进行红外光谱分析。

图4-5为超细羊毛粉体及其热塑膜的红外光谱图，为了便于分析，将超细粉体的红外

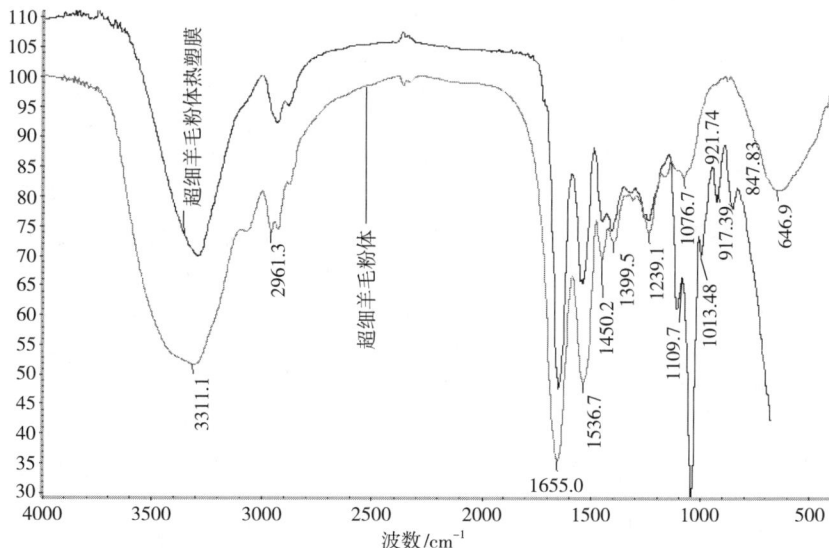

图4-5　超细羊毛粉体及其热塑膜的红外光谱图

光谱向下平移了10。表4-2列举了羊毛的特征吸收峰的位置，从图4-5中可以看出，超细羊毛粉体热塑成膜之后的红外光谱吸收峰对比超细羊毛粉体的红外光谱来说出现了一些很小的变化，表4-2中所列的吸收峰在超细羊毛粉体及其热塑膜的谱图上得到了很好的体现，吸收峰的强度发生了一些变化。

值得注意的是，超细羊毛粉体热塑膜的红外光谱在$1109.7cm^{-1}$、$1013.48cm^{-1}$、$921.74cm^{-1}$和$847.83cm^{-1}$处出现了新的吸收峰，并且$1013.48cm^{-1}$处的吸收峰很尖很高，这些吸收峰均为醇的特征吸收峰位置，由此可以推测，可能是由于增塑剂甘油的加入，从而使超细羊毛粉体热塑膜的红外光谱图上出现了醇基的吸收峰。

表4-2　羊毛的特征吸收位置

吸收峰位置/cm^{-1}	振动类型
3300	N—H(s)仲胺，O—H(s)氢键（宽峰）
3080	酰胺Ⅱ带的谐波
2964	CH_3(as)
2935	CH_2(as)
2877	CH_3(ss)
2853	CH_2(ss)
1627	酰胺Ⅰ带 C=O(s), C—N(s), C—C—N(d)
1520	酰胺Ⅱ带 N—H(ib), C—N(s), C—C(s)
1446	CH_2和CH_3　　　C—H(d)
1387	CH_3　　　　C—H(d)
1233	酰胺Ⅲ带　N—H(ib), C—N(s)

4.1.1.4　超细羊毛粉体热塑膜的X射线衍射分析

选用甘油为增塑剂，含量为超细羊毛粉体的50%，成膜条件为温度160℃、压力5MPa、压膜时间5min，对超细羊毛粉体进行热压成膜实验，并对热压之后的热塑膜进行X射线衍射分析。

图4-6为超细羊毛粉体及其热塑膜的X射线衍射图。由文献知羊毛纤维内的α角蛋白的典型的X射线衍射图的峰值出现在9°和20.2°，从图中也可以明显看出无论是羊毛超细粉体还是其热塑膜均在上述角度出现峰值，超细羊毛粉体热塑成膜之后，在9°的地方没有明显的变化，但在20.2°的衍射峰强度增大，并且在30°~45°的范围内衍射峰有整体上升的趋势。从整体上看，衍射峰的面积增大，说明超细羊毛粉体热塑膜的结晶度相对超细羊毛

粉体而言有一定的提高。

事实上，羊毛纤维经过超细化加工之后，由于粉碎过程中对纤维的结晶具有很大的破坏作用，因而其结晶度适当地降低，但超细羊毛粉体在增塑剂和热压的条件下成膜之后，由于甘油具有极好的增塑作用而使羊毛粉体的可塑性和延伸性变好，其大分子链发生了很好的重排，取向趋于一致，并且结晶度有适当的增加。从衍射峰的位置和曲线特征看，角蛋白的大分子结构没有发生变化，也就是说热塑成膜之后维持了羊毛大分子结构没有变化，只是在结晶上有所改善。

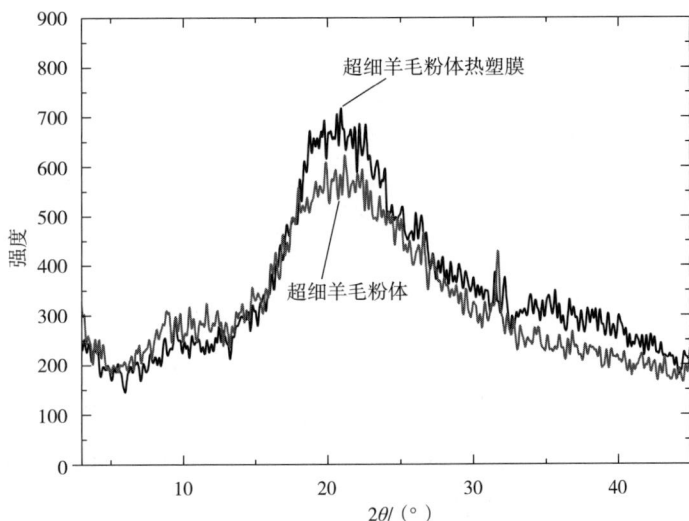

图4-6　超细羊毛粉体及其热塑膜的X射线衍射图

4.1.1.5　超细羊毛粉体热塑膜的热学性能

选用甘油作为增塑剂，含量为超细羊毛粉体的50%，成膜条件为温度160℃、压力5MPa、压膜时间5min，对超细羊毛粉体进行热压成膜实验，并对热压之后的热塑膜进行热分析表征。

图4-7为超细羊毛粉体及其热塑膜的热重（TG）曲线。对超细羊毛粉体的热重曲线而言，100℃左右出现第一个失重台阶，相应的失重率在11.4%，其对应着超细羊毛粉体内水分的蒸发，而270℃左右出现第二个失重台阶，失重率为24%左右，预示着粉体的热分解和结晶区的分裂，最后阶段粉体出现分解炭化，失重率达到了69%。然而，羊毛超细粉体热塑膜的热重曲线在100℃左右没有出现明显的失重台阶，这是由于热塑过程中温度达到了160℃，相当大部分的水分已经蒸发，在100℃左右粉体热塑膜的失重率达到4%左右，粉体热塑膜在220℃左右出现一个明显的失重台阶，失重率达到20%，说明热塑膜开始热分解。然后在410℃左右失重率达到了79%左右，说明了膜的分解炭化。值得注意的是，在290℃左右热塑膜的失重曲线出现了一个拐点，失重由快变慢，经查实，甘油的沸点为

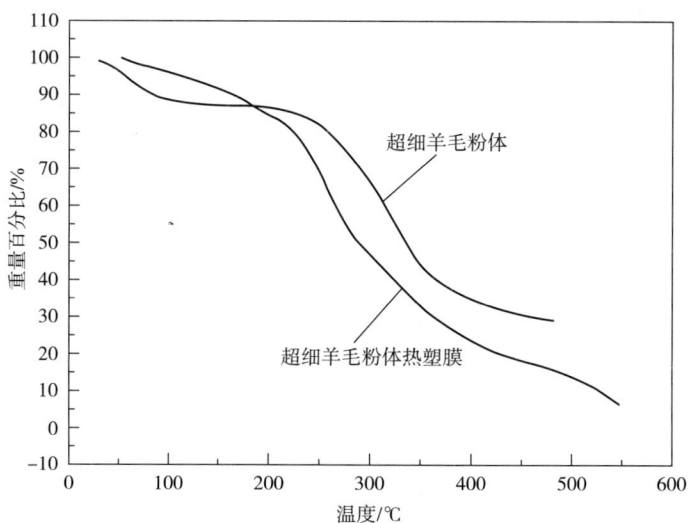

图4-7 超细羊毛粉体及其热塑膜的热重曲线

290℃左右，说明此时甘油开始分解，所以，对膜的热降解有一定的影响，因此，曲线的趋势有所变化。

图4-8为超细粉体及其热塑膜的差热（DTA）曲线，图4-9为超细粉体热塑膜的热重曲线和差热曲线的同步分析对比。从曲线中可以明显地看出两个吸热峰，第一个吸热峰在250℃左右，对应的为结晶区的分裂和α角蛋白的溶解；第二个吸热峰则对应着粉体和膜的分解。从图中可以看出超细羊毛粉体及其热塑膜的差热曲线区别不是很大，只是热塑膜的吸热峰强度稍大，然后热塑膜的分解吸热峰的温度相对超细羊毛粉体有一点飘移，出现在400℃左右，说明膜的热降解温度相对低一些。

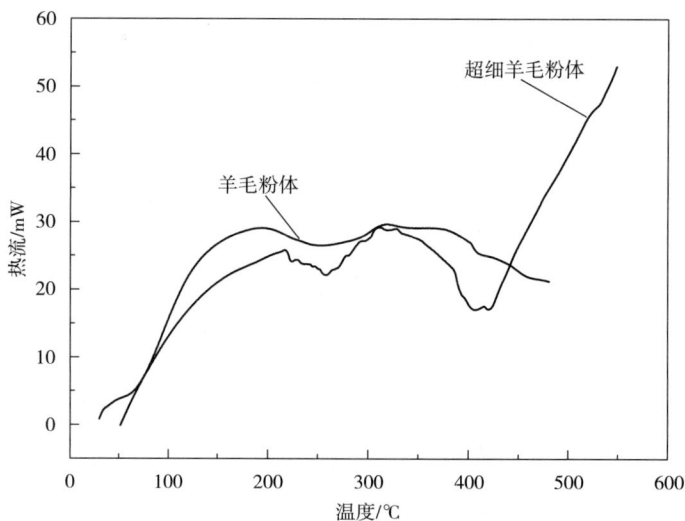

图4-8 超细羊毛粉体及其热塑膜的差热曲线

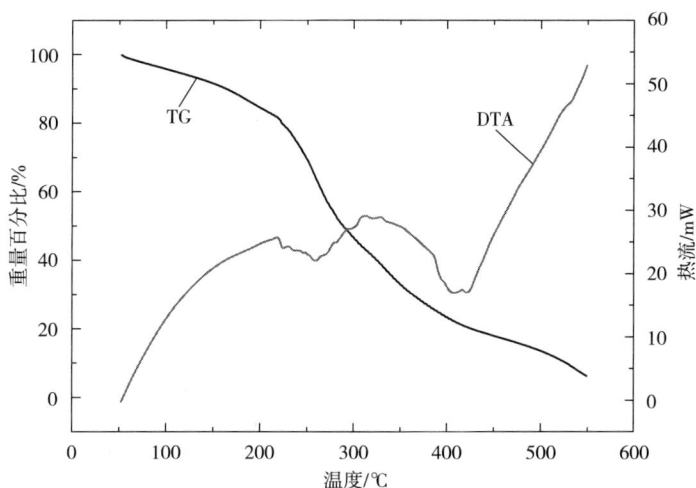

图4-9　超细羊毛粉体热塑膜的热重和差热曲线

4.1.1.6　超细羊毛粉体热塑膜的可塑性及其影响因素

将超细羊毛粉体在甘油为增塑剂的条件下热塑成膜，通过上面的表征可以看出超细羊毛粉体的热塑成膜完全可行。在实验中，通过超细羊毛粉体成膜的厚薄和直径可以反映成膜性能的好坏，并可以此来确定好的成膜工艺，实际上，甘油的含量、压膜的压力、温度和压膜时间等对最终成膜的可塑性产生很大的影响。通过超细羊毛粉体热塑成膜的可塑性和机械性能测试，具体讨论超细羊毛粉体热塑膜的塑性及其影响因素。

（1）甘油含量对粉体可塑性的影响：作为实验中选用的增塑剂，甘油在超细羊毛粉体的热塑成膜中发挥了极大的增塑作用。为了衡量甘油对超细羊毛粉体热塑成膜的影响，在实验中控制超细羊毛粉体和甘油的总质量一定，改变甘油的含量分别为10%、20%、30%、40%和50%，在同样的条件下（温度160℃、压力5MPa、压膜时间5min）分别在平板硫化机上热压成膜，测试热压之后膜的直径和厚度来衡量膜的可塑性，并且，测试不同含量热塑膜的机械拉伸性能，看不同甘油含量对热塑成膜的强力和拉伸的影响。

图4–10为不同甘油含量下粉体热塑膜的直径和厚度的变化。很明显，随着甘油含量的增加，热塑膜的厚度下降，越来越薄，另外，随着甘油含量增加，热塑膜的直径越来越大，说明甘油含量增加会使粉体热塑膜延伸性越来越好，进而说明甘油含量的增加使热塑膜的热塑性增强。可以明显地看出甘油具有很好的增塑效果，而且甘油含量大的塑性更好。

表4–3为不同甘油含量下的超细羊毛粉体热塑膜的机械性能测试，并且选取断裂伸长和断裂强力的数据作图如图4–11所示。值得提出的是，在没有加增塑剂甘油和甘油含量低于10%时，超细羊毛粉体热塑成膜十分困难，成膜脆性极强，造成强力测试无法进行。同

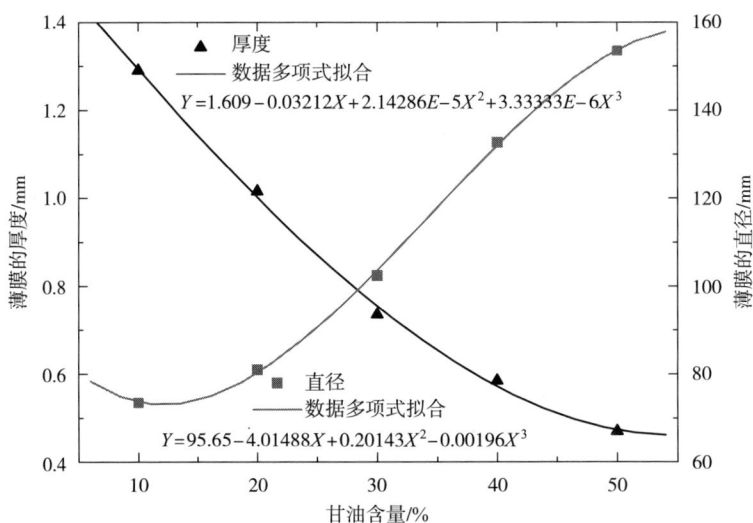

图4-10　甘油含量对超细羊毛粉体成膜可塑性的影响

时，由于甘油含量的增加会使膜的厚度发生变化，而测试强力时把膜的厚度默认为一定，因此，会对断裂强度的准确性产生一定的影响。从表4-3中的初始模量栏可以看出甘油含量低的时候初始模量非常大，热塑膜呈现脆性，而甘油含量增加会使膜的初始模量降低很多，说明甘油使热塑膜变柔软，韧性增强，但是，其拉伸强度有很大的降低。图4-11为羊毛超细粉体热塑膜的拉伸断裂伸长和拉伸断裂强力随不同甘油含量的变化作图，可以明显地看出随着甘油含量的增加，断裂强力下降极快，同时，断裂伸长变大。

表4-3　不同甘油含量下粉体热塑成膜的机械性能

甘油含量/%	机械性能				
	断裂伸长/ mm	断裂强力/ N	断裂功/ J	初始模量/ N·mm^{-2}	拉伸强度/ MPa
10	1.083	175.0	0.0771	300.6	8.75
20	3.584	124.3	0.2820	83.1	6.22
30	8.250	78.6	0.4706	31.8	3.93
40	6.445	46.0	0.2199	25.3	2.30
50	7.806	31.2	0.1789	15.4	1.56

　　不难看出，甘油对超细羊毛粉体的成膜性能起着决定性作用，甘油的加入，使超细粉体在热和压力的作用下，可塑性能增强。综合考虑热塑成膜的最佳可塑性能及强力与拉伸性能，最终确定选用的甘油含量为30%。

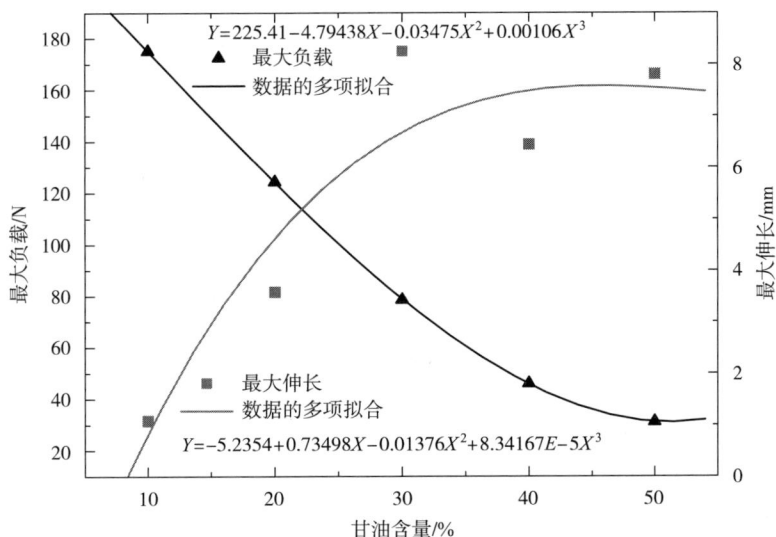

图4-11　不同甘油含量下的粉体热塑膜的断裂强力和断裂伸长

（2）成膜压力对粉体可塑性的影响：在选用了增塑剂甘油含量为30%之后，在超细羊毛粉体热塑成膜过程中改变了压膜的压力，具体是通过改变成型的压强来实现，实验条件为压膜压力5MPa、时间5min。

图4-12和表4-4为超细羊毛粉体热塑膜在不同压强下的成膜可塑性能及强力和拉伸性能测试。压强增大之后，从图4-12中可以看出成膜的直径基本呈线性增长，而成膜的厚度却下降。另外，从表4-4的成膜强力和拉伸性能可以看出，随着压强的增加，初始模量下降，说明膜在高压下会变韧变软，同时拉伸强度也有下降趋势，断裂伸长增加并且断裂强力下降。需要说明的是，由于成膜压力的变化可以造成成膜厚度的不同，因此断裂强度的

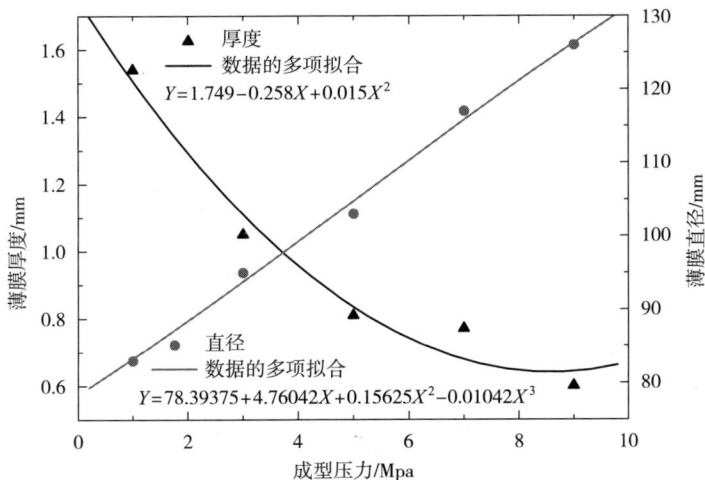

图4-12　压膜压力对超细羊毛粉体成膜可塑性的影响

数据存在误差。

表4-4 不同成膜压力下粉体热塑成膜的力学性能

成膜压强/MPa	力学性能				
	断裂伸长/mm	断裂强力/N	断裂功/J	初始模量/N·mm²	拉伸强度/MPa
1	7.833	157.4	0.9247	74.4	7.87
3	7.580	104.1	0.5667	40.9	5.20
5	8.500	89.8	0.5727	36.2	4.49
7	13.97	95.8	1.0117	33.5	4.79
9	9.39	63.0	0.4424	25.4	3.15

成膜压力直接影响了成膜的可塑性，与确定甘油含量时的思路一样，综合考虑成膜的可塑性及膜的拉伸性能和强力，确定最佳的成膜压强为5MPa。

（3）成膜温度对粉体可塑性的影响：实验中，增塑剂甘油的含量为30%，平板硫化机的压膜压强为5MPa、时间5min，并改变成膜温度。

成膜温度对实验的最终成膜性能会产生很大的影响，图4-13为不同压膜温度下超细羊毛粉体成膜的可塑性测试结果，明显看出，温度上升后，膜的厚度下降，同时膜的直径具有上升趋势。

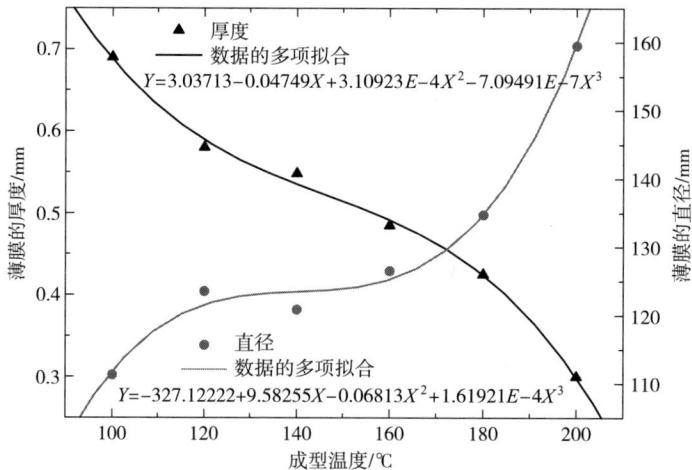

图4-13 压膜温度对超细羊毛粉体成膜可塑性的影响

表4-5显示了不同温度下粉体成膜的力学性能，当成膜温度太低的时候，如100℃和120℃，成膜太脆，无法进行强力测试，综合来看，温度的上升造成膜的断裂伸长增大，同时，膜的强力和拉伸强度有上升趋势，不过温度达到200℃时可能由于成膜时材料在高

温下产生了降解，成膜后的强力和拉伸强度损失非常大。同样，由于成膜厚度的变化使断裂强度的数据存在误差。

由此可以看出，成膜时的热塑温度对热塑成膜的可塑性有较大的影响，同时，对成膜的断裂强力和强度及拉伸性能具有很大的影响。综合考虑之后确定最佳的压膜温度为160℃。

表4-5　不同成膜温度下粉体热塑成膜的力学性能

成膜温度/℃	力学性能				
	断裂伸长/mm	断裂强力/N	断裂功/J	初始模量/N·mm^{-2}	拉伸强度/MPa
100，120	—	—	—	—	—
140	2.64	23.7	0.0375	18.9	1.19
160	3.86	24.9	0.0565	13.1	1.25
180	14.56	46.4	0.4687	10.7	2.32
200	22.33	9.57	0.1335	1.2	0.48

（4）压膜时间对粉体可塑性的影响：在考查压膜时间对成膜的可塑性和力学性能的影响时，将压膜时间从1min逐渐增大到9min。具体实验条件为增塑剂甘油含量30%、压膜温度160℃、压膜压强5MPa。

可塑性测试和强力测试结果见表4-6和表4-7。可以看出，压膜时间对成膜的厚度没有太大的影响，同时，成膜的直径随着压膜时间的变化有下降的趋势，不过在5min时达到了最大的直径。在力学性能的测试方面，随着压膜时间的增大，成膜的断裂强力和拉伸强度均有增大的趋势，同时断裂伸长也有上升趋势，初始模量变化不大。

表4-6　压膜时间对超细羊毛粉体成膜可塑性的影响

测试项目	压膜时间/min				
	1	3	5	7	9
厚度/mm	0.76	0.67	0.70	0.66	0.78
直径/mm	101.5	102.5	109.4	93.9	98.5

表4-7　不同压膜时间下粉体热塑成膜的力学性能

压膜时间/min	力学性能				
	断裂伸长/mm	断裂强力/N	断裂功/J	初始模量/N·mm^2	拉伸强度/MPa
1	7.94	76.1	0.4460	33.2	3.81

压膜时间/min	力学性能				
	断裂伸长/mm	断裂强力/N	断裂功/J	初始模量/N·mm²	拉伸强度/MPa
3	8.94	67.5	0.4516	30.0	3.37
5	12.39	80.3	0.7352	27.6	4.02
7	6.83	65.7	0.3273	29.6	3.28
9	16.72	104.6	1.3180	38.4	5.23

因此，随着压膜时间的增加，虽然成膜的可塑性变化不大，但由于成膜时间的增加，超细粉体和甘油之间的作用时间越充分，成型越好，因此，机械性能会相应变好。综合考虑，确定最佳的压膜时间为5min。

4.1.1.7　增塑剂的流失及环境对增塑剂流失和成膜性能的影响

超细羊毛粉体在甘油作为增塑剂的条件下热塑成膜，但成膜之后由于自然蒸发或环境的因素，增塑剂甘油会产生流失，并且不同的环境对甘油的流失甚至膜的最终性能会产生影响。

（1）增塑剂甘油的流失：确定超细羊毛粉体压膜的工艺为压膜时间5min、温度160℃、压力5MPa不变，改变甘油的含量，制作几块处理条件完全相同的塑性膜。

改变甘油含量制作了超细羊毛粉体热塑膜，制成之后将膜放在空气中，使增塑剂甘油逐渐流失，然后在不同的时间下测试超细粉体热塑膜的重量，衡量甘油的流失。图4-14为

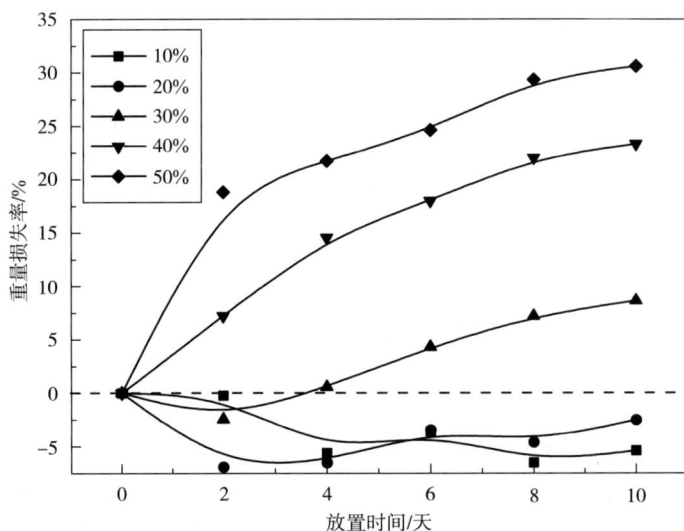

图4-14　放置时间对不同甘油含量热塑膜质量损失的影响

［失重率=（初始重量-测试重量）/初始重量］

不同时间、不同甘油含量的超细粉体热塑膜的重量损失情况，可以明显地看出，随着甘油含量的增大，膜的失重率越大，同时，当甘油含量超过30%时，随着放置时间的延长，膜的重量损失越大。甘油含量低于30%时，膜的重量没有降低，反而增加，这是由于膜在放置过程中吸水回潮的原因。由此可以看出，甘油含量为30%时不仅可以获得很好的增塑性能，同时，重量经过11天后的重量损失率为8.6%，重量损失不是很大，所以，增塑剂甘油用量为30%比较好。

（2）环境对成膜性能的影响：确定超细羊毛粉体压膜的工艺为30%的增塑剂甘油、压膜时间5min、温度160℃、压力5MPa不变，制作几块处理条件完全相同的塑性膜。表4-8为羊毛超细粉体热塑成膜之后在不同环境下放置24h之后的力学性能测试结果。可以明显地看出，当放置在水中24h之后，初始模量急剧上升，并且断裂伸长大幅度降低，可见羊毛超细粉体在水中放置后膜完全变脆变硬，抗变形能力极差，韧性极低。而在空气中和烘箱中放置24h之后对膜的力学性能没有明显影响。

表4-8　不同甘油含量下粉体热塑成膜的力学性能

环境	力学性能				
	断裂伸长/mm	断裂强力/N	断裂功/J	初始模量/N·mm^{-2}	拉伸强度/MPa
原样	8.500	89.8	0.5727	36.2	4.49
空气中放置24h	8.333	81.4	0.4884	34.7	4.07
冷水中24h，晾干	0.417	89.2	0.0186	350.4	4.46
60℃水中24h，晾干	0.333	94.4	0.0134	341.1	4.72
60℃烘干24h	7.389	99.3	0.5411	47.6	4.96

在增塑剂甘油和平板硫化机热压的情况下，超细羊毛粉体具有良好的热塑成膜性能。扫描电镜观察发现粉体热塑膜表面光滑，具有良好的成膜表面。超细粉体热塑膜的红外光谱图中出现了甘油的特征峰。X射线衍射显示超细羊毛粉体热塑成膜之后衍射峰面积增大，结晶度上升。热重曲线显示超细羊毛粉体热塑成膜之后水分会极大蒸发，并且由于甘油的加入，热重曲线出现拐点。差热分析显示粉体热塑成膜之后具有两个极大吸热峰。

通过分析超细羊毛粉体热塑成膜的可塑性及其影响因素，可以得出最佳工艺条件为：增塑剂甘油的含量30%，压膜压强5MPa，压膜温度160℃，压膜时间5min。增塑剂甘油在膜的放置过程中产生极大的流失，在甘油含量大于30%以上时失重率尤为明显。

不同的环境对超细羊毛粉体热塑膜的力学性能产生影响，在水中放置后膜的初始模量变大，并且拉伸断裂伸长减小。

4.1.2　超细羊毛粉体/聚丙烯（PP）共混热塑膜及其表征

由前面的分析可知，羊毛纤维完全可以加工成超细羊毛粉体，并且超细羊毛粉体在甘油作为增塑剂的条件下具有极好的热塑成膜性能。这为羊毛的多样化利用和新材料的开发提供了新的思路。

聚丙烯在纺织上有很广泛的应用，商品名为丙纶。但由于染色困难，极大地限制了其在纺织行业的应用，目前对改善丙纶的染色研究进行得比较多，不过由于丙纶的非极性，加上改性方法比较复杂和困难，没有实现工业化。曾有设想将羊毛溶解加入丙纶熔体中纺丝，不过这种方法本身溶解羊毛的处理过程复杂，加上盐析等工艺极难控制，制成的羊毛溶液和丙纶熔体的相容性存在问题。在羊毛纤维加工成超细粉体的基础上，研究了羊毛纤维的增塑成膜性，在前述研究基础上，可将羊毛超细粉体的热塑性和聚丙烯结合起来，发挥两者的优点，试图克服丙纶染色困难的问题，并可为新型塑料的发展，或者说新型纤维的纺丝做必要的准备。

4.1.2.1　超细羊毛粉体/聚丙烯共混热塑膜的表观形貌

制作超细羊毛粉体和聚丙烯共混膜，并改变超细羊毛粉体的含量。为了衡量共混膜的表观形貌，特选取超细粉体含量为20%和60%的共混膜进行扫描电镜观察，结果如图4-15所示。

对比第3章的羊毛超细粉体热塑膜的SEM照片可以看出，共混膜的表面非常光滑，看不到超细粉体的存在，说明经过螺杆挤出之后，羊毛超细粉体在增塑剂和还原剂的共同作用下，与PP能很好地相容。随着粉体含量的增加，从图中可以看出，其膜表面仍然非常光滑。膜的截面上出现了很多沟痕和空洞，分析认为在取样时由于膜的截面很难控制得十分均匀，加上成膜时难免有气泡的产生，因而截面有很多沟槽和空洞。当然，在局部放大之后，如图4-15（d）、图4-15（h）和图4-15（i）所示，其表面还是十分光滑的。

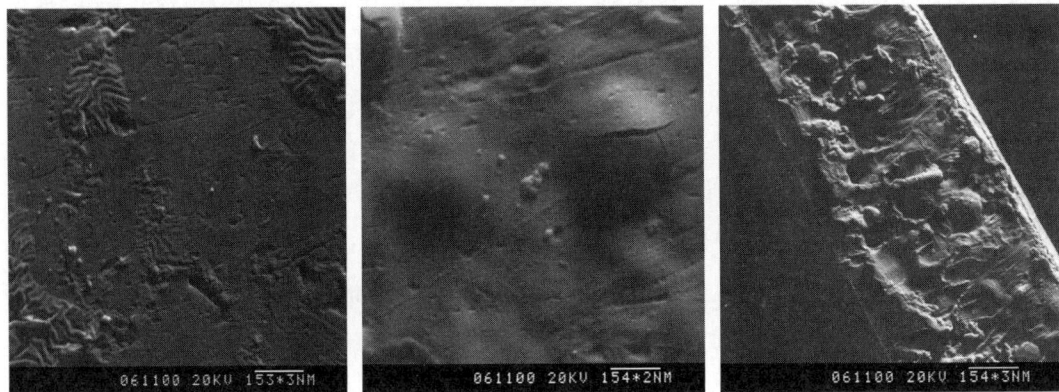

（a）20%粉体膜平面×500　　　　（b）20%粉体膜平面×2000　　　　（c）20%粉体膜截面×150

天然蛋白质纤维粉体化及其应用

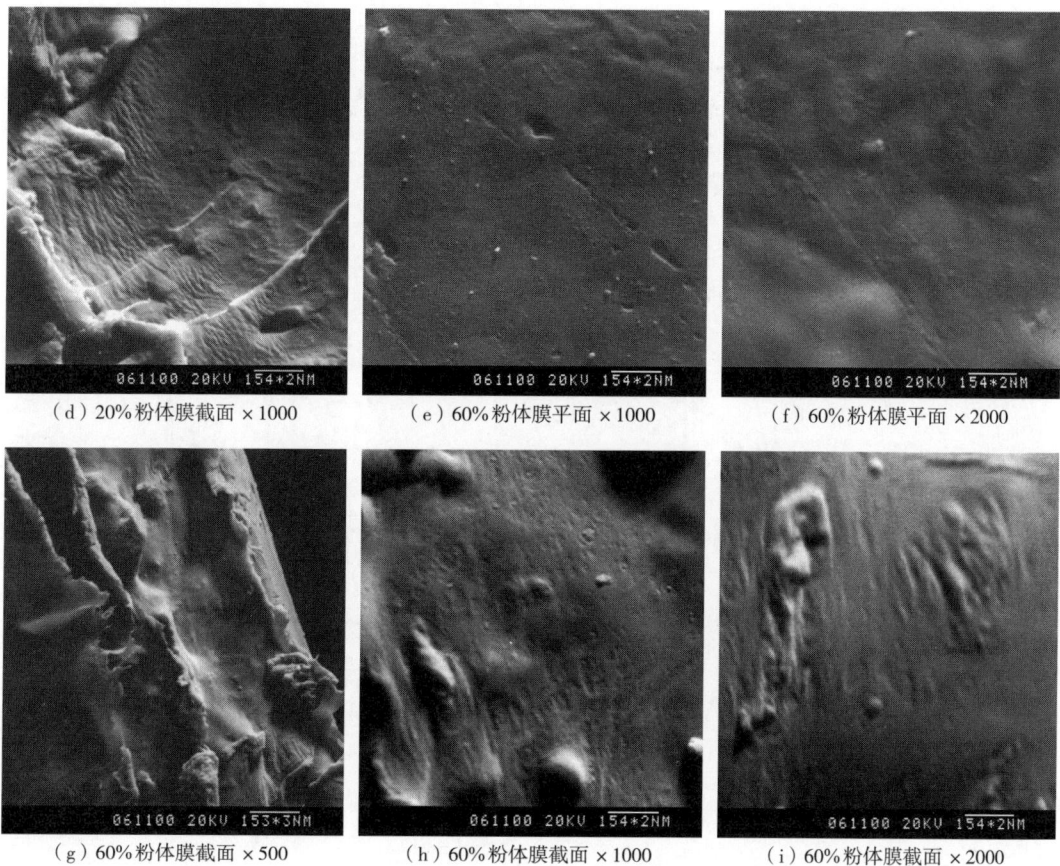

（d）20%粉体膜截面×1000　　　（e）60%粉体膜平面×1000　　　（f）60%粉体膜平面×2000

（g）60%粉体膜截面×500　　　（h）60%粉体膜截面×1000　　　（i）60%粉体膜截面×2000

图4-15　不同羊毛粉体/PP共混膜的扫描电镜照片

4.1.2.2　超细羊毛粉体/聚丙烯共混热塑膜的红外分析

将超细羊毛粉体与聚丙烯共混热压膜，并将纯聚丙烯、30%和60%粉体含量的共混膜做红外分析，并与第3章中超细羊毛粉体热塑膜的红外光谱做对比分析。

图4-16为超细羊毛粉体与PP共混膜及PP膜的红外光谱图。图中标出了共混膜与纯PP膜相比较出现了新的吸收峰的位置，对比表4-2中羊毛的特征吸收峰可知，3300cm^{-1}处出现的峰对应的为共混膜内的仲胺和氢键，1600cm^{-1}和1500cm^{-1}处的吸收峰对应为酰胺Ⅰ带〔C＝O(s)，C—N(s)，C—C—N(d)〕和酰胺Ⅱ带〔N—H(ib)，C—N(s)，C-C(s)〕。由此可知，超细羊毛粉体/PP共混膜的红外光谱图上出现了羊毛的典型吸收峰。

图4-17为超细羊毛粉体共混膜与超细羊毛粉体热塑膜的红外光谱图，并对比了羊毛粉体的红外光谱图。由分析可知，在2920cm^{-1}处出现的吸收峰可推测出共混膜中具有—CH$_2$，在1380cm^{-1}和1460cm^{-1}处均为C—H弯曲振动吸收峰，对比图4-16中的PP吸收峰，推测这些新的吸收峰可能是由于PP的加入而产生的。

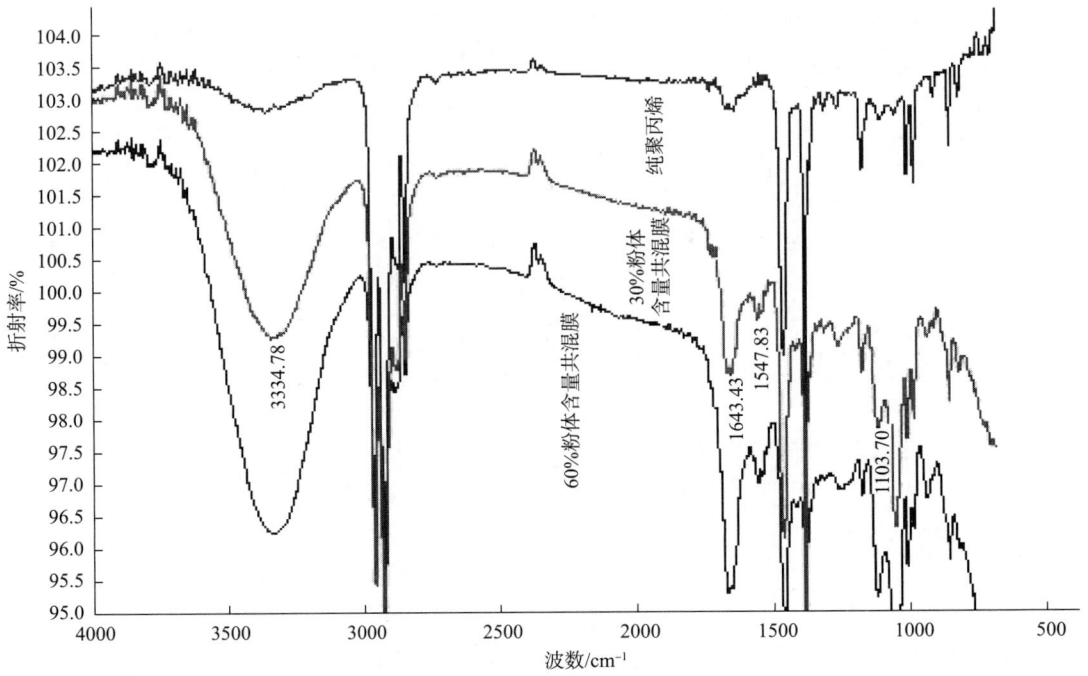

图4-16 超细羊毛粉体/PP共混膜与PP膜的红外光谱图

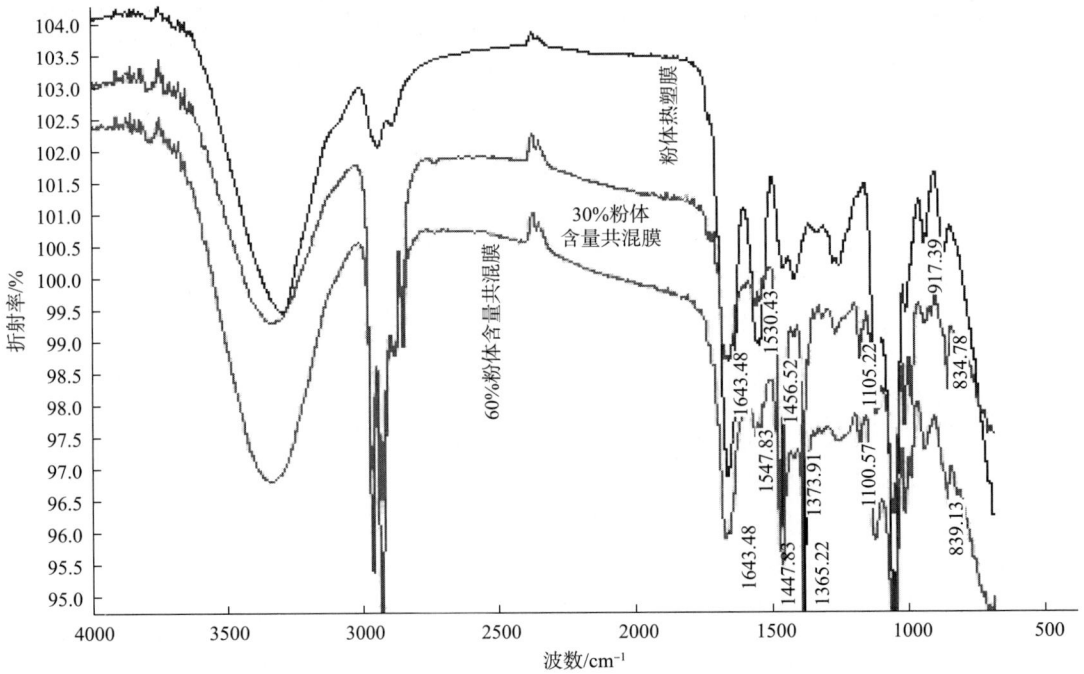

图4-17 超细羊毛粉体/PP共混膜与粉体热塑膜的红外光谱图

4.1.2.3　超细羊毛粉体/聚丙烯共混热塑膜的X射线衍射分析

将超细羊毛粉体与聚丙烯共混热压膜，并将纯聚丙烯、共混膜进行X射线衍射分析，之后与第3章中超细羊毛粉体热塑膜的超细羊毛粉体的X射线衍射作对比分析。

图4-18和图4-19为超细羊毛粉体/聚丙烯共混热塑膜、聚丙烯和羊毛粉体的对比X射线衍射图谱。由图4-18可以看出，羊毛粉体的结晶度非常低，几乎为非晶态，只在9°和20.2°有很小的吸收峰，然而，经过与PP共混之后，共混膜的衍射图谱出现极大的变化，在14°、17°、18.5°、21°、22°等处出现非常尖的衍射峰，在图4-19的对比中可以看出这些角度出现的衍射峰均与PP的衍射峰一样，因此，可以推断超细羊毛粉体与PP共混膜中具有PP的衍射峰。从图4-19还可以看出共混膜的衍射峰的强度相对纯PP而言有一定的降

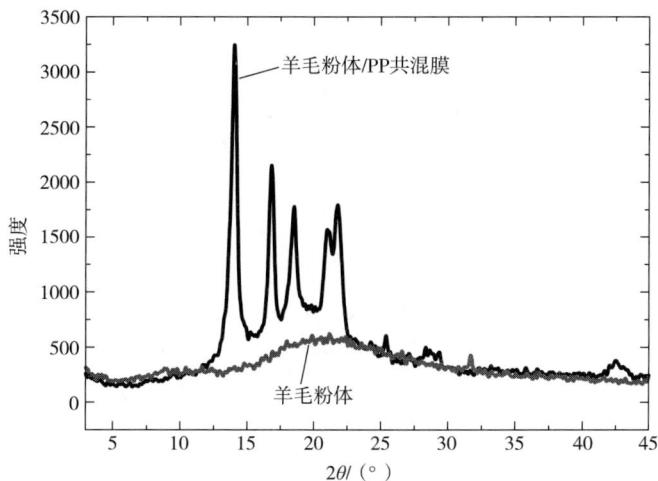

图4-18　超细羊毛粉体及粉体/PP共混膜的X射线衍射图

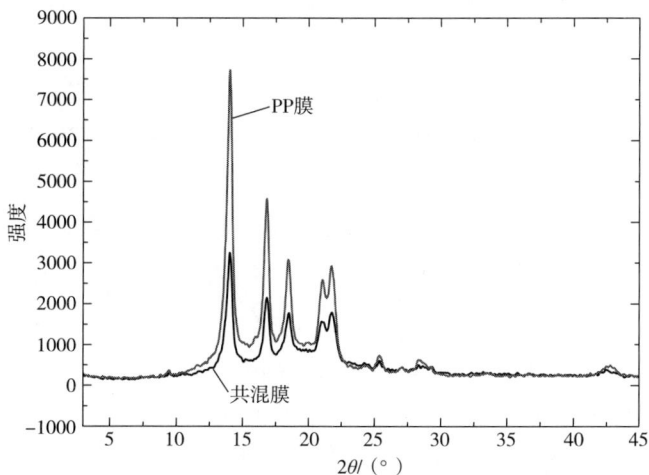

图4-19　PP膜以及超细羊毛粉体/PP共混膜的X射线衍射图

低，说明共混膜的结晶度比纯PP低，但相对羊毛粉体而言，具有极大的结晶度。

由此可见，与PP共混之后，在热压和增塑剂的作用下，粉体和PP可以极好地共混，并且可以很好地取向和结晶。

4.1.2.4 超细羊毛粉体/聚丙烯共混热塑膜的热学性能分析

将超细羊毛粉体与聚丙烯共混热压膜，并将纯聚丙烯、30%和60%粉体含量的共混膜做热重和差热分析，再与第3章中超细羊毛粉体热塑膜的热分析图谱作对比分析。

图4-20为超细羊毛粉体热塑膜、PP和共混膜的热重曲线。PP的失重曲线在400℃左右有一个失重台阶，而且只有这一个失重台阶，说明PP在此温度时开始炭化降解。羊毛粉体热塑膜具有两个失重台阶和一个微小的拐点，第3章已做分析，两个失重台阶分别对应着羊毛粉体结晶的破坏、分解和炭化降解。

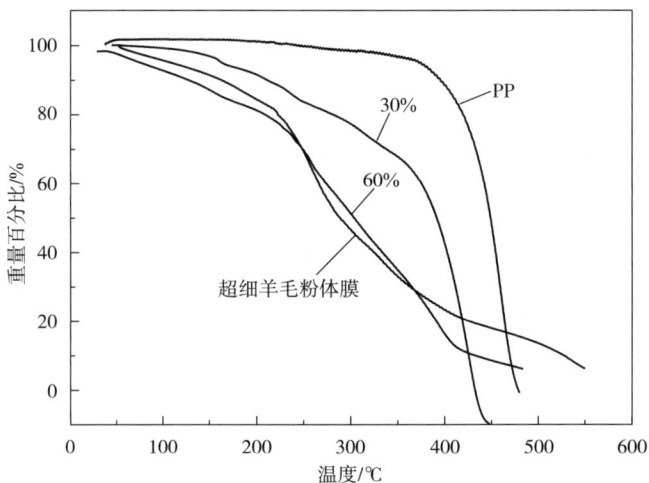

图4-20 超细羊毛粉体热塑膜、PP和共混膜的热重曲线

图4-20中30%曲线和60%曲线指代的曲线即为粉体含量为30%和60%的失重曲线，从图中可以明显地看出粉体含量为30%时，共混膜的失重曲线比较接近于PP的失重曲线，在400℃时共混膜开始剧烈地分解，同时，在150℃左右具有一个微小的失重台阶。当粉体含量达到60%时，共混膜的失重曲线比较接近于超细羊毛粉体热塑膜的失重曲线，只不过在大于450℃的地方没有出现第二个失重台阶，但其分解温度明显提前，这是由于PP的分解温度低于450℃。因此，羊毛粉体含量的增加会使共混膜的失重温度降低，粉体含量为60%时的分解失重温度与羊毛粉体的分解失重温度相当。

图4-21为不同粉体含量的超细粉体/PP共混膜的热重和差热曲线对比图，图4-22为超细羊毛粉体热塑膜、PP和共混膜的差热曲线图。从图中可以明显地看出，PP的差热曲线具有两个非常明显的吸热峰，第一个吸热峰出现在163.71℃左右，对应的为PP的熔解吸

热，第二个吸热峰出现在460℃左右，对应的为分解吸热。当超细羊毛粉体的含量为30%时，共混膜依然具有类似于PP的吸热峰，同时，在430℃左右出现了一个吸热峰，该吸热峰正好跟超细羊毛粉体热塑膜的第二个吸热峰相对应，可见粉体加入之后共混膜表现出PP

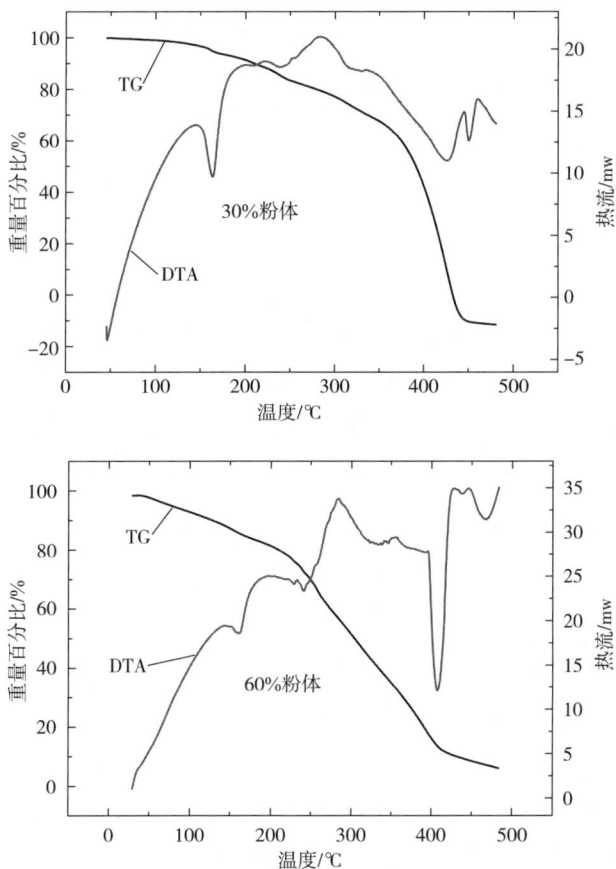

图4-21　不同粉体含量的超细粉体/PP共混膜的热重和差热曲线

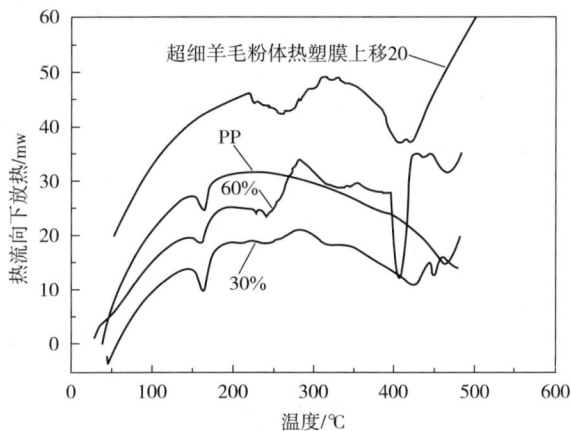

图4-22　超细羊毛粉体热塑膜、PP和共混膜的差热曲线

和超细羊毛粉体的热性能。当超细粉体的含量达到60%时，差热曲线除了具有PP差热曲线的两个吸热峰外，在超细羊毛粉体差热曲线出现吸热峰的250℃和400℃的位置出现了较为明显的吸热峰，特别是400℃出现了较大的吸热峰。

4.1.2.5 超细羊毛粉体/聚丙烯共混热塑膜的漂白性能分析

从超细羊毛粉体与PP共混膜的扫描电镜中可以发现两者很好地相容，并且成膜效果比较好。但是，在经过挤出工艺之后成膜，粉体出现了一定程度的发黑现象，估计是在高温下超细羊毛粉体发生了一定的降解和炭化，但由于挤出温度只有190℃，该温度低于羊毛的降解炭化温度，因而这里出现的降解和炭化不会太多。将出现发黑现象的超细羊毛粉体和PP共混膜进行漂白，选用的漂白剂为双氧水，为了确定好漂白工艺，在漂白处理之后测试了共混膜的白度和失重率。在确定了漂白工艺之后，看粉体含量对漂白的影响。

（1）确定漂白工艺：用4.1.4中的方法对共混膜进行漂白。一般而言，影响漂白工艺的因素为漂白剂的用量、处理时间、温度和助剂等因素。由于对双氧水漂白处理已经有了很深入的研究，因此，对于温度和助剂已经很成熟，实验中选用超细粉体含量为50%的共混膜，并着重考虑双氧水用量和漂白时间对最终漂白效果的影响，同时确定最佳漂白工艺。

图4-23和图4-24为双氧水浓度和漂白时间对共混膜的白度和失重率的影响。从图中可以明显地看出，双氧水浓度可以使膜漂白后的白度显著上升，然而由于高浓度时双氧水对羊毛角蛋白有极大的氧化分解作用，所以，失重率也会显著上升，从图中可以明显地看出，双氧水浓度达到10%之后，失重率趋于稳定。因此，考虑白度和失重率双重因素，实验中选用的双氧水浓度为10%。

漂白时间对共混膜的漂白也会产生极大的影响，图4-23显示漂白时间的延长可以使共混膜的白度增加，同时，失重率也大大增加，不过时间超过2h之后失重率的增加不是很明

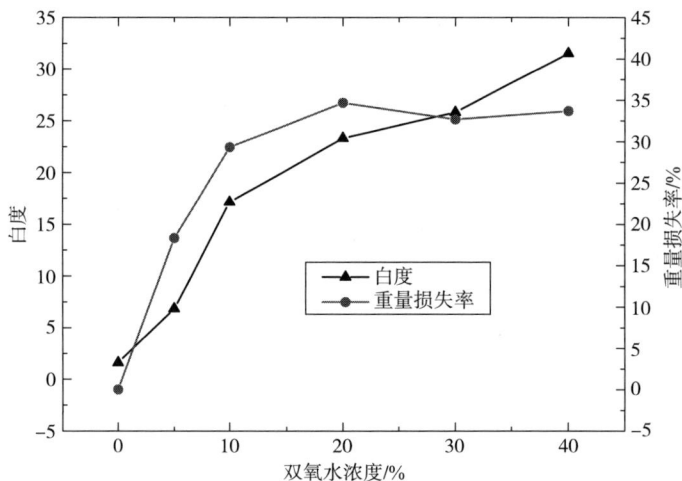

图4-23　双氧水浓度对共混膜的失重率和白度的影响

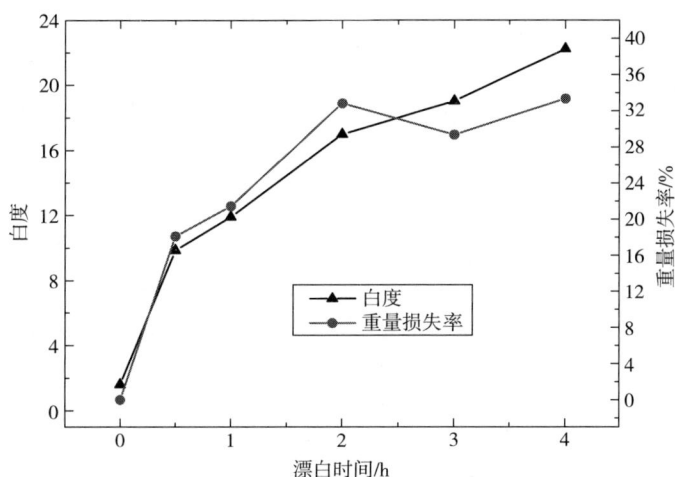

图4-24 漂白时间对共混膜的失重率和白度的影响

显，因此，综合白度和失重率两方面的因素考虑得出最佳的漂白时间为2h。

（2）不同粉体含量的共混膜的漂白：由前文可知双氧水的最佳用量为10%，最佳处理时间为2h，同时，结合其他因素，如温度和助剂等对不同分体含量的共混膜进行漂白实验。图4-25为不同粉体含量下的共混膜在漂白之后的白度和失重率变化曲线。从图中可以看出，当粉体含量小于30%时，白度低于10，漂白效果非常差，但基本没有失重。当粉体含量大于50%，白度非常好，具有很好的漂白效果，当然，这个时候的失重率相当大。

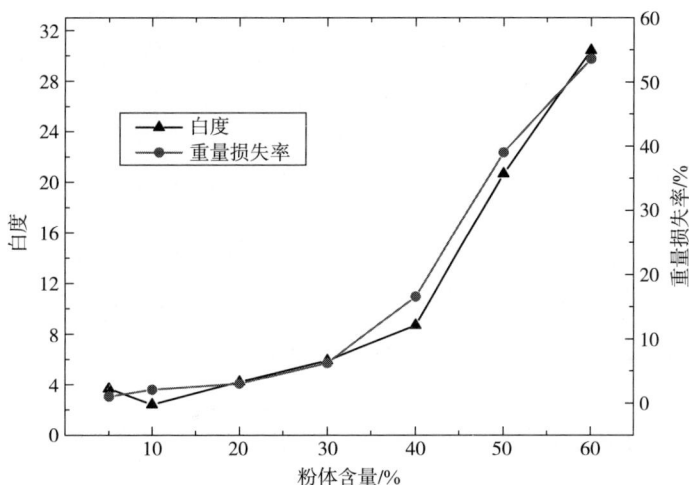

图4-25 粉体含量对共混膜的失重率和白度的影响

因此，可以看出对超细羊毛粉体和PP热塑共混膜的漂白是可行的，当粉体含量大于50%时具有很好的漂白效果，不过漂白过程中会产生一定的失重，减少了角蛋白在共混膜中的含量。

4.1.2.6　超细羊毛粉体/聚丙烯共混热塑膜的染色性能及表征

丙纶由于染色困难而没有得到广泛的应用，因而改善聚丙烯的染色性能具有极强的理论意义和开发价值。然而，超细羊毛粉体和PP共混膜表面发黑，根本无法进行染色，将羊毛超细粉体/聚丙烯的共混膜进行有效的漂白，解决了共混膜的炭化发黑问题。对漂白后的不同粉体含量的共混膜进行染色实验，并测试K/S和颜色值来衡量染色效果。

图4-26为不同粉体含量的超细羊毛粉体与PP共混膜在漂白之后的染色K/S值。从图中可以看出，纯PP膜的K/S值在700nm处出现一个峰值，随着粉体含量从5%变到20%，700nm处的峰值逐渐变弱，到粉体含量为30%时基本在700nm处不出现峰值。经查实，在700nm处的吸收波长不在可见光的吸收波长范围（400~700nm）之外，因而样品没有可显示的颜色。

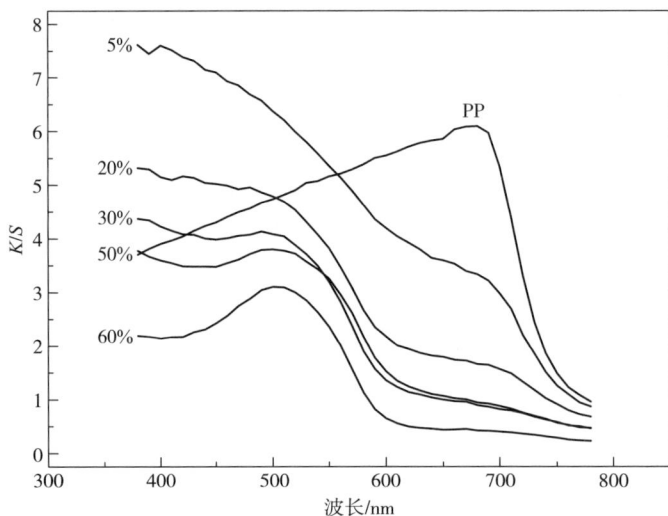

图4-26　不同粉体含量共混膜染色的K/S值

随着粉体含量的增加，在510nm处出现一新的峰值，并且峰形随着粉体含量的增加而更加突出，在粉体含量为60%时峰形最为突出。510nm处的吸收峰表示该仪器吸收了510nm处的绿色光，而证明该测试样品显示的为绿色的互补色，即红色。刚好对应的为红色的吸收峰，所以，很好地证明了共混膜在漂白后的染色可行性。当然，60%的粉体含量时共混膜的K/S值的最大值相对50%要小，这是因为粉体含量加到60%时，失重率接近54%，造成实际膜中的粉体含量反而较50%粉体含量的漂白共混膜中实际的粉体含量低，因而体现在染色K/S值上的差异。

由K/S值的变化可以得知，粉体含量的变化使共混膜对于酸性染料的染色是可行的，表4-9为共混膜染色后的颜色值列表。从表中可以看出，随着粉体含量的增加，明度值L^*增大，红度a^*一直增大，黄度b^*没有太大的变化。从颜色值的变化也可以看出粉体含量的增加使染色的色深和亮度逐渐增大。

表4-9 不同粉体含量共混膜染色后的颜色值

粉体含量/%	颜色测试项目					
	$L*$	$a*$	$b*$	$dE*ab$	$C*ab$	$dC*ab$
0	34.41	−0.7	−4.27	0	4.33	0
5	34.31	4.77	7.35	12.83	8.76	4.45
20	40.88	11.18	10.54	20.06	15.37	11.06
30	45.16	17.06	12.48	26.68	21.14	16.83
50	44.68	15.81	8.42	23.23	17.91	13.6
60	52.04	25.19	11.88	35.26	27.86	23.55

4.1.2.7 超细羊毛粉体/聚丙烯共混热塑膜的力学性能测试

表4-10显示了不同粉体含量下共混膜的力学性能。为了使测试条件一致，在共混膜的制作过程中利用一个厚度一定的金属薄框夹在平板硫化机的两块加热板之间，从而使膜的厚度一致。

表4-10 不同粉体含量下共混膜的力学性能

粉体含量/%	力学性能				
	断裂伸长/mm	断裂强力/N	断裂功/J	初始模量/N·mm²	拉伸强度/MPa
0	3.639	252.1	0.7297	182.2	12.62
5	3.084	209.5	0.4206	161.2	10.47
10	1.667	148.3	0.1492	152.3	7.42
20	1.330	61.8	0.0446	86.2	3.09
30	1.389	54.3	0.0445	84.1	2.72
40	1.389	34.3	0.0255	55.1	1.71
50	1.94	53.1	0.0569	65.4	2.66
60	1.972	30.9	0.0525	44.1	1.81

从表中可以看出，随着粉体含量的增加，除了断裂伸长变化不大外，断裂强力、断裂功、初始模量和拉伸强度均有不同程度的降低，选取断裂强力和初始模量的数据作图，如图4-27所示。

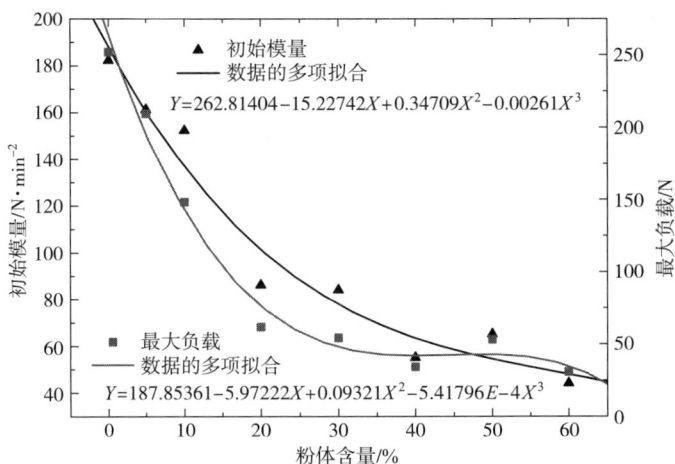

图4-27　粉体含量对成膜的力学性能影响

从图中可以清晰地看出粉体含量的增加使初始模量和断裂强力急剧下降，说明超细粉体的加入，使PP的强力受到影响，会有不同程度的降低，并使材料初始模量下降，材料的韧性变好，更柔软，但从表4-3的断裂伸长的数据变化不大来看，粉体含量增大后初始模量的下降主要不是由于材料变得柔软，韧性增强，而主要是由于强力下降带来的。所以，超细羊毛粉体的加入破坏了PP之间的连续相，而粉体和PP之间很难形成键接，因而使材料变得柔软脆弱。

在羊毛超细化加工及超细羊毛粉体热塑成膜的基础上，可将超细羊毛粉体与聚丙烯结合制作热塑共混膜。

扫描电镜观察发现共混膜的表面十分光滑，成膜效果很好，截面具有很多沟槽和空洞，推测是制样时不完整及制膜时产生了很多的气泡和空洞的原因。共混膜的红外光谱上可以清楚地看到羊毛和聚丙烯的特征吸收峰。X射线衍射分析发现共混膜具有很高的结晶度，在PP的衍射峰的角度上出现了较PP衍射峰强度低的峰。超细羊毛粉体的增加使羊毛粉体与聚丙烯的共混膜的降解温度大幅降低，并且在粉体含量为60%时，降解温度与羊毛粉体的降解温度相当。共混膜的差热分析曲线出现了四个吸热峰，当粉体含量为30%时，PP的吸热峰十分明显，而当粉体含量达到60%后，羊毛的吸热峰也开始变得明显。

在膜的制作过程中羊毛粉体出现炭化分解，造成膜的表面发黑，无法染色。可将共混膜进行漂白，并探讨了最好的漂白效果出现在双氧水使用浓度为10%，漂白2h的工艺上。尽管粉体含量增加可使漂白后的白度增加，但膜的失重率也显著增加，当粉体含量为50%时，具有很好的漂白效果。

漂白后的共混膜可以进行染色，当粉体含量大于30%时在K/S值上出现了染色峰值，并且粉体含量的增加使峰值更加明显。

超细粉体加入后使共混膜的断裂强力降低，同时，初始模量降低，这是由于粉体的加入改变了PP之间的连续相，而粉体和PP之间很难形成键接，因而膜变得柔软脆弱，这种变化在粉体含量增加的情况下更加明显。

4.2　超细羽绒粉体改性聚丙烯应用

4.2.1　PP-g-MAH/超细羽绒粉体共混膜制备及其性能研究

4.2.1.1　共混物的形态结构分析

图4-28是超细羽绒粉体分别与PP和PP-g-MAH的共混物（粉体添加量为20%）直角脆断的断面在扫描电镜下观察所得到的形貌结构图。从图4-28（a）和（b）中可以看出，当共混物受到拉伸力断裂时，在PP没有经过接枝改性时，共混物存在明显的相分离结构，共混膜的断面存在明显的孔洞，断面平整，表现出纯PP的脆断断面形貌。这是由于在PP没有经过接枝改性时，非极性PP和极性材料羽绒粉体之间没有发生强作用的基团，缺乏足够的界面黏结力。从图4-28（c）和（d）中可看到，采用马来酸酐接枝改性PP(PP-g-MAH)后，孔洞变小，共混膜的断面变得不平整，相界面变得模糊。经过接枝之后，PP-g-MAH上增加了马来酸酐极性基团，和超细羽绒粉体之间的作用力增加，因而PP-g-MAH和羽绒粉体之间的相容性提高。

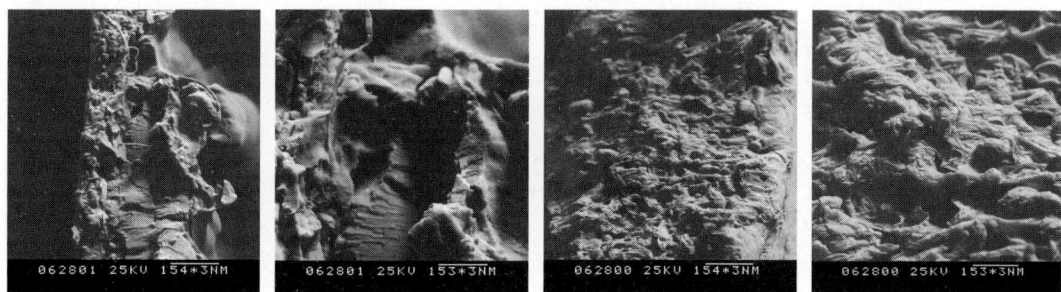

(a) PP/羽绒粉体×100　　(b) PP/羽绒粉体×300　　(c) PP-g-MAH/羽绒粉体×100　(d) PP-g-MAH/羽绒粉体×300

图4-28　PP接枝改性前后的PP/超细羽绒粉体共混膜的SEM图（粉体含量：20%）

4.2.1.2　红外光谱分析

图4-29是PP/超细羽绒粉体共混膜的红外光谱图，从图中可以看出，和纯PP相比，共混膜在3341.19cm^{-1}、1643.82cm^{-1}和1547.08cm^{-1}出现了新的吸收峰，分别是羽绒的仲胺和

氢键，酰胺Ⅰ带和酰胺Ⅱ带的特征峰，而且随着粉体含量的增加，新的吸收峰强度也增加了。图4-30是PP-g-MAH/超细羽绒粉体共混膜的红外光谱图，从中可以看出，共混膜中也在3340.83cm^{-1}、1652.77cm^{-1}、1583.20cm^{-1}位置出现了羽绒的仲胺基和酰胺基的特征吸收峰，其吸收峰的强度也随着粉体含量的增加而增加。此外，在两个图中并没有出现明显的醇的吸收峰，这可能是由于在成膜之后样品长久放置，甘油挥发造成的。

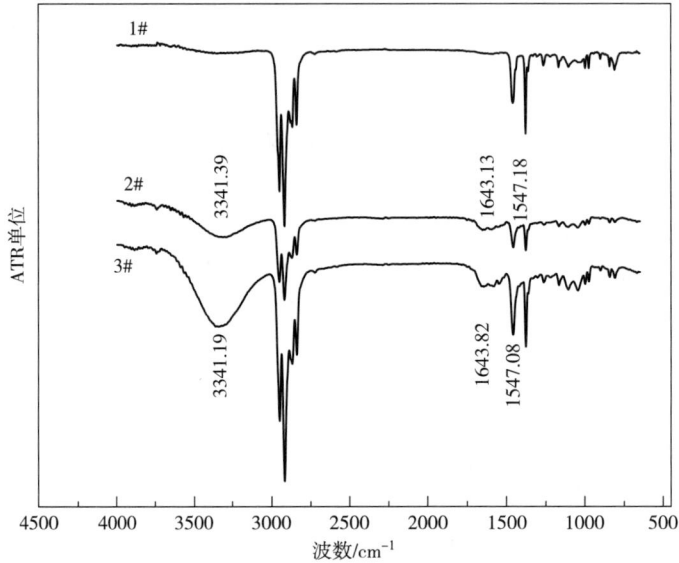

图4-29　不同粉体含量的PP/超细羽绒粉体共混膜的红外光谱图
1#—PP　2#—PP/羽绒粉体（82/20）　3#—PP/羽绒粉体（50/50）

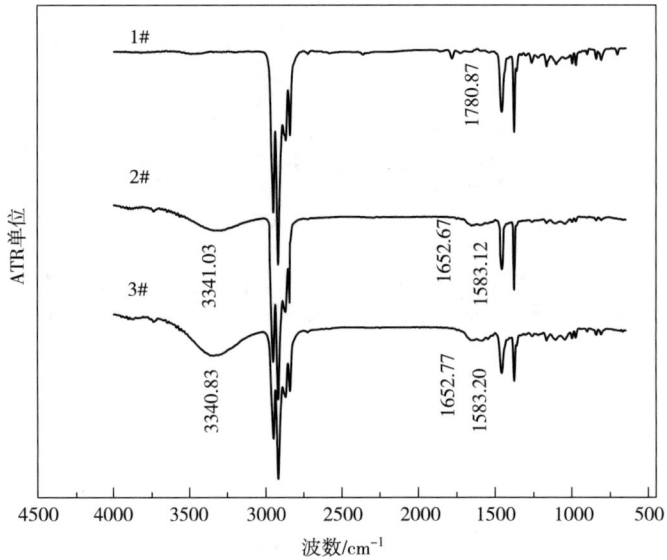

图4-30　不同粉体含量的PP-g-MAH/超细羽绒粉体共混膜的红外光谱图
1#—PP-g-MAH　2#—PP-g-MAH/羽绒粉体（82/20）　3#—PP-g-MAH/羽绒粉体（50/50）

4.2.1.3　力学性能分析

表4-11是羽绒粉体含量对PP/超细羽绒粉体共混膜力学性能影响的数据。从表中可以看出，随着羽绒粉体含量的增加，共混膜的力学性能基本呈下降趋势。其中，当粉体含量在10%时，共混膜的力学性能有比较明显的下降，随后膜的力学性能拉伸强度下降趋势比较平缓，直到粉体含量达到60%时又下降比较明显。

表4-11　不同粉体含量的PP/超细羽绒粉体共混膜的力学性能

粉体含量/%	0	10	20	30	50	60
拉伸强度/MPa	29.30	12.29	6.88	7.75	6.00	3.58
弹性模量/N·mm^{-2}	18.98	12.28	6.87	8.2	6.53	3.57
断裂伸长率/%	16.67	7.23	3.97	4.73	5.10	3.90

当羽绒粉体含量比较小时，粉体在共混膜中以分散相存在，由于分散相在共混膜中起着应力集中剂的作用，由此导致裂纹的产生，从而使共混膜的拉伸强度降低。此外，共混膜的两相结构及弱的界面结合力也是导致共混膜强度下降的原因之一。而当羽绒含量达到一定程度后，随着羽绒粉体含量的增多，粉体以连续相存在于共混膜中，羽绒粉体自身之间的作用性增加，因此，在一定限度上减缓了共混物力学性能的下降速度。

增塑剂甘油的存在主要是打开二硫键，使羽绒内部分子间作用力降低，羽绒的可塑性增加，从而引起弹性模量下降。同时，由于羽绒的结晶度远远低于PP，随着共混膜中羽绒粉体含量的增加，膜的结晶度下降、无定形区增加，共混膜逐渐从玻璃态转变为橡胶态，膜的刚度下降、柔性增加，从而导致共混膜弹性模量随着羽绒粉体含量的增加而降低。

图4-31是超细羽绒粉体和两种不同的PP（纯PP和PP-g-MAH）分别采用不同配比共

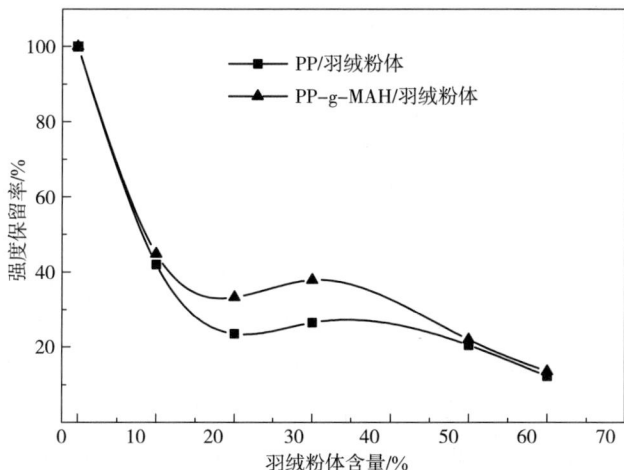

图4-31　PP接枝改性对PP/超细羽绒粉体共混膜拉伸强度的影响

混挤出后热压成膜后的拉伸强度的强度保留率的关系。从图中可以看出，在相同羽绒粉体含量的情况下，PP-g-MAH/羽绒粉体共混膜的强度保留率要高于纯PP/超细羽绒粉体共混膜，尤其是当粉体含量为20%~30%时，PP-g-MAH/超细羽绒粉体共混膜的强度保留率要比纯PP/超细羽绒粉体共混膜高10%左右。

纯PP由于没有经过改性，分子结晶结构紧密，结晶度高，作为一种非极性结晶聚合物，与羽绒之间不能形成化学键结合，在共混膜中两者只能以物理偶联状态结合，因此，共混膜力学性能较差。通过对PP和MAH的接枝，在非极性分子链上引入极性分子形成PP-g-MAH接枝共聚物，使PP酸酐化，增加了和极性基团的作用力，而羽绒含有大量的氨基酸和羧基、羟基等极性基团，和纯PP相比，PP-g-MAH和羽绒之间的作用力增加、相容性得以改善，因此，强度保留率要比纯PP/超细羽绒粉体共混膜强度保留率高。

图4-32是PP接枝改性对PP/超细羽绒粉体共混膜弹性模量的影响关系图，从图中可以看出，相对纯PP膜，PP-g-MAH/超细羽绒共混膜的弹性模量保留率要明显高于PP/超细羽绒共混膜的弹性模量保留率，在粉体含量为20%和30%时分别高出将近30%，而在粉体含量为60%时也高出将近30%。这可能由于在共混膜中PP-g-MAH和羽绒的相容性比PP和羽绒要好，在共混膜中PP-g-MAH结合力要强，因而减缓了共混膜的弹性模量的下降。

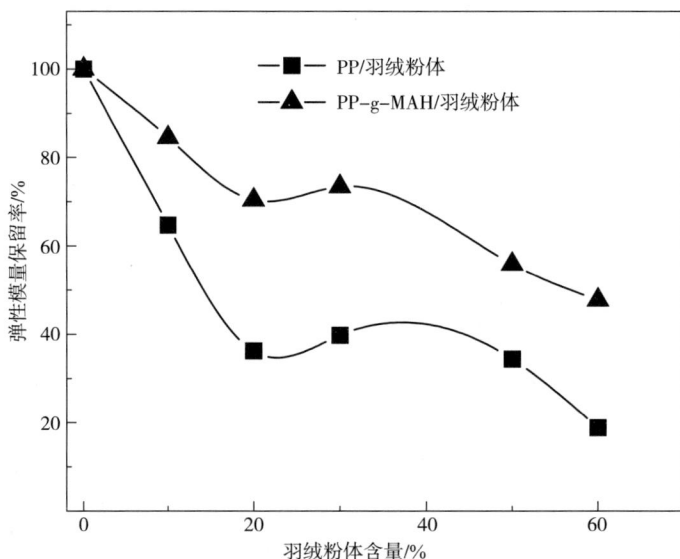

图4-32　PP接枝改性对PP/超细羽绒粉体共混膜弹性模量的影响

图4-33是PP接枝改性对PP/超细羽绒粉体共混膜断裂伸长的影响关系图，从图中可以看出，两种共混物的断裂伸长率基本呈现一致的变化，断裂伸长保留率随着粉体含量的增加而下降，这可能是因为羽绒弹性模量较小而PP弹性模量较大，两者弹性模量的差异导致在受力时伸长的不同并产生应力集中，从而导致共混膜断裂伸长率下降。

天然蛋白质纤维粉体化及其应用

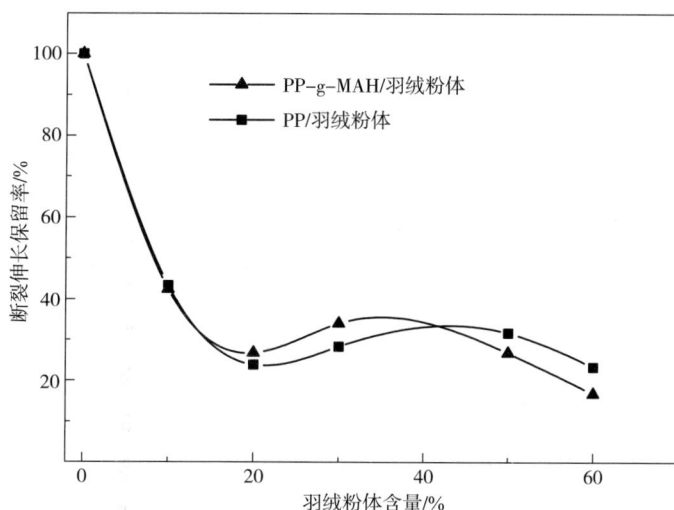

图4-33　PP接枝改性对PP/超细羽绒粉体共混膜断裂伸长的影响

4.2.1.4　吸湿性分析

图4-34是PP接枝改性对PP/超细羽绒粉体共混膜吸湿性的影响关系图，从图中可以看出，两种共混物的回潮率和吸水性呈现相同的变化规律，都随着粉体含量的增加而增加，当粉体含量在60%时，回潮率在10%左右，而吸水率也达到7%。相比之下，当粉体含量在20%~30%时，PP-g-MAH/超细羽绒粉体共混膜比PP/超细羽绒粉体共混膜的回潮率高出1.5%，吸水率要高出将近1%。由于纯PP的回潮率和吸水率为0，属于完全憎水的，PP-

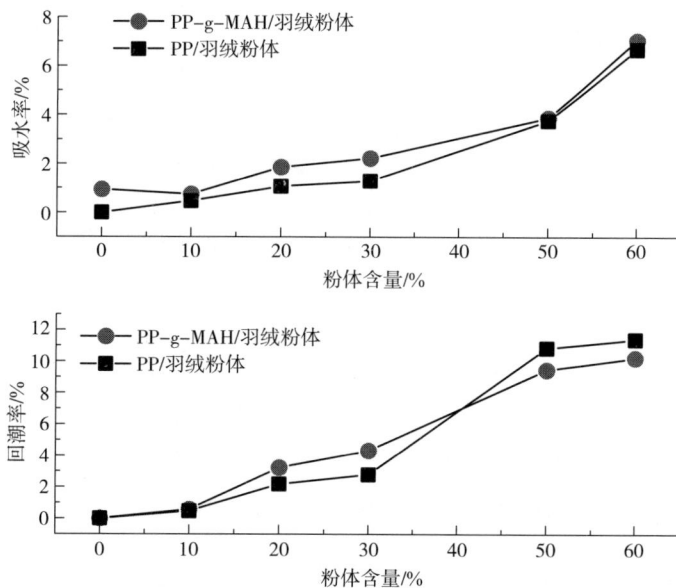

图4-34　PP接枝改性对PP/超细羽绒粉体共混膜吸湿性的影响

g-MAH的吸水率也只有0.47%，因此，共混物吸水性的增加主要归结于羽绒粉体的存在，羽绒本身的吸湿性导致共混膜的亲水性增加。此外，在共混成膜过程中，羽绒和PP之间的界面相分离所造成的微孔可能也是共混膜吸湿性提高的一个原因。

4.2.1.5 染色性能分析

表4-12和表4-13分别是粉体含量对PP/超细羽绒粉体共混膜和PP-g-MAH/超细羽绒粉体共混膜染色颜色值的影响。采用酸性大红染料染色之后，共混膜对应的颜色指标：L^*（明度），a^*（红度），C^*ab（彩度），随着粉体含量的增加也表现出有规律的变化：L^*从41.89降到33左右，a^*从-0.51增加到20左右，而C^*ab也从3.41增加到24左右。L^*值的减小表明共混膜的颜色变深，a^*值的增加表明共混膜颜色向红色转变，C^*ab值的增加则表明共混膜的色彩鲜艳度增加。以上表明随着粉体含量的增加，越来越多的酸性染料进入共混膜中。纯PP由于自身的高结晶度、紧密结构及极性基团的缺乏，只能在高温高压下通过分散染料染色，只是在表面吸附少量酸性染料。因此，大部分染料主要是上染到共混膜中的羽绒粉体中，羽绒粉体的存在较大地改善了共混膜的酸性染料的可染性。

表4-12　不同粉体含量的PP/超细羽绒粉体共混膜染色颜色值

粉体含量/%	0	10	20	30	50	60
L^*	41.89	41.90	40.90	35.37	34.30	33.33
a^*	-0.51	4.78	4.85	6.20	12.58	18.25
C^*ab	3.41	13.17	16.92	13.09	17.36	23.26

表4-13　不同粉体含量的PP-g-MAH/超细羽绒粉体共混膜染色颜色值

粉体含量/%	0	10	20	30	50	60
L^*	41.89	33.82	36.22	37.57	33.94	32.48
a^*	-0.51	6.10	5.80	11.37	12.22	21.17
C^*ab	3.41	12.80	11.30	15.13	12.26	25.26

相比之下，PP-g-MAH/超细羽绒粉体共混膜整体上比PP/超细羽绒粉体共混膜的颜色值a^*和C^*ab值要稍微大些，而L^*则稍微偏小些。这可能是PP经接枝改性后带有酸酐基团，提高了对酸性染料的亲和性，染料更容易与共混膜发生作用，因而染色性能要优于未接枝改性的共混膜的染色性能。

4.2.1.6 流动性分析

PP接枝改性对共混膜的流动性影响见表4-14，从表中可以看到超细粉体含量对共混物的流动性有很大的影响。PP/超细羽绒粉体共混膜的熔融指数先降低，当粉体含量为20%时，和纯PP的熔融指数相当，随后随着粉体含量的增加而有着极大的提高。PP-g-MAH/超细羽绒粉体共混膜的流动性在粉体含量为10%时有明显的下降，这可能是由于PP-g-MAH上酸酐的增容作用，增加了其和羽绒粉体之间的亲和性和黏结力，导致共混物熔体表观黏度增加，体系熔体流动速率下降。作为一种增塑剂，甘油增塑的同时也使共混物的表观黏度下降，流动性增加。在PP和羽绒粉体之间的黏结作用力和甘油增加流动性两个因素的动态制衡下，体系熔体的流动性朝着占主导地位的因素方向转变，这也是当粉体含量超过30%后体系熔体流动速率明显增加的原因所在。

表4-14　PP接枝改性前后PP/超细羽绒粉体共混膜的熔融指数　　单位：g/10min

粉体含量/%	0	10	20	30	50	60
1#	45.24	40.92	49.80	56.50	165.00	216.60
2#	70.50	47.70	49.50	54.00	96.00	169.80

注　1#为PP/超细羽绒粉体；2#为PP-g-MAH/超细羽绒粉体。

4.2.2　硬脂酸改性PP/超细羽绒粉体共混膜及其可纺性研究

4.2.2.1　硬脂酸改性羽绒粉体的红外光谱分析

图4-35是硬脂酸的红外光谱图，从图中可以看出，硬脂酸在2900~3000cm⁻¹附近出现

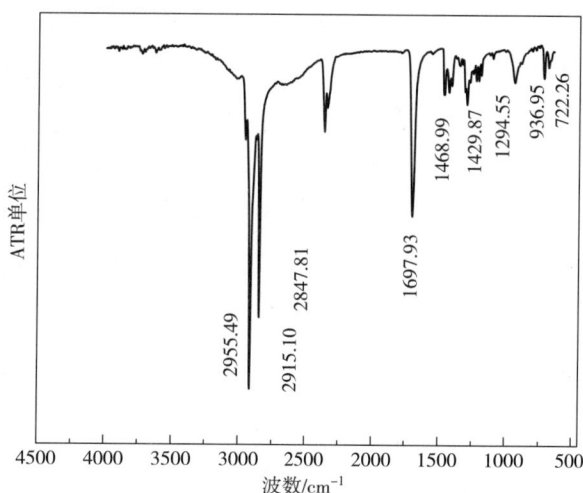

图4-35　硬脂酸的红外光谱图

了甲基和亚甲基的伸缩振动吸收峰，—COOH基团上羰基（C═O）的特征吸收峰则对应出现在1697.93cm⁻¹处。

图4-36是硬脂酸改性羽绒粉体的红外光谱图，从图中可以看出，经过硬脂酸改性之后，羽绒粉体的红外光谱特征吸收峰位置，在3300.31cm⁻¹，1642.50cm⁻¹以及1520.17cm⁻¹处的仲胺键、酰胺Ⅰ带（C═O，C—N，C—O—N）、酰胺Ⅱ带（N—H，C—N，C—C）和酰胺Ⅲ带（N—H，C—N），以及在3300cm⁻¹附近的甲基和亚甲基的吸收峰都产生了不同程度的偏移。这可能是由于硬脂酸和羽绒所含基团之间的相互作用而使峰的位置发生偏移。

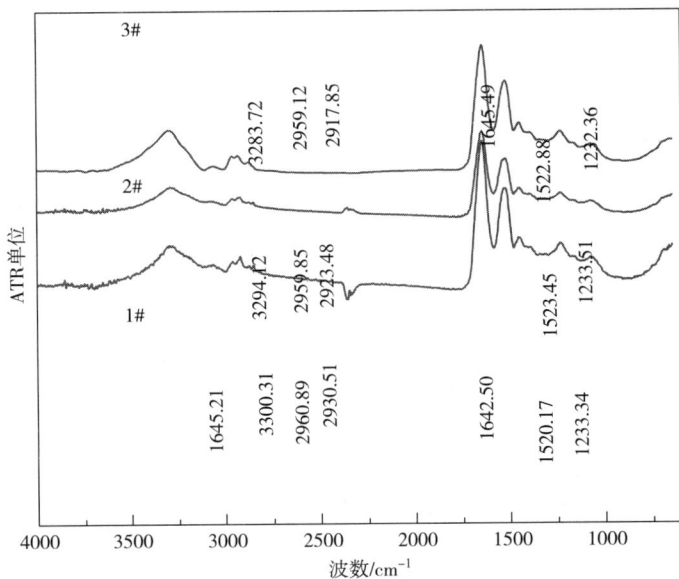

图4-36　硬脂酸改性羽绒粉体的红外光谱图
1#—羽绒粉体　2#—5%硬脂酸处理　3#—8%硬脂酸处理

理论上，硬脂酸能够和蛋白质中氨基酸（丝氨酸、酪氨酸、苏氨酸）中的羟基、赖氨酸和精氨酸中的氨基及亚氨基形成酯基或酰胺基团，但是，新形成的酰胺键在改性羽绒粉体的红外光谱上并没有出现。即使这种反应发生，由于羽绒本身具有大量的此类基团，从而掩盖了这些新形成的基团，并且在强度上也没有得到体现。羽绒粉体经过硬脂酸处理后，其红外光谱图在1697cm⁻¹处并没有出现硬脂酸的羰基吸收峰。可能是由于硬脂酸水解电离后出现COO⁻，其吸收峰在1600cm⁻¹附近，而由于羽绒蛋白本身在此范围内存在大量羰基吸收峰的覆盖，因此，经硬脂酸改性之后羽绒粉体的红外吸收光谱变化不是很明显。

4.2.2.2　硬脂酸改性羽绒粉体的热重分析

图4-37是硬脂酸改性羽绒粉体的TG及DTA曲线图。从TG曲线可以看出，经过硬脂酸改性之后，羽绒粉体的起始分解温度开始降低，并且失重速度加快，当硬脂酸用量为

天然蛋白质纤维粉体化及其应用

8%时，羽绒粉体的热失重速度加快，在相同失重率时，失重温度提前，粉体的热稳定性降低。硬脂酸用量为5%时，羽绒粉体在300℃以后的失重速度减缓。最终的残留质量，硬脂酸用量为5%时为24.34%，要高于未经处理的粉体残余质量（23.29%）。从DTA曲线可以看出，随着硬脂酸用量的增加，羽绒粉体在60℃附近出现大的吸热峰，这是由于硬脂酸的融解所造成的，而在300℃之后，2#样品的吸收峰位置变化不大，放热峰的面积减小，而3#样品的放热峰面积变得很小，并且峰值出现在375℃，比1#样品的峰值位置后移了将近50℃。这可能是由于硬脂酸的分解温度较低，只有376℃，因此，在升温过程中提前开始降解，其在降解过程中产生的热量同时加剧了羽绒粉体的热降解，从而使羽绒粉体的热失重提前，因而导致起始失重温度的提前和最后剩碳率的下降。而经5%硬脂酸处理后剩碳率的增加可能是因为经改性之后，羽绒粉体表面包覆硬脂酸，在隔绝空气条件下脱水，从而最终导致羽绒粉体剩碳率增加。

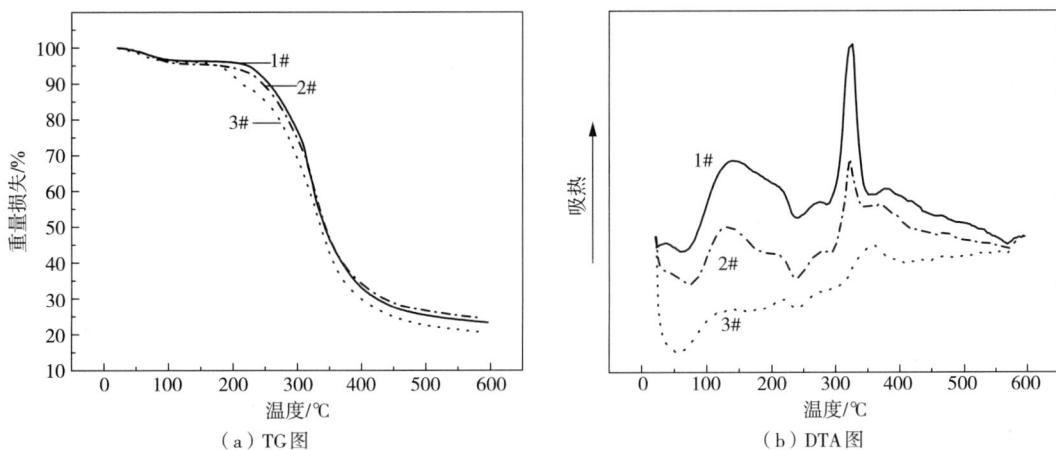

图4-37　硬脂酸改性羽绒粉体的TG和DTA图
1#—羽绒粉体　2#—5%硬脂酸处理　3#—8%硬脂酸处理

4.2.2.3　共混膜力学性能分析

表4-15是不同粉体含量的PP/超细羽绒粉体共混膜的力学性能，从表中可以看出，共混物的力学性能随着粉体含量的增加而呈下降趋势：其拉伸强度、断裂伸长率及断裂功均随着粉体含量的增加而下降，当粉体含量超过30%以后，下降趋势更为明显。而共混物的弹性模量随着粉体含量的增加呈增大趋势，当粉体含量为50%时，其模量增加41.61%。共混物强度的下降主要是由于PP和羽绒粉体之间的不相容所造成的，同时，羽绒粉体在共混物中起到了成核剂的作用，这在后面的X射线衍射分析中可以得到体现。因此，随着粉体含量的增加，共混物弹性模量增加，因而共混物的脆性增加，从而导致共混物力学性能下降。

表4-15　不同粉体含量的PP/超细羽绒粉体共混膜力学性能

粉体含量/%	拉伸强度/MPa	断裂伸长率/%	弹性模量/N·mm⁻²	断裂功/J
0	32.19	14.53	24.83	1.64
10	30.25	8.77	19.67	0.46
20	26.80	7.10	29.55	0.37
30	24.85	6.40	27.92	0.32
50	14.66	3.33	33.51	0.12
60	14.13	2.73	33.23	0.08

图4-38是硬脂酸用量对PP/超细羽绒粉体共混膜的拉伸强度的影响。从图中可以看出，经过硬脂酸改性之后，共混物的拉伸强度增加，随着硬脂酸用量的增加，共混物的拉伸强度先上升后下降，当硬脂酸用量为3%和5%时，拉伸强度为27.94MPa和28.7MPa，分别比未经硬脂酸改性时增加了19.12%和22.3%。其后，随着硬脂酸用量的增加，共混物的强度开始下降，这可能是由于部分硬脂酸单独分散在共混物中，导致了界面相分离。硬脂酸和羽绒之间的作用及本身具有的甲基长链烃和PP有着较好的亲和性，通过硬脂酸改性，提高了羽绒粉体和PP之间的作用力，因而使共混物强度提高。

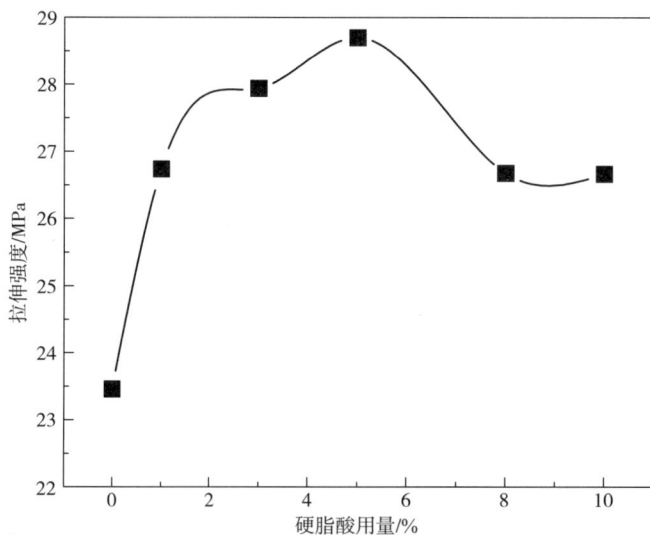

图4-38　硬脂酸用量对PP/超细羽绒粉体共混的拉伸强度的影响

图4-39是羽绒粉体含量为20%时，硬脂酸用量对PP/超细羽绒粉体共混膜的断裂伸长和断裂功影响的关系图。从图中可以看出，当硬脂酸用量较小时，共混膜的断裂伸长变化不大，当硬脂酸用量为3%时，开始有比较明显的增加。而当硬脂酸用量为5%时，断裂伸长率显著增加，为8.6%，增加了23.8%。其后，随着硬脂酸用量的增加，其断裂伸长又开

天然蛋白质纤维粉体化及其应用

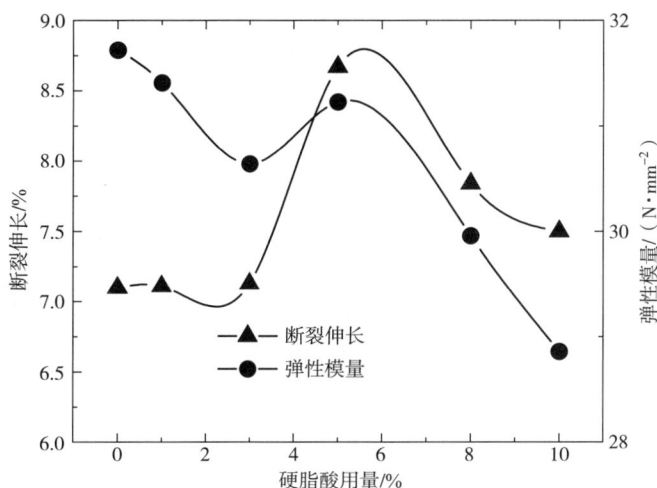

图4-39　硬脂酸用量对PP/超细羽绒粉体共混膜断裂伸长和弹性模量的影响

始逐步下降，但要高于未经硬脂酸改性时共混膜的断裂伸长。

共混膜的弹性模量则随着硬脂酸用量的增加而降低，这主要是由于硬脂酸本身属于无定型所引起的。当硬脂酸用量为5%时，其弹性模量有一个回升过程，这是由于PP和超细羽绒粉体之间的相容性提高所致。硬脂酸对PP/超细羽绒粉体共混膜起到了增强增韧的作用。

4.2.2.4　SEM分析

图4-40是羽绒粉体经不同用量的硬脂酸改性之后，粉体含量为20%的PP/超细羽绒粉体共混膜表观形貌的SEM图。从图中可以看出，未经硬脂酸改性的共混物中羽绒粉体和PP之间的相容性较差，存在较明显的相分离，断面有较多的孔隙和缺陷。而经过5%硬脂酸改性之后，共混物的结构变得紧密，并且界面模糊，出现韧性断裂的剪切屈服和塑性变形的特征。而经过8%硬脂酸改性之后，由于过多的硬脂酸的存在产生的过度包覆，羽绒

（a）0%×1500　　　　　　　（b）0%×2500　　　　　　　（c）5%×1500

图4-40

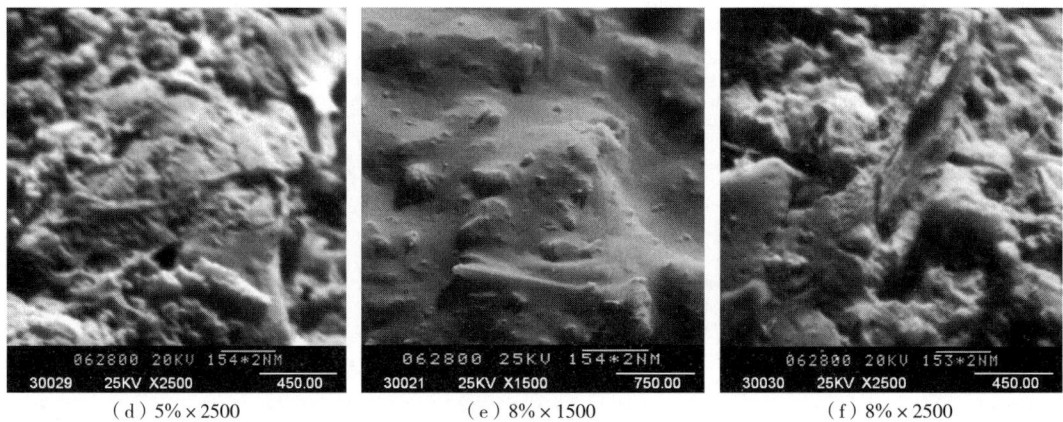

（d）5%×2500　　　　　（e）8%×1500　　　　　（f）8%×2500

图4-40　不同硬脂酸用量的PP/超细羽绒粉体共混膜的SEM照片

粉体和PP之间的作用力减弱，共混物断裂时断面光滑，缺陷较多，导致共混物在断裂时产生了抽拔现象。共混物界面相容性的变化从而导致了力学性能的变化，这也从前面的力学性能分析中可以得到体现。

4.2.2.5　X射线衍射分析

图4-41是当羽绒粉体含量为20%时，PP/硬脂酸改性超细羽绒粉体共混膜的广角X射线衍射分析（WAXD）曲线，从图中可以看出，纯PP在13.76°、16.52°和18.18°处有很强的衍射峰，分别对应为(110)$_a$，(040)$_a$，(130)$_a$典型的单斜晶衍射。当羽绒粉体含量为20%时，

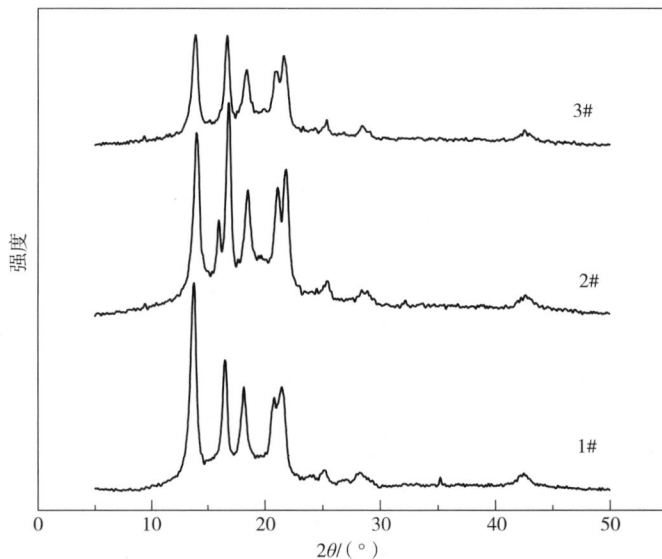

图4-41　PP/硬脂酸改性超细羽绒粉体共混膜的WAXD曲线
1#—PP　2#—PP/羽绒粉体（80/20，0%硬脂酸）　3#—PP/羽绒粉体（80/20，5%硬脂酸）

共混膜在15.98° 处出现了PP相β晶型新的衍射峰，这是六方构型晶型$(300)_\beta$的特征衍射峰，当羽绒粉体经5%硬脂酸改性之后，共混物中PP的结晶性质发生改变：$(300)_\beta$晶型消失，而在晶型20.94° 位置处$(301)_\beta$型的衍射强度略有增加。根据Bragg公式，即式（4-1）：

$$D = \frac{\lambda}{2\sin\theta} \qquad (4-1)$$

和Scherrer公式，即式（4-2）：

$$L_{hkl} = \frac{k\lambda}{\beta_0 \cos\theta} \qquad (4-2)$$

以及式（4-3）：

$$K = \frac{I_\beta}{I\alpha_1 + I\alpha_2 + I\alpha_3 + I_\beta} \qquad (4-3)$$

计算β晶型PP相的相对含量（K）。通过计算，可以发现，羽绒粉体的加入使PP相的晶面距离（D）有所减小（表4-16），但使α晶型垂直于晶面方向（hkl）的晶体尺寸$L(110)_\alpha$，$L(040)_\alpha$，$L(030)_\alpha$的晶面尺寸增加，羽绒粉体起到了异相成核剂的作用。当羽绒粉体经过硬脂酸改性之后，PP相晶体粒度减小，同时，晶面距继续减小。PP晶体粒径减小使PP的力学性能改善、晶面距的减小使晶体间的作用力增强，PP的强度增加，β晶型的增加导致PP的韧性增强，最终导致共混物力学性能的改善。理论上，C=O和C=S基团存在会导致β晶型的形成，但硬脂酸在改性羽绒粉体的过程中两者之间已经发生了反应，因此，诱导β晶型形成的机能减弱，起到了消除异相成核的作用，但同时可能由于本身的羧酸基团存在，从而导致PP晶型发生了变化。

表4-16　硬脂酸改性PP/超细羽绒粉体共混膜的WAXD数据

试样	晶型	$2\theta/(°)$	D/Å	I/%	L_{hkl}/Å	K/%
PP	$(110)_\alpha$	13.76	6.43	100.00	2.32	—
	$(040)_\alpha$	16.52	5.37	64.00	2.71	
	$(130)_\alpha$	18.18	4.88	49.00	2.72	
PP/羽绒粉体（80/20，0%硬脂酸）	$(110)_\alpha$	14.00	6.33	86.00	2.12	15.75
	$(300)_\beta$	15.98	5.55	46.00	3.48	
	$(040)_\alpha$	16.84	5.27	100.00	2.57	
	$(130)_\alpha$	18.50	4.80	60.00	2.58	
PP/羽绒粉体（80/20，5%硬脂酸）	$(110)_\alpha$	13.92	6.36	100.00	2.12	20.54
	$(040)_\alpha$	16.70	5.31	98.00	2.44	
	$(130)_\alpha$	18.40	4.82	69.00	2.13	
	$(301)_\beta$	0.63	4.24	69.00	2.34	

4.2.2.6 DSC分析

图4-42是PP/硬脂酸改性超细羽绒粉体共混切片的DSC升温和降温曲线，从图中可以看出，经过硬脂酸改性之后，共混物的熔融温度升高，结晶温度降低。从表4-17分析羽绒粉体的硬脂酸改性对共混物中PP相熔融和结晶特性影响的相关数据可发现，经过硬脂酸改性之后，共混物中PP相的过冷度（ΔT）增加，说明结晶速度降低，这可能是由于硬脂酸以无定形状态存在，在加入PP之后打乱了丙烯单元的连续性，导致结晶困难。结晶度的增加导致了其熔点的提高，而结晶度增加，从前面WAXD分析可知，是由于$(301)_{\beta}$晶型晶体的增加，这也是共混物弹性模量增加的原因所在。

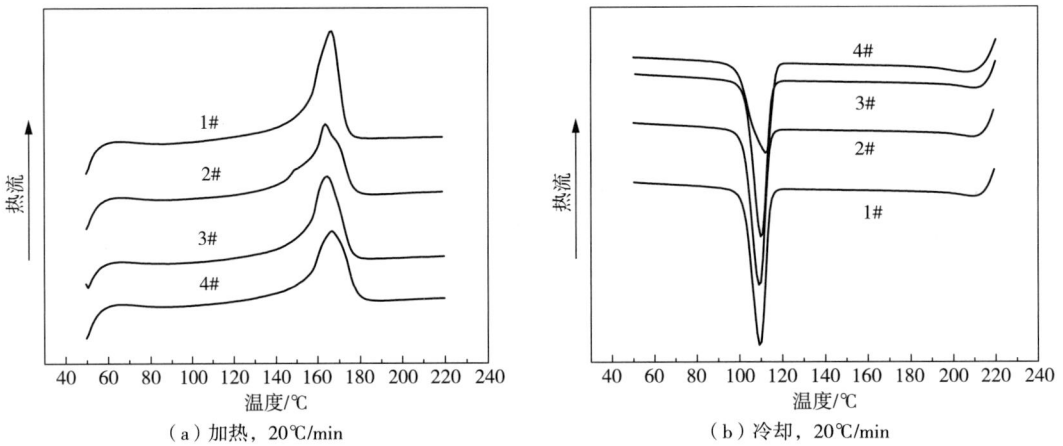

（a）加热，20℃/min　　　　　　　　（b）冷却，20℃/min

图4-42　PP/硬脂酸改性超细羽绒粉体的DSC曲线

1#—PP　2#—PP/羽绒粉体（80/20，0%硬脂酸）
3#—PP/羽绒粉体（80/20，3%硬脂酸）　4#—PP/羽绒粉体（80/20，5%硬脂酸）

表4-17　PP及PP/硬脂酸改性超细羽绒粉体共混物中PP相的熔融和结晶特性

试样	T_m/℃	T_{mp}/℃	T_c/℃	ΔT/℃	ΔH/（J·g^{-1}）	X_c/%
1#	166.30	173.60	109.60	64.00	99.30	47.51
2#	163.70	177.50	118.50	59.00	79.59	38.09
3#	164.40	176.30	113.20	63.10	85.67	40.99
4#	166.50	178.50	112.40	64.10	80.90	38.71

注　1#为PP；2#为PP/羽绒粉体（80/20，0%硬脂酸）；3#为PP/羽绒粉体（80/20，3%硬脂酸）；4#为PP/羽绒粉体（80/20，5%硬脂酸）。

4.2.2.7 分散性分析

图4-43是经过硬脂酸改性后，当粉体含量为20%时，PP/超细羽绒粉体共混膜的平面

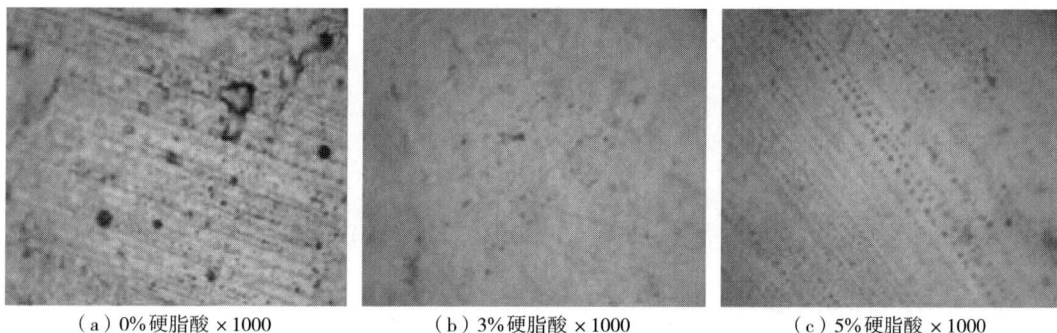

| (a) 0%硬脂酸 ×1000 | (b) 3%硬脂酸 ×1000 | (c) 5%硬脂酸 ×1000 |

图4-43　不同硬脂酸用量的PP/超细羽绒粉体共混膜的平面图（粉体含量：20%）

图。从图中可以看出，采用硬脂酸改性之后，共混膜中羽绒粉体的分散性明显增加。当硬脂酸用量为3%时，羽绒粉体的团聚现象得到改善，在共混膜中分散得比较均匀。当硬脂酸用量为5%时，羽绒粉体的分散均匀程度进一步增加，团聚现象基本消除。超细羽绒粉体经过硬脂酸改性之后表面能降低，表面吸附作用减弱，从而提高了粉体在共混物中的分散性。

4.2.2.8　流动性分析

表4-18是不同粉体含量的PP/超细羽绒粉体共混物的熔融指数，从中可以看出，随着羽绒粉体含量的增加，共混物的流动性能呈下降趋势，并且流动性降低较多，当粉体含量分别为10%和60%时，共混物的熔融指数分别为42.6g/10min和25.8g/10min，比纯PP的流动性能下降了18.72%和39.40%。这可能是由于羽绒纤维的纤维密度小，没有熔融过程，本身流动性不佳，同时，PP和羽绒之间的不相容性导致它们之间的作用力低也是共混物流动性能下降的原因之一。

表4-18　粉体含量对PP/超细羽绒粉体共混膜熔融指数的影响

粉体含量/%	0	10	20	30	50	60
MFR/g·10min⁻¹	42.60	34.62	28.68	28.00	26.40	25.80

表4-19是羽绒粉体含量为20%时，硬脂酸用量对PP/超细羽绒粉体共混膜熔融指数的影响关系。从表中可以看出，当硬脂酸用量小于5%时，硬脂酸用量对熔融指数的影响不大；而当硬脂酸用量大于8%时，熔融指数有所增大，并且增加较多，增加了约30%。硬脂酸用量较少时共混物熔融指数变化不大的原因可能是硬脂酸对羽绒粉体未完全包覆，羽绒本身的流动性较差，并且与PP之间的相容性差；而其后流动性增大的原因可能是硬脂酸对羽绒粉体的完全包覆，硬脂酸改善了粉体和PP之间的相容性，作用力增加，此外，硬脂

酸部分脱落在共混物中也是共混物的流动性增加的原因之一。

表4-19 硬脂酸用量对PP/超细羽绒粉体共混膜熔融指数的影响

硬脂酸用量/%	0	1	3	5	8	10
MFR/g·10min^{-1}	28.68	28.43	28.00	24.40	36.00	35.70

4.2.2.9　可纺性分析

当羽绒粉体未经硬脂酸改性时，不同粉体含量的PP/超细羽绒粉体共混切片进行纺丝的现象见表4-20，从表中可以看出，随着粉体含量的增加，共混物的纺丝成型性能逐渐下降，并且当粉体含量超过20%以后，纤维成型困难，可纺性能急剧下降，当粉体含量达到60%时，基本失去了可纺性。PP/羽绒蛋白复合纤维可纺性下降的原因是羽绒粉体和PP的不相容所造成的相分离和弱的作用力。同时，羽绒本身在高温下热稳定性差也是可纺性下降的原因之一。

表4-20 不同粉体含量的PP/羽绒蛋白复合纤维纺丝现象

粉体含量/%	纺丝现象
0	成丝均匀，牵伸基本无断丝
10	流动性变差，开始出现断丝问题
20	纤维开始出现发泡膨胀现象，下料困难；纤维开始变脆发硬，容易断裂
30	纤维颜色明显变黑，转绕困难
50	挤出膨胀更加明显，纤维明显变脆
60	挤出膨胀现象减弱，但挤出速度减缓，纤维发脆，不能转绕

表4-21是硬脂酸用量对PP/羽绒蛋白复合纤维纺丝性能的影响。从表中可以看出，硬脂酸对羽绒粉体进行改性之后，对复合纤维的纺丝性能产生了一些影响。当硬脂酸用量较少时，有助于改善纺丝时的流动性和纤维的柔韧性，但是，对于羽绒的热稳定性却有些降低，这和前面的热重分析结果相同。

表4-21 硬脂酸改性对PP/羽绒蛋白复合纤维纺丝性能的影响

硬脂酸用量/%	纺丝现象
0	流动性较差，有发泡膨胀现象，下料困难；纤维有明显的条干不匀，容易断裂
1	有挤出膨胀现象，纤维成型均匀，无粗细节

硬脂酸用量/%	纺丝现象
3	纤维有粗细节，易断性增加，变脆，颜色变黑
5	纤维成型性较好，较柔韧，颜色较黑，无粗细节
8	纤维脆性增加，颜色变黑，刚性增加
10	纤维变得易断，纤维成型困难，难以连续成丝，并且纤维继续变脆

4.2.3　硅烷偶联剂改性PP/超细羽绒粉体共混膜及其可纺性研究

4.2.3.1　硅烷偶联剂改性羽绒粉体的红外光谱分析

图4-44是硅烷偶联剂改性羽绒粉体的红外光谱图。从图中可以看出，经过硅烷偶联剂表面改性后，其红外光谱在1070~1080cm^{-1}附近出现了新的吸收峰，从图4-45硅烷偶联剂的红外光谱可知，这是偶联剂的硅氧甲基的伸缩振动吸收峰。分别为1082.95cm^{-1}和1072.32cm^{-1}，比其本身的吸收峰频率1189.89cm^{-1}要低。同时，随着硅烷偶联剂用量的增加，羽绒粉体经改性之后，其在3300.31cm^{-1}处酰氨基的吸收峰偏移到了3292.50cm^{-1}和3279.71cm^{-1}。同时在3059.80cm^{-1}处羟基吸收峰消失，这可能是由于偶联剂遇水水解之后生成的羟基与羽绒粉体表面存在的羟基生成氢键，使羽绒分子和偶联剂上基团的作用力增加，羽绒分子稳定性增加，从而造成吸收峰振动频率降低。

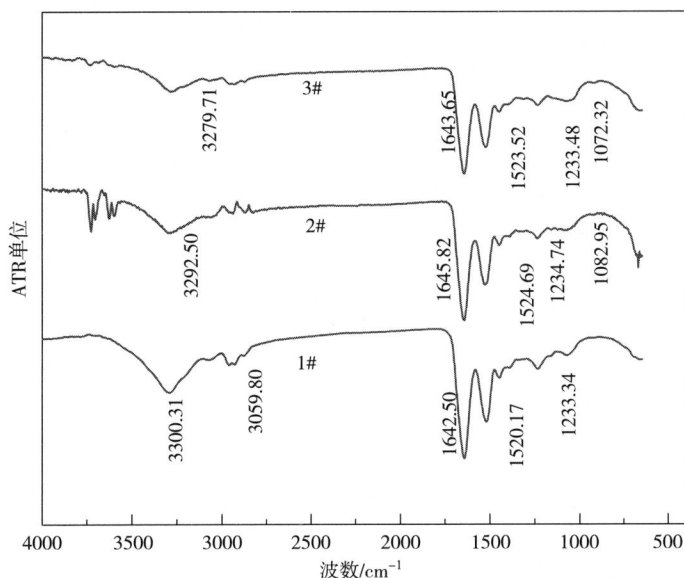

图4-44　硅烷偶联剂改性羽绒粉体的红外光谱图
1#—羽绒粉体　2#—3%硅烷偶联剂处理　3#—8%硅烷偶联剂处理

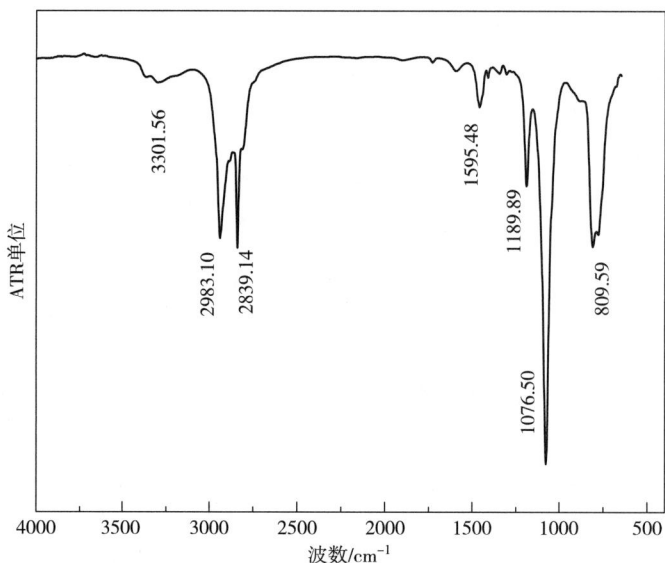

图4-45　硅烷偶联剂HC-792的红外光谱图

4.2.3.2　硅烷偶联剂改性羽绒粉体的热重分析

图4-46是硅烷偶联剂改性羽绒粉体的TG和DTA曲线图。从TG曲线可以看出，经过硅烷偶联剂改性之后，改性羽绒粉体的起始失重温度降低，并且在250℃前的失重速度开始增加。其失重10%的温度在经3%和8%偶联剂处理之后为249.8℃和236.3℃，分别比未经偶联剂处理的羽绒粉体失重10%温度提前了6.8℃和19.3℃。其中经8%硅烷偶联剂改性的羽绒粉体尤为明显，这可能是由于硅烷偶联剂本身的易挥发性造成的。而在此后，硅烷改性羽绒粉体的热失重速度则开始降低，最终经3%硅烷偶联剂处理的羽绒粉体剩碳率增

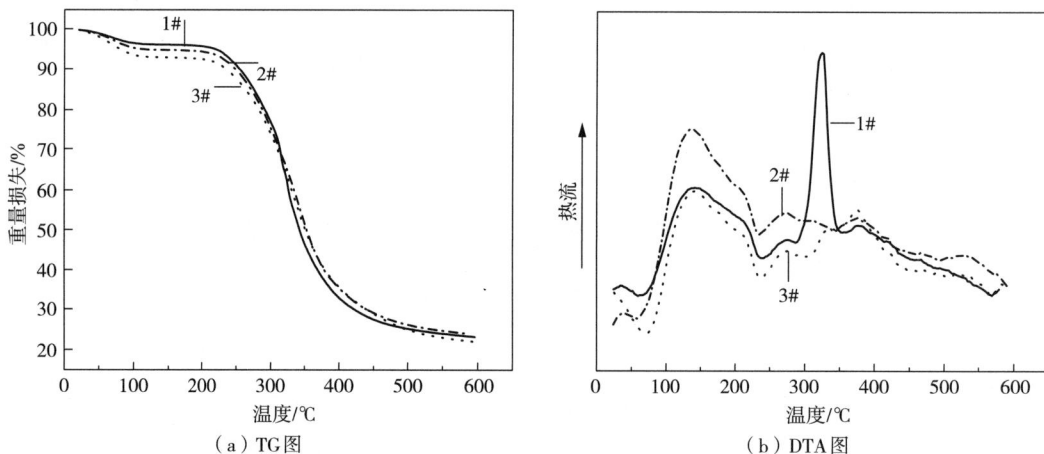

（a）TG图　　　　　　　　　　　（b）DTA图

图4-46　硅烷偶联剂改性羽绒粉体的TG图和DTA图
1#—羽绒粉体　2#—3%硅烷偶联剂处理　3#—8%硅烷偶联剂处理

天然蛋白质纤维粉体化及其应用

加。从DTA曲线上可以看出，在300℃以后，未经改性的羽绒粉体在325℃处有一明显的放热峰，而改性羽绒粉体的放热峰位置后移到370℃以后，并且放热峰变得不明显。这可能是由于硅烷的挥发带走了部分热量，从而使失重速率降低，硅烷偶联剂的存在一定限度上减缓了羽绒粉体的热降解速度，从而使羽绒粉体的热稳定性提高。

4.2.3.3　SEM分析

图4-47是羽绒粉体含量为20%时，硅烷偶联剂用量对PP/超细羽绒粉体共混物形貌结构影响的断面SEM图。从图中可以看出，在未经偶联剂处理的共混物中，由于极性材料羽绒粉体和非极性材料PP之间的不相容，同时，由于超细羽绒粉体本身的分散性不佳，因而共混物断面拉伸断面相界面较明显，断面光滑，存在较多的凹凸和孔隙缺陷。而在羽绒粉体经过硅烷偶联剂改性之后的PP/超细羽绒粉体共混物中，共混物界面开始变得紧密平整，断面孔隙减小，尤其是偶联剂用量为3%时，共混物的边缘出现发白模糊现象，开始出现韧性断裂特征。偶联剂用量为8%时，观察不到明显的羽绒粉体形态，这可能是粉体已经被偶联剂包覆所致。

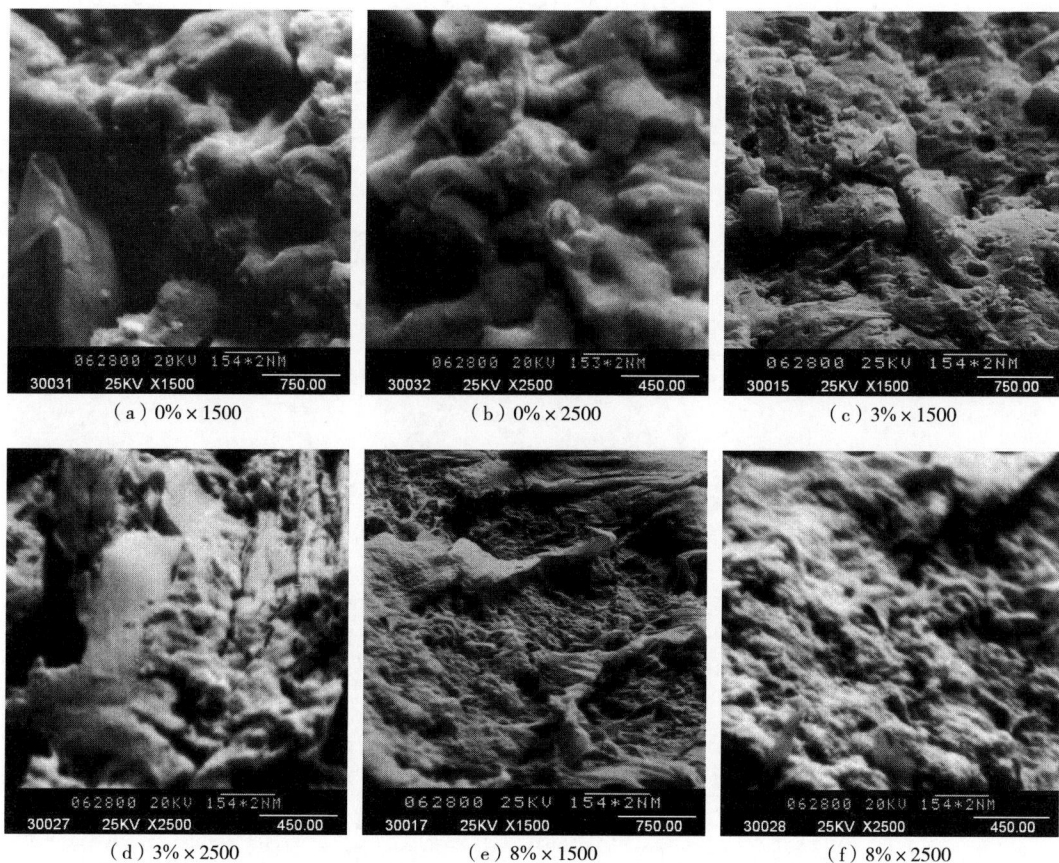

（a）0%×1500	（b）0%×2500	（c）3%×1500
（d）3%×2500	（e）8%×1500	（f）8%×2500

图4-47　不同硅烷偶联剂用量PP/超细羽绒粉体共混膜的SEM照片（粉体含量：20%）

4.2.3.4　X射线衍射分析

图4-48是PP/硅烷偶联剂改性超细羽绒粉体共混膜的WAXD曲线，从图中可以看出，除了纯PP在13.76°、16.52°和18.18°处的$(110)_\alpha$，$(040)_\alpha$，$(130)_\alpha$典型的单斜晶衍射峰外，随着羽绒粉体的加入，共混膜在15.98°处出现了六方构型晶型$(300)_\beta$晶型的特征衍射峰。根据式（4-1）~式（4-3）计算可发现，经过硅烷改性之后，共混物中β晶型晶体含量随着硅烷偶联剂用量的增加而减小，硅烷用量为0、3%、8%时，β晶型含量分别为15.75%、9.40%、8.92%。同时，羽绒粉体经3%硅烷偶联剂处理后，PP/超细羽绒粉体共混膜中PP相晶体粒径减小，而经8%硅烷偶联剂处理后共混膜中PP相晶体粒径增大，同时，晶面距都减小，并且要小于纯PP的晶面距（表4-22）。羽绒粉体经过硅烷偶联剂改性之后，异相成核作用减弱，因此，导致共混膜中PP相β晶型含量降低，而共混物中PP相晶体粒度的变化则表明适量的硅烷偶联剂作用有助于改善PP的性能，但过量的偶联剂反而使PP的结晶性能恶化。

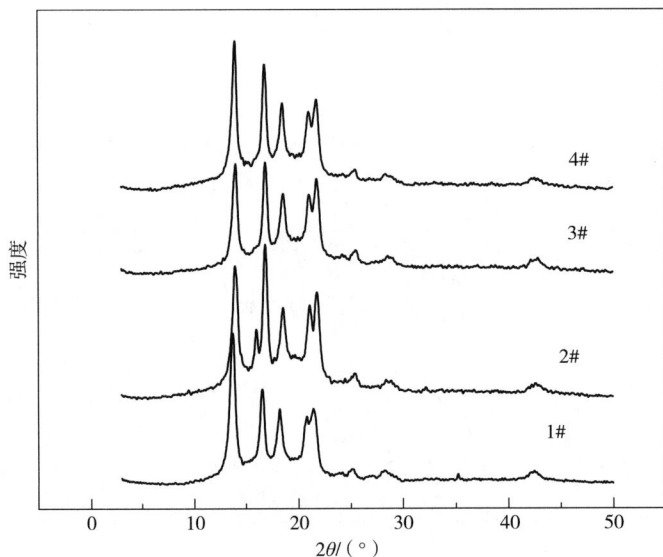

图4-48　PP/硅烷偶联剂改性超细羽绒粉体共混膜的WAXD曲线

1#—PP　2#—PP/羽绒粉体（80/20，0%硅烷）　3#—PP/羽绒粉体（80/20，3%硅烷）　4#—PP/羽绒粉体（80/20，8%硅烷）

表4-22　硅烷偶联剂改性PP/超细羽绒粉体共混膜的WAXD数据

试样	晶型	$2\theta/$（°）	$D/\text{Å}$	$I/\%$	$L_{hkl}/\text{Å}$	$K/\%$
PP	$(110)_\alpha$	13.76	6.43	100.00	2.32	—
	$(040)_\alpha$	16.52	5.37	64.00	2.71	
	$(130)_\alpha$	18.18	4.88	49.00	2.72	
	$(110)_\alpha$	14.00	6.33	86.00	2.12	

试样	晶型	$2\theta/(°)$	$D/\text{Å}$	$I/\%$	$L_{hkl}/\text{Å}$	$K/\%$
PP/羽绒粉体 （80/20，0%硅烷）	$(300)_\beta$	15.98	5.55	46.00	3.48	15.75
	$(040)_\alpha$	16.84	5.27	100.00	2.57	
	$(130)_\alpha$	18.50	4.80	60.00	2.58	
	$(110)_\alpha$	14.02	6.32	97.00	2.32	
PP/羽绒粉体 （80/20，3%硅烷）	$(300)_\beta$	15.90	5.57	28.00	3.25	9.40
	$(040)_\alpha$	16.86	5.29	100.00	2.44	
	$(130)_\alpha$	18.54	4.79	73.00	2.33	
	$(110)_\alpha$	14.00	6.33	100.00	2.86	
PP/羽绒粉体 （80/20，8%硅烷）	$(300)_\beta$	15.88	5.58	24.00	4.43	8.92
	$(040)_\alpha$	16.80	5.28	85.00	2.57	
	$(130)_\alpha$	18.44	4.80	60.00	2.88	

4.2.3.5 DSC分析

图4-49是PP/硅烷偶联剂改性超细羽绒粉体共混物的DSC升温和降温曲线。表4-23是PP及PP/硅烷偶联剂改性超细羽绒粉体共混物中PP相的熔融和结晶特性的相关数据。

从DSC曲线中可以看出，经过硅烷偶联剂改性之后，3%硅烷偶联剂改性的共混物熔融温度上升，结晶温度降低，8%硅烷偶联剂改性的共混物的熔融温度和结晶温度都有所降低。从表4-23中PP相的熔融和结晶特性数据可发现，经硅烷偶联剂改性之后，共混物的结晶速度增加，结晶度降低，相比之下，3%硅烷偶联剂改性的共混物结晶性能要相对

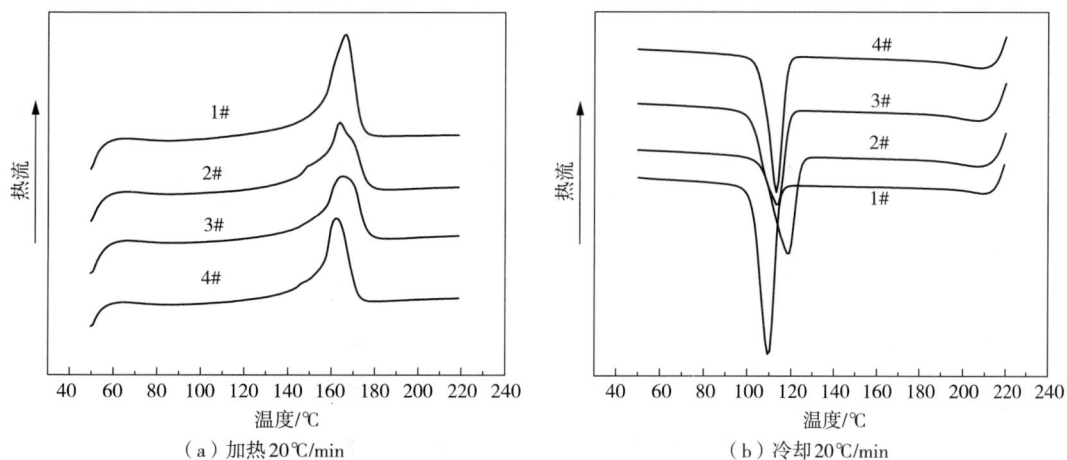

（a）加热20℃/min （b）冷却20℃/min

图4-49 PP/硅烷偶联剂改性超细羽绒粉体的DSC曲线

1#—PP 2#—PP/羽绒粉体（80/20，0%硅烷）
3#—PP/羽绒粉体（80/20，3%硅烷） 4#—PP/羽绒粉体（80/20，8%硅烷）

优些。硅烷偶联剂的加入起到了减弱异相成核的作用，阻止了PP晶粒的增长。随着偶联剂用量的增加，羽绒粉体的异相成核的作用重新增加，共混物中PP的结晶性能又开始变差，这也与前面的WAXD分析结果相符合。

表4-23　PP及PP/硅烷偶联剂改性超细羽绒粉体共混物中PP相的熔融和结晶特性

试样	T_m/℃	T_{mp}/℃	T_c/℃	ΔT/℃	ΔH/J·g^{-1}	X_c/%
1#	166.30	173.60	109.60	64.00	99.30	47.51
2#	163.70	177.50	118.50	59.00	79.59	38.09
3#	165.20	176.30	113.50	52.80	78.47	37.47
4#	162.20	172.10	113.00	58.10	79.05	37.82

注　1#为PP；2#为PP/羽绒粉体（80/20，0%硅烷偶联剂）；3#为PP/羽绒粉体（80/20，3%硅烷偶联剂）；4#为PP/羽绒粉体（80/20，8%硅烷偶联剂）。

4.2.3.6　力学性能分析

图4-50是羽绒粉体含量为20%时，硅烷偶联剂用量对PP/超细羽绒粉体共混膜拉伸强度的影响关系图，从图中可以看出，共混物的拉伸强度随着偶联剂用量的增加先增大后减小。当偶联剂用量为3%和8%时，共混物的拉伸强度分别为29.58MPa和31.00MPa，分别比未加偶联剂时共混物的拉伸强度提高了10.4%和15.9%。羽绒粉体经硅烷偶联剂的改性之后，由于硅烷偶联剂硅氧基的存在，以及氨乙基水解羽绒分子上极性基团的作用，使PP和羽绒粉体之间的作用力增加，从而使拉伸强度提高。而之后随着偶联剂用量的增加，共

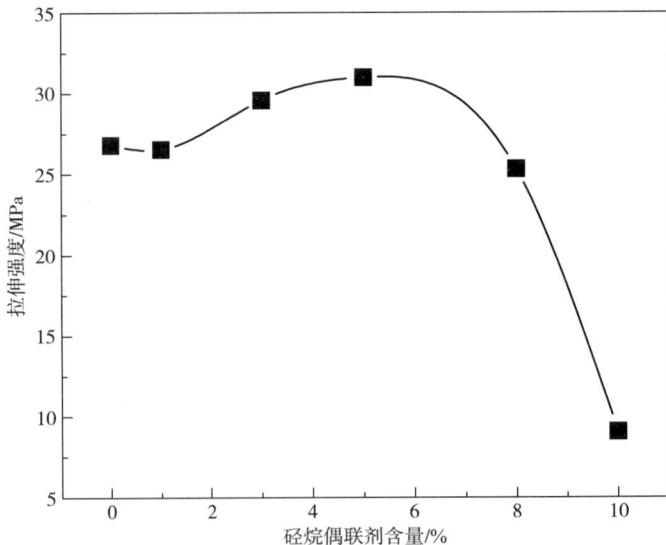

图4-50　硅烷偶联剂用量对PP/超细羽绒粉体共混膜拉伸强度的影响（粉体含量：20%）

混物强度下降的主要原因可能是由于过量的硅烷偶联剂存在，偶联剂自身形成界面层，硅烷偶联剂的黏结作用减弱，并且导致共混物中PP和羽绒粉体之间作用力减弱，从而导致共混物拉伸强度下降。

图4-51是羽绒粉体含量为20%时，硅烷偶联剂用量与PP/超细羽绒粉体共混膜的断裂伸长率和弹性模量的关系。从图中可以看出，随着偶联剂用量的增加，共混膜断裂伸长率和断裂功都呈先减小后增大的趋势。当硅烷偶联剂用量为3%和5%时，断裂伸长率分别为7.8%和8.5%，比未经硅烷偶联剂处理的共混物的断裂伸长率分别提高了13.3%和6.8%。而经硅烷偶联剂改性之后，共混物弹性模量的增加并不是特别明显，最高时为31.11MPa，比未经改性时增加了5.3%。PP/超细羽绒粉体共混膜的力学性能变化的原因从前面的X射线衍射分析及DSC分析结果中也可以发现：羽绒粉体的硅烷偶联剂改性后，共混物中PP相晶体粒径和晶面距的减小导致晶体间作用力增加，同时，PP的力学性能改善，如拉伸强度和断裂伸长率增加。而由于硅烷偶联剂的加入对羽绒粉体起消除异相成核作用，导致共混物中的PP相结晶度减小，从而引起共混物弹性模量的降低。但同时经硅烷偶联剂改性之后，共混物的结晶速度提高，使PP的结晶变得容易。羽绒粉体的硅烷偶联剂改性使PP/超细羽绒粉体共混物结构、PP和羽绒粉体之间的相容性发生变化，从而导致了共混物力学性能的变化。

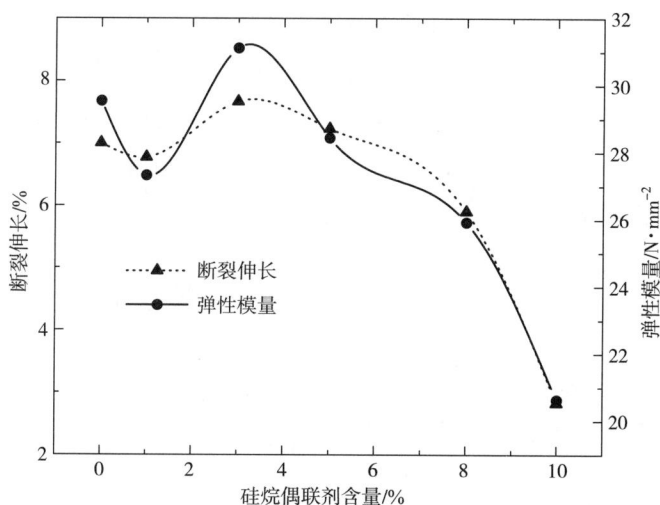

图4-51　硅烷偶联剂用量对PP/超细羽绒粉体共混膜断裂伸长和弹性模量的影响

4.2.3.7　分散性分析

图4-52是当粉体含量为20%时，硅烷偶联剂用量对羽绒粉体在PP/超细羽绒粉体共混膜的分散性影响的平面显微图片。从图中可以看出，当偶联剂用量为3%时，羽绒粉体在共混物中的分散性明显提高，这归因于经硅烷偶联剂改性之后，羽绒粉体非极性化，和PP的相容性提高，同时，偶联剂和羽绒粉体上极性基团的相互作用，导致超细粉体的表面能

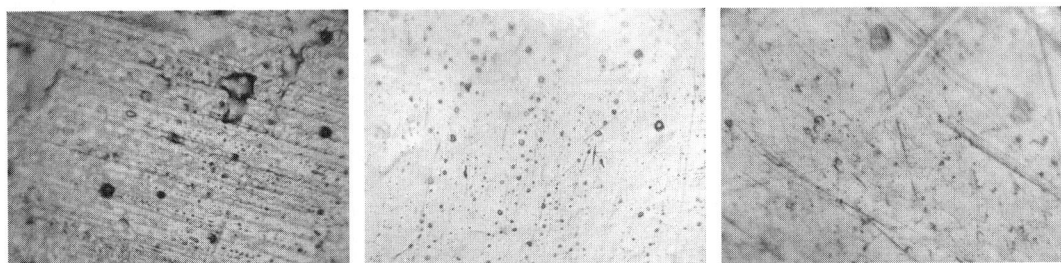

（a）0%硅烷偶联剂×1000　　　　（b）3%硅烷偶联剂×1000　　　　（c）8%硅烷偶联剂×1000

图4-52　不同硅烷偶联剂用量的PP/超细羽绒粉体共混膜的平面图（粉体含量：20%）

降低，因而在共混物中的分散性得以提高。当偶联剂用量为8%时，共混膜表面出现了层状结构，这是由于过量硅烷偶联剂的存在，除了与羽绒粉体发生作用外，部分偶联剂在共混膜中发生自身黏结成层现象，共混膜中重新出现相分离，导致共混膜的相容性又变差，这也是在加入过量硅烷偶联剂之后，宏观上PP/超细羽绒粉体共混膜力学性能的下降原因之一。

4.2.3.8　共混物流动性分析

表4-24是粉体含量为20%时，硅烷偶联剂用量与PP/羽绒超细粉体共混物熔融指数之间的关系。从表中可以看出，硅烷偶联剂改性能够增加PP/超细羽绒粉体共混物的流动性能。随着偶联剂用量的增加，共混物的流动性能先提高而随后降低。当偶联剂用量为3%时，熔融指数31.9g/10min，比未经改性时提高了20.8%。随后熔融指数降低，但都要比未经改性时高，直到偶联剂用量为10%时，共混物流动性明显下降。共混物熔融指数的增加在于偶联剂的耦合黏结作用，增加了羽绒粉体和PP之间的作用力，从而共混物的流动性能增加。而过量的偶联剂自身的黏结作用则导致了共混物流动性的恶化。

表4-24　硅烷偶联剂用量对PP/超细羽绒粉体共混膜熔融指数的影响

偶联剂用量/%	0	1	3	5	8	10
MFR/g·10min^{-1}	26.4	27.6	31.9	29.4	30.0	20.4

4.2.3.9　可纺性分析

表4-25是粉体含量为20%时，硅烷偶联剂用量与PP/羽绒蛋白复合纤维纺丝性能之间的关系。从表中可以看出，经过硅烷偶联剂改性之后，PP/超细羽绒粉体共混物的纺丝成型性能得到了一定限度的提高。随着偶联剂用量的增加，PP/羽绒蛋白复合纤维的可纺性能先增加，当偶联剂用量在3%~5%时纺丝性能改善得较好，而随后，复合纤维的成型性能降低，纺丝性能重新又变差。硅烷偶联剂改性增加了羽绒粉体的热稳定性，并且和PP之

间的相容性得以提高，在共混物中分散性改善，从而使纤维成型性能得到改善，条干均匀度提高。

表4-25　硅烷偶联剂改性对PP/羽绒蛋白复合纤维纺丝性能的影响

偶联剂用量/%	纺丝现象
0	有发泡膨胀现象，下料困难，丝有明显的条干不匀，流动性较差，容易断裂
1	纤维成型较困难，条干不匀减小，流动性较差
3	纤维成型较好，偶有粗细节，丝手感较硬，流动性增加
5	纤维成型性能提高，比较脆硬，出现断丝现象
8	可连续成型，纤维有较多粗细节，牵伸时易断裂
10	连续成型性能下降，丝较脆硬，断丝现象增多

4.2.4　钛酸酯偶联剂改性PP/超细羽绒粉体共混膜及其可纺性研究

4.2.4.1　钛酸酯偶联剂改性羽绒粉体的红外光谱分析

图4-53是钛酸酯偶联剂改性羽绒粉体的红外光谱图。从图中可以看出，经过钛酸酯偶联剂表面改性后，羽绒粉体的红外光谱曲线在1050cm^{-1}附近出现了新的基团，当偶联剂用量为3%和8%时，分布在1051.18cm^{-1}和1048.59cm^{-1}位置出现新的吸收峰。这是

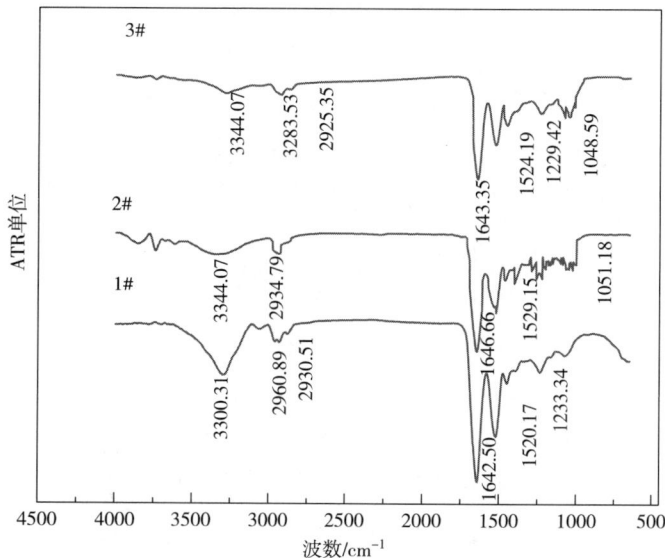

图4-53　钛酸酯偶联剂改性羽绒粉体的红外光谱图
1#—羽绒粉体　2#—3%钛酸酯处理　3#—8%钛酸酯处理

NDZ-201钛酸酯偶联剂中O—P—O—N—伸缩振动的特征吸收峰（图4-54）。此外，随着钛酸酯偶联剂用量的增加，改性羽绒粉体的特征吸收峰位置开始偏移，在3300.31cm^{-1}和1233.34cm^{-1}处的仲胺基和酰胺基吸收峰分别偏移到3283.53cm^{-1}、1048.59cm^{-1}。其他位置的吸收峰，如甲基和亚甲基的吸收峰也朝着低频区偏移。这说明钛酸酯偶联剂已经和羽绒上的羟基发生化学反应而耦合，因而造成分子振动的减弱，而羽绒特征吸收峰位置的前移说明随着偶联剂用量的增加，其和羽绒分子之间的进一步作用增强，从而束缚了羽绒分子的运动能力，使分子吸收峰发生偏移。

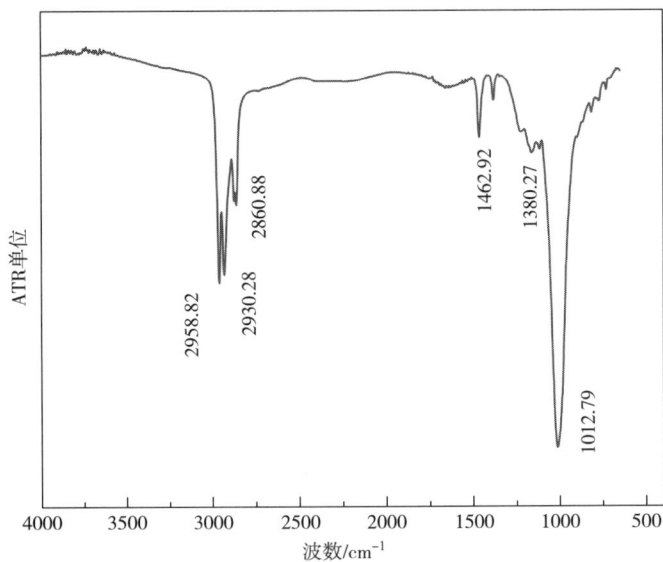

图4-54　钛酸酯偶联剂NDZ-201的红外光谱图

4.2.4.2　钛酸酯改性羽绒粉体的热重分析

图4-55是钛酸酯偶联剂改性羽绒粉体的TG和DTA曲线图。从TG曲线可以看出，经过钛酸酯偶联剂改性之后，羽绒粉体在200~400℃的失重速率变缓慢，并且剩碳率增加。其中经3%钛酸酯偶联剂改性后羽绒粉体的失重速率变缓特别明显，剩碳率为26.17%，要比未经处理的羽绒粉体提高2.88%，将近3%。羽绒粉体的DTA曲线显示，未经处理的羽绒粉体在300~400℃存在大的放热峰。而经3%钛酸酯改性之后，其放热峰值温度从325℃提高到340℃，提高了15℃。经8%钛酸酯改性后，其峰值温度进一步提高到372℃，提高了47℃。并且放热峰面积明显减弱。

作为一种单烷氧基焦磷酸酯型偶联剂，NDZ-201中的焦磷酸酯基能够吸收一部分水，使羽绒粉体脱水炭化，并且偶联剂自身受热时生成石墨状焦炭层，包覆在羽绒粉体表面。由于焦炭层导热性差，阻止了气相和凝固相之间的传热和传质，减缓了凝聚相内的温度上升速度，因此，降低了羽绒粉体的热降解速率，剩碳率提高，并且使粉体的热降解温度得

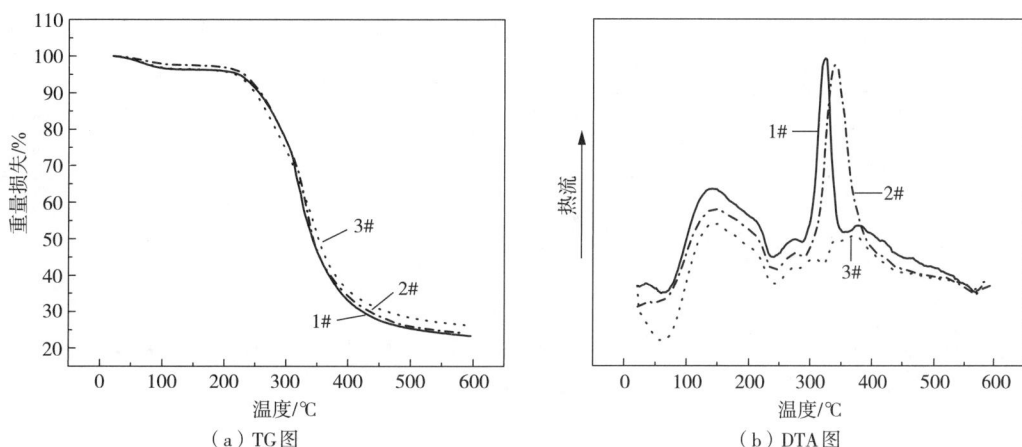

图4-55　钛酸酯改性羽绒粉体的TG图和DTA图

1#—羽绒粉体　2#—3%钛酸酯偶联剂处理　3#—8%钛酸酯偶联剂处理

以提高，起到了凝聚相阻燃的效果，从而提高了羽绒粉体的热稳定性。

4.2.4.3　SEM分析

图4-56是羽绒粉体含量为20%时，钛酸酯偶联剂用量对PP/超细羽绒粉体共混膜的形貌结构影响的扫描电镜图片。从图中可以看出，未经钛酸酯改性的PP/超细羽绒粉体共混膜中存在较多的孔隙，从图4-56（a）和（b）中都能看到明显的凹凸和孔隙；而经钛酸酯偶联剂改性之后，共混膜的微观结构发生明显的变化，共混膜截面变得密实而平整，孔隙减小并且孔径变小，尤其是经3%钛酸酯偶联剂改性后超细羽绒粉体和PP融为一体，形成均匀的结构。这可能是钛酸酯偶联剂中的长链烷烃能和PP链发生纠缠，同时，焦磷酸酯又能和羽绒粉体上的基团结合良好，从而起到了黏结作用，提高了PP和羽绒粉体之间的界面相容性及作用力，使共混膜的形态结构得到改善。

（a）0%×1500　　　　　（b）0%×2500　　　　　（c）3%×1500

图4-56

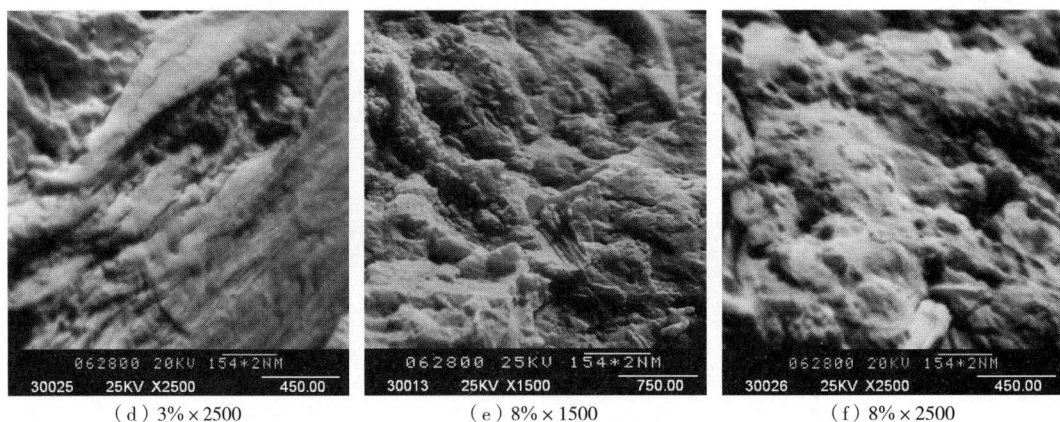

（d）3%×2500　　　　　　　（e）8%×1500　　　　　　　（f）8%×2500

图4-56　不同钛酸酯偶联剂用量的PP/超细羽绒粉体共混膜的SEM照片（粉体含量：20%）

4.2.4.4　X射线衍射分析

从前面几章分析可知，除了PP在13.76°、16.52°和18.18°处的$(110)_\alpha$，$(040)_\alpha$，$(130)_\alpha$典型的单斜晶衍射峰外，羽绒粉体的加入会使PP/超细羽绒粉体共混物在15.98°处出现$(300)_\beta$六方构型晶体衍射峰。图4-57是PP/钛酸酯改性超细羽绒粉体共混膜的WAXD曲线，表4-26是钛酸酯偶联剂改性PP/超细羽绒粉体共混膜的WAXD数据。从中可以看出，经过钛酸酯偶联剂改性之后，共混膜中PP相β晶型晶体含量随着钛酸酯用量增加而减小，当钛酸酯偶联剂用量为0、3%、8%时，β晶型含量分别为15.75%、12.54%、11.42%。同时，钛酸酯偶联剂改性使共混物的结晶性能与微晶结构发生变化：共混物中PP相晶体晶面间距减

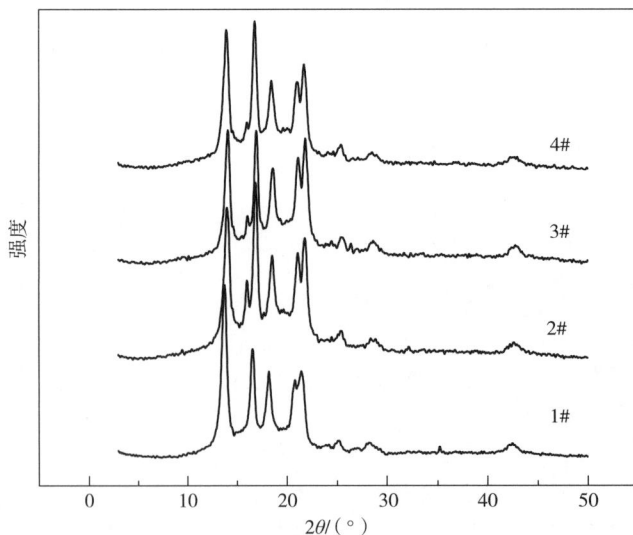

图4-57　PP/钛酸酯偶联剂改性超细羽绒粉体共混膜的WAXD曲线

1#—PP　2#—PP/羽绒粉体（80/20，0%钛酸酯）
3#—PP/羽绒粉体（80/20，3%钛酸酯）　4#—PP/羽绒粉体（80/20，8%钛酸酯）

小，微晶粒度有所增大。

表4-26 钛酸酯偶联剂改性PP/超细羽绒粉体共混膜的WAXD数据

试样	晶型	$2\theta/(°)$	$D/Å$	$I/\%$	$L_{hkl}/Å$	$K/\%$
PP	$(110)_\alpha$	13.76	6.43	100.00	2.32	—
	$(040)_\alpha$	16.52	5.37	64.00	2.71	
	$(130)_\alpha$	18.18	4.88	49.00	2.72	
PP/羽绒粉体（80/20，0%钛酸酯）	$(110)_\alpha$	14.00	6.33	86.00	2.12	15.75
	$(300)_\beta$	15.98	5.55	46.00	3.48	
	$(040)_\alpha$	16.84	5.27	100.00	2.57	
	$(130)_\alpha$	18.50	4.80	60.00	2.58	
PP/羽绒粉体（80/20，3%钛酸酯）	$(110)_\alpha$	14.08	6.29	99.00	2.21	12.54
	$(300)_\beta$	16.04	5.53	39.00	3.75	
	$(040)_\alpha$	16.90	5.25	100.00	2.57	
	$(130)_\alpha$	18.58	4.78	73.00	2.23	
PP/羽绒粉体（80/20，8%钛酸酯）	$(110)_\alpha$	13.98	6.34	95.00	2.56	11.42
	$(300)_\beta$	15.98	5.55	33.00	3.48	
	$(040)_\alpha$	16.74	5.30	100.00	2.57	
	$(130)_\alpha$	18.44	4.81	61.00	2.44	

PP/超细羽绒粉体共混膜 β 晶型含量的减少主要归因于超细羽绒粉体经钛酸酯偶联剂改性之后异相成核作用的减弱，而晶体粒度的变化则可能是钛酸酯偶联剂本身又有促进PP微晶生长的作用，从而导致了PP/超细羽绒粉体共混膜经钛酸酯偶联剂改性之后结晶性质的变化。

4.2.4.5 DSC分析

图4-58是PP/钛酸酯偶联剂改性超细羽绒粉体共混物的DSC升温和降温曲线。从曲线中可以看出，经过钛酸酯偶联剂改性之后，共混物的熔点有所变化，完全熔融温度、结晶温度开始下降。表4-27是PP/钛酸酯改性超细羽绒粉体共混物中PP相的熔融和结晶参数，从中可发现，在相同粉体含量的条件下，随着钛酸酯偶联剂的加入，共混物结晶速度增加减慢（ΔT），热熔（ΔH）增加，结晶度（X_C）提高。这是由于钛酸酯偶联剂的处理提高了羽绒粉体的非极性，与PP之间的作用力得以增强，从而削弱了羽绒粉体对PP结晶的异相成核作用，同时，钛酸酯偶联剂本身的长链烷烃结构可能也促进了PP晶体的生长，从而导致共混物的结晶度提高，并导致了共混物热熔的增加。这也是钛酸酯偶联剂用量为3%时，共混物中PP的结晶速度减缓，而偶联剂用量为8%时结晶速度加快的原因所在。同

时，从前面的 X 射线衍射分析可知，经过钛酸酯偶联剂改性之后，共混物中 β 晶型含量减小，因此，结晶度的提高主要归结于 α 晶型晶体的增加。

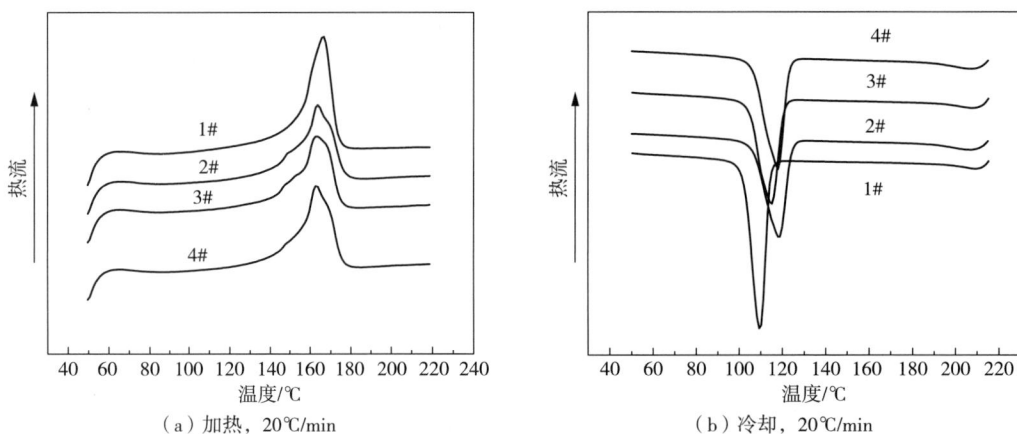

（a）加热，20℃/min　　　　　　　　（b）冷却，20℃/min

图 4-58　PP/钛酸酯偶联剂改性超细羽绒粉体共混物的 DSC 曲线

1#—PP　2#—PP/羽绒粉体（80/20，0%钛酸酯）

3#—PP/羽绒粉体（80/20，3%钛酸酯）　4#—PP/羽绒粉体（80/20，8%钛酸酯）

表 4-27　PP 及 PP/钛酸酯偶联剂改性超细羽绒粉体共混物中 PP 相的熔融和结晶特性

试样	T_m/℃	T_{mp}/℃	T_c/℃	ΔT/℃	ΔH/J·g^{-1}	X_C/%
1#	166.30	173.60	109.60	64.00	99.30	47.51
2#	163.70	177.50	118.50	59.00	79.59	38.09
3#	163.30	174.80	115.00	59.80	80.66	38.59
4#	163.10	175.60	118.00	57.60	85.59	40.95

注　1# 为 PP；2# 为 PP/羽绒粉体（80/20，0%钛酸酯）；3# 为 PP/羽绒粉体（80/20，3%钛酸酯）；4# 为 PP/羽绒粉体（80/20，8%钛酸酯）。

4.2.4.6　力学性能分析

图 4-59 是羽绒粉体含量为 20% 时，钛酸酯偶联剂用量与 PP/超细羽绒粉体共混膜的拉伸强度和弹性模量的关系图。从图中可以看出，随着钛酸酯偶联剂用量的增加，共混膜的强度呈现上升的趋势，当钛酸酯偶联剂用量为 5% 和 8% 时，强度分别为 24.57MPa 和 26.69MPa，分别比未经钛酸酯偶联剂改性时共混膜的拉伸强度提高了 4.73% 和 13.77%。而共混膜的弹性模量随着偶联剂用量的增加呈略有减小的趋势。从前面的分析可知，共混膜强度的增加是由于羽绒粉体经过钛酸酯改性之后和 PP 之间的界面相容性提高，作用力增加所致，而共混膜的弹性模量的变化则表明钛酸酯偶联剂对共混膜的改性并非只是简单的刚性增强，这可能是钛酸酯偶联剂的烷烃结构的存在导致共混物柔性的增加。

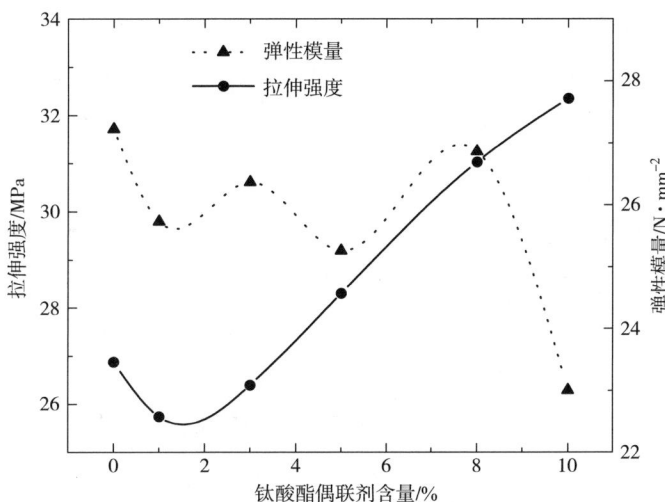

图4-59　钛酸酯偶联剂用量与PP/超细羽绒粉体共混膜拉伸强度和弹性模量的关系

图4-60是羽绒粉体含量为20%时，钛酸酯偶联剂用量与PP/超细羽绒粉体共混膜的断裂伸长和断裂功的关系图。从图中可以看出，随着偶联剂用量的增加，共混膜断裂伸长和断裂功都呈先增大后减小的趋势，其中断裂伸长率的变化尤为明显，当钛酸酯偶联剂用量为1%和3%时，断裂伸长率分别为7.8%和8.5%，比未经钛酸酯偶联剂处理的共混膜的相关数据分别提高了10.32%和19.72%。当钛酸酯偶联剂用量较少时，偶联剂主要起到了使羽绒粉体非极性化，增加粉体和PP之间的作用力及界面相容性，从而导致共混膜断裂伸长率和弹性模量的增加，而此后，随着偶联剂用量的增加，除了与粉体之间发生作用，过量的钛酸酯偶联剂的存在导致了其自身的黏结，形成新的界面层，导致共混物在拉伸过程中容易形成应力集中，从而造成断裂伸长率和断裂功的减小。

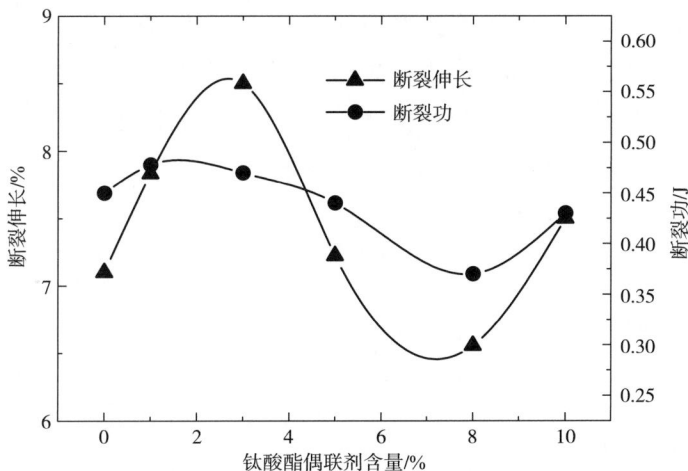

图4-60　钛酸酯偶联剂用量与PP/超细羽绒粉体共混膜的断裂伸长和断裂功的关系

4.2.4.7　分散性分析

图4-61是钛酸酯偶联剂用量对羽绒粉体在PP/超细羽绒粉体共混膜中分散性影响的平面显微图片。从图中可以看出，未经钛酸酯改性的共混膜中，羽绒粉体分布不均匀，存在明显的团聚现象，从前几章分析可知，这是由于超细粉体本身大的比表面积所产生的吸附作用而使粉体产生自身团聚。而经过钛酸酯改性之后，共混膜中羽绒粉体的分布变得均匀，团聚现象减少。当偶联剂用量为3%时，粉体在共混膜中基本呈均匀分布，团聚现象基本消失。这是由于经钛酸酯偶联剂改性之后，羽绒粉体的表面能降低，表面吸附性能及本身所带有的基团部分和偶联剂作用，基团受到的束缚力增加，导致羽绒分子熵值减小，稳定性增加，从而使团聚现象减弱。羽绒粉体的钛酸酯改性使改性后的超细羽绒粉体和PP之间的相容性增加，这也是羽绒粉体在共混膜中分散性得到改善的原因之一。

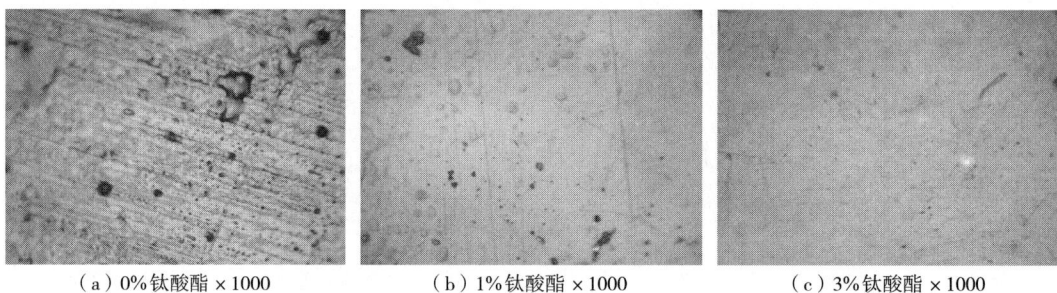

（a）0%钛酸酯 ×1000　　　　（b）1%钛酸酯 ×1000　　　　（c）3%钛酸酯 ×1000

图4-61　不同钛酸酯用量的PP/超细羽绒粉体共混膜平面图（粉体含量20%）

4.2.4.8　共混物流动性分析

表4-28是粉体含量为20%时，钛酸酯偶联剂用量与PP/超细羽绒粉体共混物流动性之间的关系。从表中可以看出，钛酸酯偶联剂的加入能够明显增加共混物的流动性能。当偶联剂用量为3%时共混物的熔融指数为37.8g/10min，而偶联剂用量为10%时则增大到59.4g/10min，比不加钛酸酯偶联剂时共混物的流动性分别增加了43.18%和125%。羽绒粉体经过钛酸酯改性之后，和PP的界面相容性提高，由于两者之间的作用力增强，从而使PP/羽绒超细粉体共混物的流动性随着钛酸酯用量的增加而提高。

表4-28　钛酸酯偶联剂用量对PP/超细羽绒粉体共混膜熔融指数的影响

偶联剂用量/%	0	1	3	5	8	10
MFR/g·10min^{-1}	26.4	36.0	37.8	34.8	37.2	59.4

4.2.4.9　可纺性分析

表4-29是羽绒粉体含量为20%时，钛酸酯偶联剂用量与PP/羽绒蛋白复合纤维纺丝性

能之间的关系。从表中可以看出，经过钛酸酯偶联剂改性之后，复合纤维纺丝时的断丝现象、颜色变黑现象得到显著改善，同时流动性增加。PP/羽绒蛋白复合纤维的可纺性能随着偶联剂用量的增加而提高。从前文可知，羽绒粉体经过钛酸酯改性之后，其热稳定性增加，这也是复合纤维颜色得到改善的原因。由于钛酸酯改性产生的非极性化，超细羽绒粉体和PP之间的相容性改善、作用力提高，且同时改善了羽绒粉体在共混物中的分散性，使断丝现象得到解决、流动性得以提高，从而使PP/羽绒蛋白复合纤维的可纺性得到提高。

表4-29　钛酸酯偶联剂改性对PP/羽绒蛋白复合纤维纺丝性能的影响

钛酸酯用量/%	纺丝现象
0	流动性较差，有发泡膨胀现象，下料困难，丝有明显的条干不匀，容易断裂
1	纤维粗细不匀，颜色较黑，偶有间断
3	发泡膨胀现象明显减弱，转绕较均匀，断丝减少
5	发泡膨胀继续减弱，转绕较均匀，挤出速度较快
8	基本无发泡膨胀现象，转绕均匀，挤出速度加快
10	无发泡膨胀现象，卷绕均匀，挤出速度加快

4.3　超细羽绒粉体改性聚氨酯透湿性应用

羽绒是一种天然蛋白质材料，其拥有天然蛋白质材料的优良亲水性，又拥有独特的蓬松性和在溶剂中的良好溶胀性。利用羽绒的这些优点将其作为填充材料改性PU膜，虽然只采用了一种方法，却同时实现了增加亲水性基团的化学改性和增加孔洞的物理改性。超细羽绒粉体的制备和利用不仅实现了废弃材料的再生回收利用，节约资源、绿色环保，又创新性地提出了改善PU膜透湿气性能的途径，而且提高了PU膜的环境友好程度，在很大限度上拓宽了羽绒和PU的应用领域。

4.3.1　聚氨酯成膜密度和透湿性能与成膜条件的关系

聚氨酯膜是一种表面致密而内部多孔的多孔结构材料，通常聚氨酯膜的制作方法为干法和湿法成膜，干法是将 N,N-二甲基甲酰胺（DMF）蒸发出PU溶液，湿法是将DMF析出溶解于水中成膜。已有文献报道，聚氨酯膜孔洞的结构和数量直接影响聚氨酯膜的一系列性能，文献报道聚氨酯膜的孔洞越多，聚氨酯膜的力学性能下降，透湿气性能上升，因此，采用制孔剂为添加剂增加聚氨酯膜的孔洞以达到较好的透湿气性能。

本章在文献的基础上，对不同成膜条件对PU膜的成膜厚度、成膜密度、成膜表面形态和截面形态结构，以及透湿性进行研究和表征。

4.3.1.1　成膜温度对PU膜性能的影响

将PU溶液在纯水中成膜，成膜模具厚度为6层胶带，研究不同成膜温度对PU膜性能的影响。

①不同成膜温度下PU膜的科视达高倍显微镜照片：为表征不同温度下制备的PU膜所具有的表观形貌，采用高倍数科视达显微镜对其上下两个表面和截面分别进行拍照和对比研究。图4-62就是高倍显微镜下的不同温度下制备PU膜的表观形貌照片。图中明显显示出不同温度下制备的PU膜具有完全不一样的表观形貌。50℃成膜的表观形貌完全不同于前面的三个温度下所制备的PU膜。当温度分别为20℃、30℃、40℃时，上表面都表现出致密、平整的表面结构，但是随着温度的升高，逐渐显得粗糙并且有些空隙。而下表面都表现出斑点状表面形貌，这些斑点非常大。当成膜温度为20℃时，斑点的直径约为25μm；当成膜温度为30℃时，斑点的直径为5~15μm；当成膜温度为40℃的时候，斑点的直径约为10μm。可见这些斑点的大小是随着温度的提高而减小的，斑点之间的阴影是因为比斑点的地方低凹一些，所以，在光学显微镜下显示较暗。在20℃成膜的时候，PU膜的截面

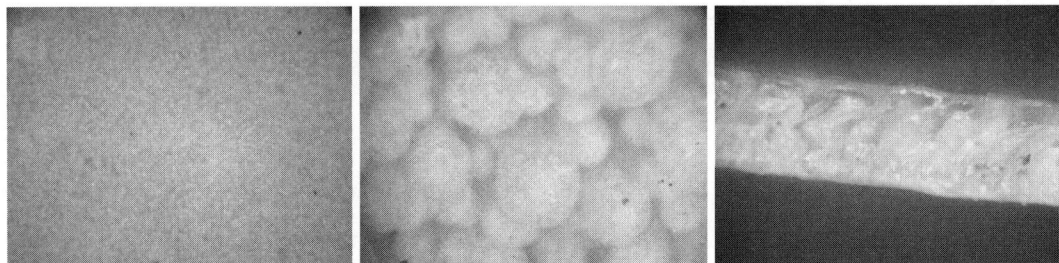

上表面放大1000倍	下表面放大400倍	截面放大400倍
	（a）20℃制备PU膜	

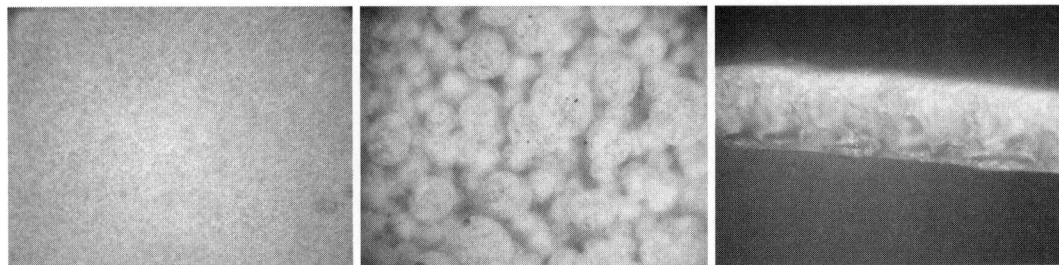

上表面放大1000倍	下表面放大400倍	截面放大400倍
	（b）30℃制备PU膜	

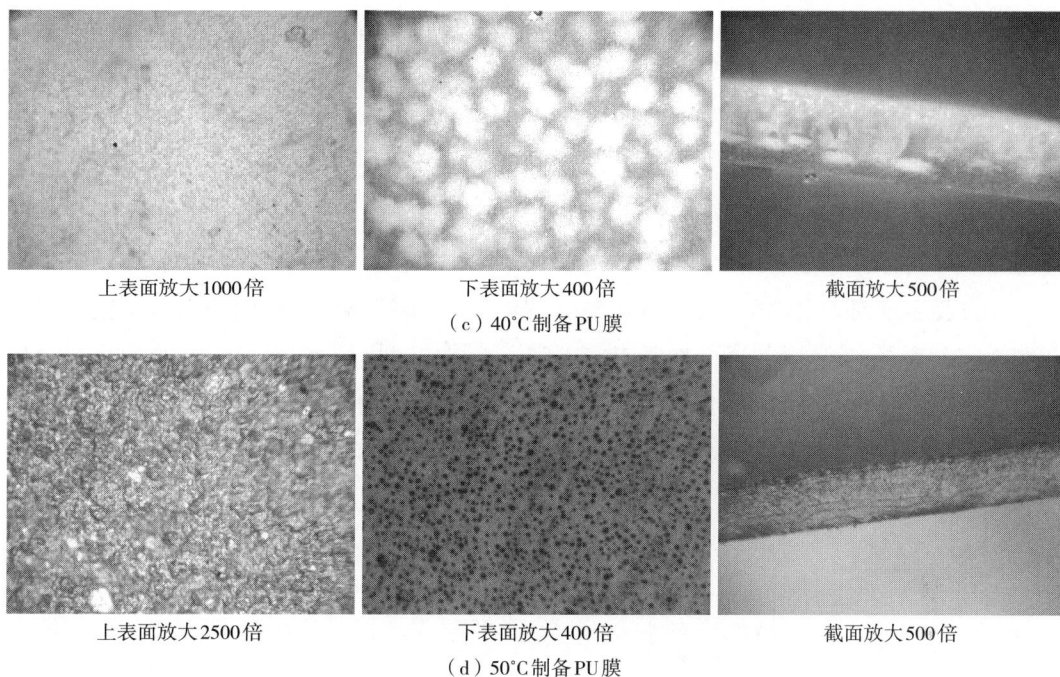

上表面放大1000倍	下表面放大400倍	截面放大500倍

（c）40℃制备PU膜

上表面放大2500倍	下表面放大400倍	截面放大500倍

（d）50℃制备PU膜

图4-62　不同温度下制备PU膜的科视达高倍显微镜照片

显示多孔结构且从上表面到下表面孔洞孔径呈梯度增加变化，这些现象随着成膜温度的提高而弱化，显示出PU膜截面上的孔洞减少，孔径减小。当成膜温度达到50℃时，PU膜上表面呈现颗粒状粗糙表观形貌，下表面呈现均匀分布的小孔洞，这些孔洞的大小约200nm，而且50℃制备成的PU膜下表面光泽感强，截面形貌为较致密的结构。这些变化现象是由于随着温度的升高，DMF快速地分散到水中，因此，PU膜无大型孔洞出现，而是表现出一些纳米级孔隙均匀分散的较致密结构。

②成膜温度对PU膜厚度与密度的影响：图4-63是PU膜在不同温度下成膜后的厚度

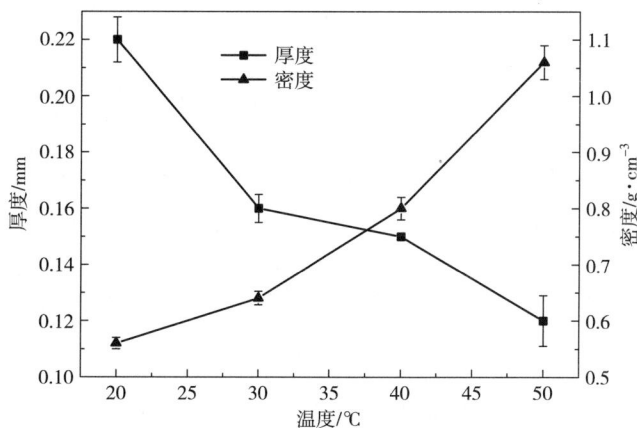

图4-63　不同温度下成膜的厚度与密度变化

与密度变化。从图中可以看出，随着温度的升高，PU膜的厚度逐渐减小，而PU膜的密度却逐渐增大。由于PU溶液的含固量是18%，在同一模具中制成的PU膜的质量基本没有变化，因此，共混膜的密度增加是因为PU膜的体积在减小，符合PU膜厚度的减小趋势，从前面科视达高倍显微镜的照片可以看出，PU膜随温度的升高，界面孔洞越来越小，越来越少。甚至在50℃制备的PU膜截面显示出致密的结构，因此，随着成膜温度的增加，PU膜厚度逐渐降低而密度逐渐增加。

③成膜温度对PU膜透湿性能的影响：图4-64是不同温度下成膜的透湿变化。随着成膜温度的增加，PU膜的透湿性能逐渐下降。当成膜温度为20℃时，PU膜的透湿量为2438.6g/（$m^2 \cdot d$）。当成膜温度分别为30℃、40℃和50℃时，PU膜的透湿量分别下降了59.1%、80.6%和89.3%。可见，成膜温度对PU膜透湿性能的影响较大。这是因为随着成膜温度的升高，PU膜从多孔结构逐渐向致密结构转变。

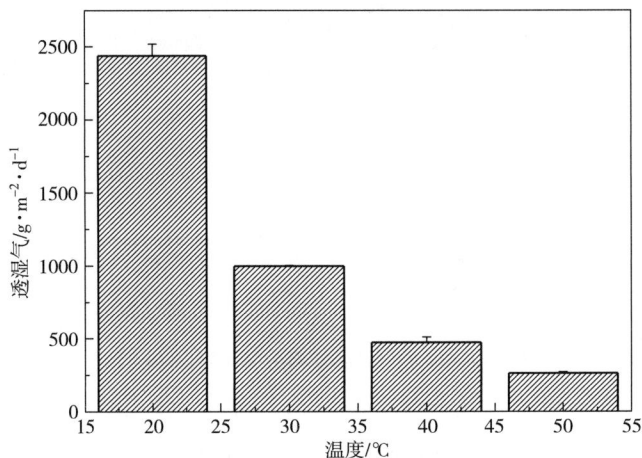

图4-64 不同温度下成膜的透湿气性能

4.3.1.2 成膜模具厚度的影响

将PU溶液在纯水中成膜，成膜温度为20℃，研究不同成膜模具厚度对PU膜性能的影响。

①成膜模具厚度对PU膜厚度与密度的影响：PU溶液湿法成膜时，会在PU溶液的上表面形成皮层，当随着成膜模具厚度增加时，PU膜的皮层结构一般不会发生变化，而皮层下面的芯层结构会随着模具厚度的增加而增加。表4-30就是在不同成膜模具厚度的条件下，PU膜的厚度与密度的变化，可以看出随着成膜模具厚度的增加，PU膜的厚度逐渐增加。但是PU膜的密度也随着成膜模具厚度的增加有一个增加的趋势，只是当胶带层数大于且等于3的时候，PU膜的密度变化波动性较小，呈稳定趋势，约为0.525g/cm^3。

表4-30 不同模具厚度条件下PU膜的厚度与密度变化

成膜胶带层数	厚度/mm	密度/g·cm³
1	0.070 ± 0.005	0.291 ± 0.003
2	0.101 ± 0.006	0.456 ± 0.004
3	0.123 ± 0.009	0.512 ± 0.006
4	0.124 ± 0.009	0.555 ± 0.007
5	0.230 ± 0.016	0.482 ± 0.008
6	0.236 ± 0.017	0.525 ± 0.007

②成膜模具厚度对PU膜透湿性能的影响：图4-65是不同成膜厚度下PU膜的透湿性能的变化。成膜模具越厚，制备的PU膜的厚度也就越厚。当PU膜由一层胶带制备时，PU膜的透湿量高达7132.4g/（m²·d）。由两层胶带制备PU膜时，其透湿气量降为1490.2g/（m²·d），下降了约79.1%。这时模具厚度增加时，PU膜的透湿量下降非常小，呈平缓状变化。这可能是因为，一层胶带制备的PU膜厚度只有0.070mm，PU膜的芯层较薄，孔洞可以贯穿膜的横截面。随着PU膜厚度的增加，PU膜皮层变化不大，芯层厚度增加，导致孔洞不连贯，降低了PU膜透湿性能。

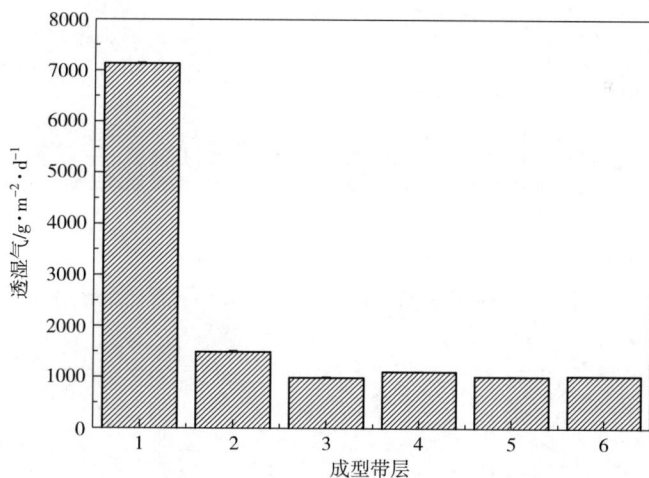

图4-65 不同成膜厚度下成膜的透湿性能

4.3.1.3 成膜凝固浴中DMF含量的影响

20℃下，成膜模具厚度为6层胶带，研究凝固浴中不同DMF含量的条件下成膜对PU膜性能的影响。

①在不同DMF含量凝固浴中制备PU膜SEM照片：不同DMF含量凝固浴中制备的PU

膜的表观形貌与截面形貌SEM照片如图4-66所示。纯PU膜的上表面表现出大小不一而又均匀分布的孔隙，孔径为1~5μm。下表面是沙粒状的表观形貌，表面呈丘陵状起伏，截面

（a）0%DMF制备PU膜

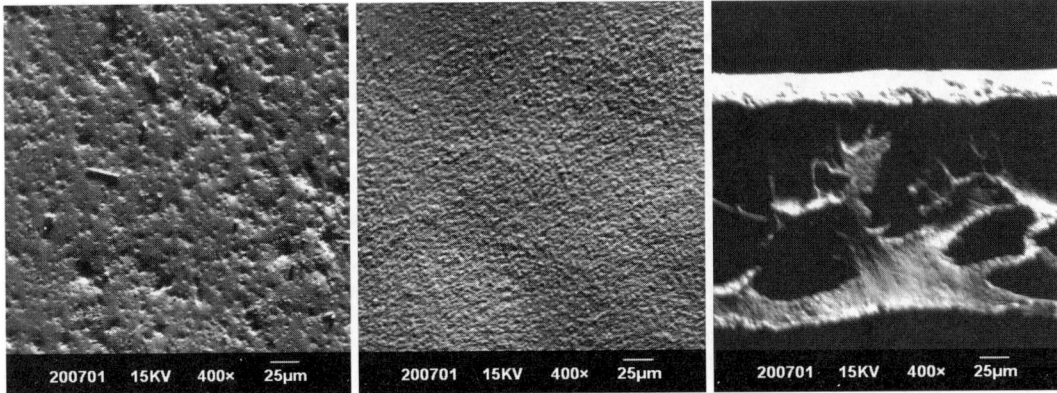

（b）10%DMF制备PU膜

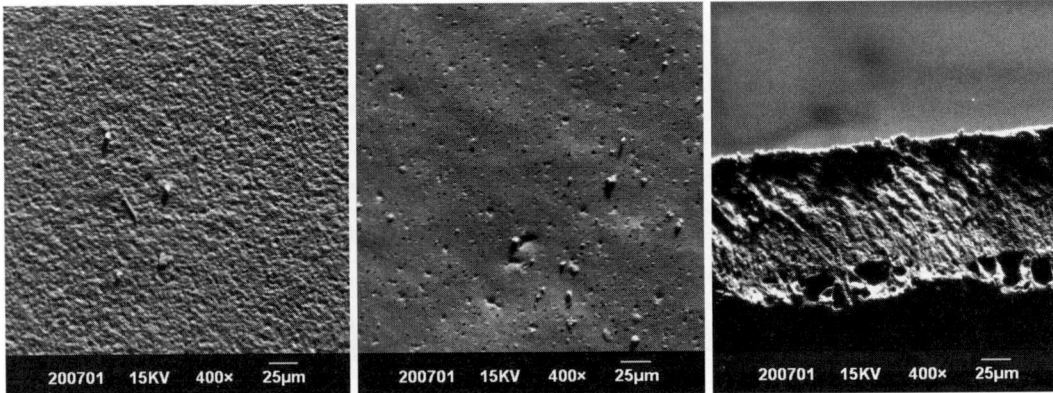

（c）30%DMF制备PU膜

图4-66　在不同DMF含量的凝固浴中制备的PU膜的SEM照片

是一种从上表面到下表面孔径递增的梯度多孔材料，孔径梯度变化为5~100μm。当在凝固浴中加入DMF后，图中照片显示PU膜表观形貌变化明显，当凝固浴中DMF含量为10%时，PU膜的上表面变得平滑，但是孔洞仍然存在且分布均匀，孔径大小为10μm左右，而下表面沙粒状形貌变得细腻，而且变得平坦，横截面的孔洞变大，数量减少。当凝固浴中DMF含量达到30%时，PU膜上表面呈现出前面PU膜下表面的形貌，为沙粒状表观形貌，而PU膜的下表面显示出光滑的表面，有一些少量孔径约为5μm大小的孔洞均匀分布在膜的下表面，横截面更加表现出不同的结构，多为以垂直表面的长条形凹槽结构，并且较为致密。文献也报道过在凝固浴中加入不同含量的DMF溶剂对PU膜的表观形貌影响，由于在凝固浴中加入了DMF，PU溶液中的DMF分散到凝固浴中的速度将降低，因此，PU膜表现出表面较光滑、内部结构较致密但又不缺乏孔隙的结构。

②成膜后凝固浴的FTIR分析：由于在凝固浴中存在DMF溶剂，所以，研究PU溶液成膜后凝固浴中的FTIR谱图，来考察PU是否会溶解一部分到凝固浴中去。抽取不同成膜凝固浴中1mL的凝固浴溶液，倒在玻璃板上，在80℃下烘干5h，然后进行衰减全反射红外图谱，如图4-67和图4-68所示。图4-67中，6种凝固浴中都显示出了PU典型的红外吸收峰：1735cm^{-1}、1710cm^{-1}处酯基、酰胺Ⅰ键的C=O振动吸收峰，所以，即使在纯水中成膜，仍有一些PU溶解到凝固浴中，这有可能是因为PU溶液中的DMF扩散到水中时，顺便携带了一小部分PU到凝固浴中。

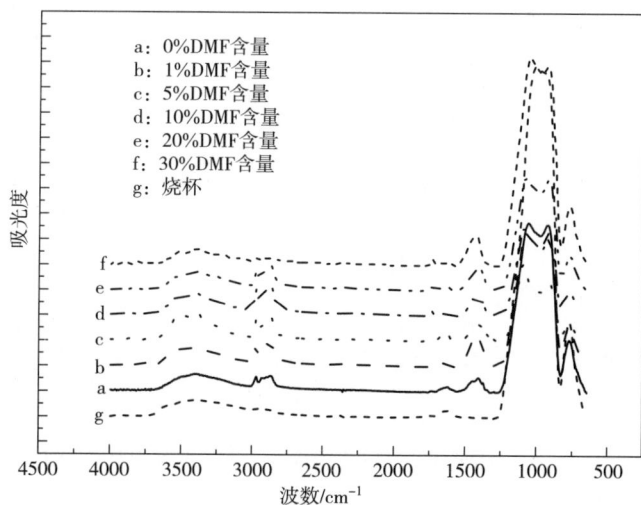

图4-67　不同DMF含量凝固浴的FTIR-ATR红外图谱（600~4000cm^{-1}）

图4-68是1690~1770cm^{-1}范围的红外吸收光谱图。图中1735cm^{-1}附近的红外吸收峰随凝固浴中DMF含量的增加而增强，由于抽取的凝固浴溶液都是1mL，所以可以确定，凝固浴中PU的含量随凝固浴中DMF含量的增加而增加。

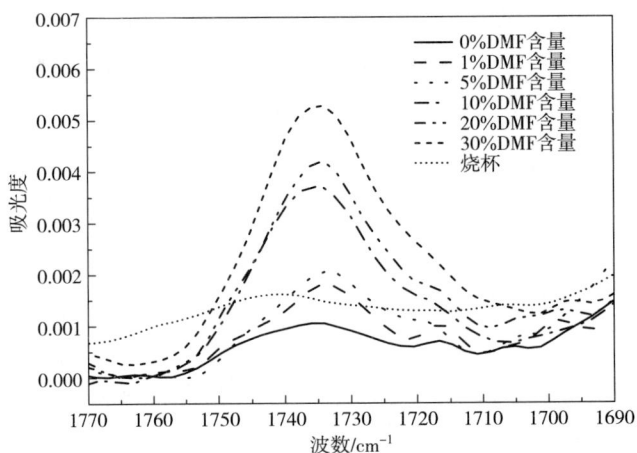

图4-68 不同DMF含量凝固浴的FTIR-ATR红外图谱（1690～1770cm^{-1}）

③成膜凝固浴中DMF含量对PU膜厚度与密度的影响：图4-69是在凝固浴中不同DMF含量的条件下成膜后，PU膜的厚度与密度变化。随着凝固浴中DMF含量的增加，PU的厚度逐渐降低，而密度逐渐增加。这是由于凝固浴中有DMF溶剂时，PU溶液中的DMF缓慢地扩散到凝固浴中，如前面SEM照片所示，截面孔洞越来越小，越来越少，因此，PU膜的厚度下降，进而导致PU膜密度增加。

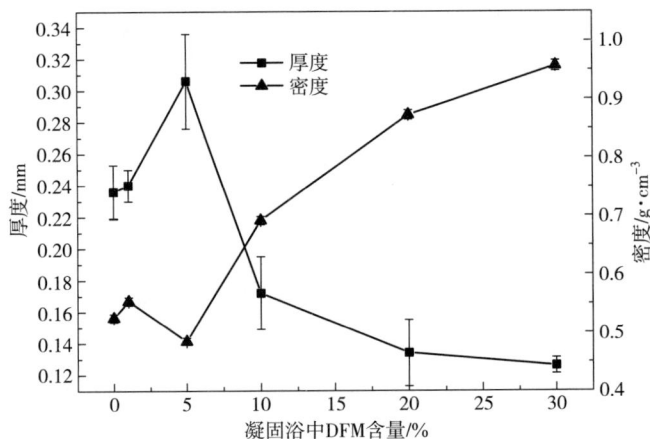

图4-69 凝固浴中不同DMF含量成膜的厚度与密度变化

④成膜凝固浴中DMF含量对PU膜透湿性能的影响：图4-70是在不同DMF含量的凝固浴中成膜的透湿性能变化。随着凝固浴中DMF含量的增加，PU膜的透湿量逐渐下降。从前面的SEM照片分析，在含有DMF的凝固浴中成膜，PU溶液中的DMF扩散速率减慢，因此，形成较为致密的结构，这种转变随着DMF含量的增加而加强。致密的结构导致PU膜透湿量的下降。凝固浴中5%的DMF含量使PU膜相比纯水中制备PU膜的透湿量下降了约44.4%，10%的DMF含量使PU膜的透湿量下降了56.1%、20%和30%的DMF含量使PU

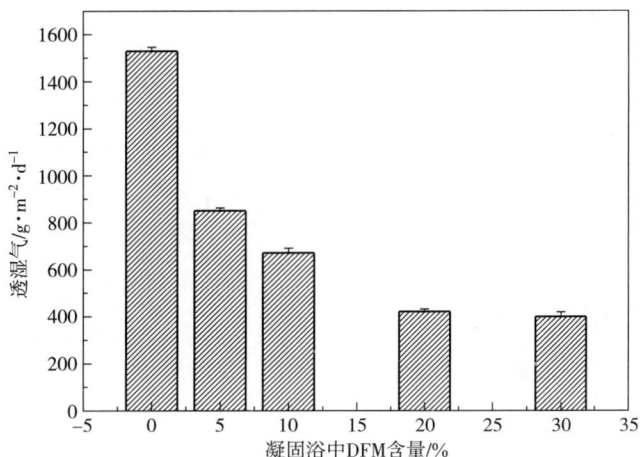

图4-70　凝固浴中不同DMF含量成膜的透湿性能

膜的透湿量下降了72.5%和74.0%。可见，高含量的DMF对PU膜透湿量的影响趋于稳定，影响不大，进一步证明了20%和30%的DMF含量对PU溶液中DMF的扩散速率的影响是一样的。

4.3.2　超细羽绒粉体的形态结构及溶胀性能

超细粉体以其优良的性能和特点广泛地应用在各个领域中。但是，这些粉体大多集中在无机领域。20世纪，有文献报道将有机的淀粉作为填充物改性聚丙烯。近年来，国外文献也有有机粉体的相关报道。

利用拥有自主知识产权的物理粉碎设备将羽绒粉体碾磨成超细粉体，然后对粉体的表面形貌、表面积变化、溶胀性能等进行表征。

文献详细地报道了超细羊毛粉体的表征，参考文献报道了超细羽绒粉体的表征和应用。本文在其表征的基础上，研究了超细羽绒粉体在DMF溶剂中的溶胀性能以及粉体粒径的大小对其溶胀性的影响。同时，通过SEM照片观察粉体的形态结构，采用激光粒度分布仪测量超细羽绒粉体的粒径分布。

4.3.2.1　超细羽绒粉体的SEM表面形态研究

图4-71是平均粒径为2.53μm的超细羽绒粉体的SEM照片，图4-71（a）是放大1000倍的照片，图4-71（b）是放大3000倍的照片。从照片4-71（a）可以看出，超细粉体基本均匀地分散，呈现不同粒径大小的粉体，小粒径粉体可达1μm以下，大的粒径粉体约为20μm，总体上，小粒径粉体占多数，具体的粒径分布如图4-72所示。图4-71（b）更加明显地表明，超细粉体的形态结构多为不规则的多边形结构，有椭圆、长条、近似圆、锥形、

（a）放大1000　　　　　　　　（b）放大3000

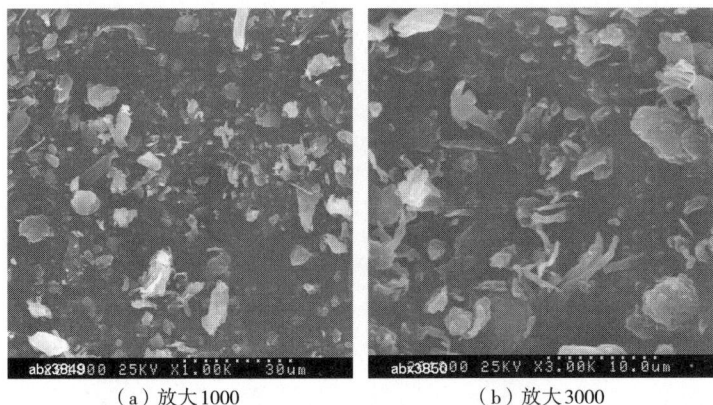

图4-71　超细羽绒粉体的SEM照片

梯形等多种形态。而且可以发现有些粉体黏附在一起，这也说明了超细粉体的团聚特点。

4.3.2.2　超细羽绒粉体的粒径及其比表面积分析

图4-72是不同粗细粉体的粒径分布图。图4-72（a）是羽绒纤维经过第一道粉碎机器打碎后的粒径分布图，图4-72（b）是经过第一道粉体后的羽绒粉体在自制的物理粉体机

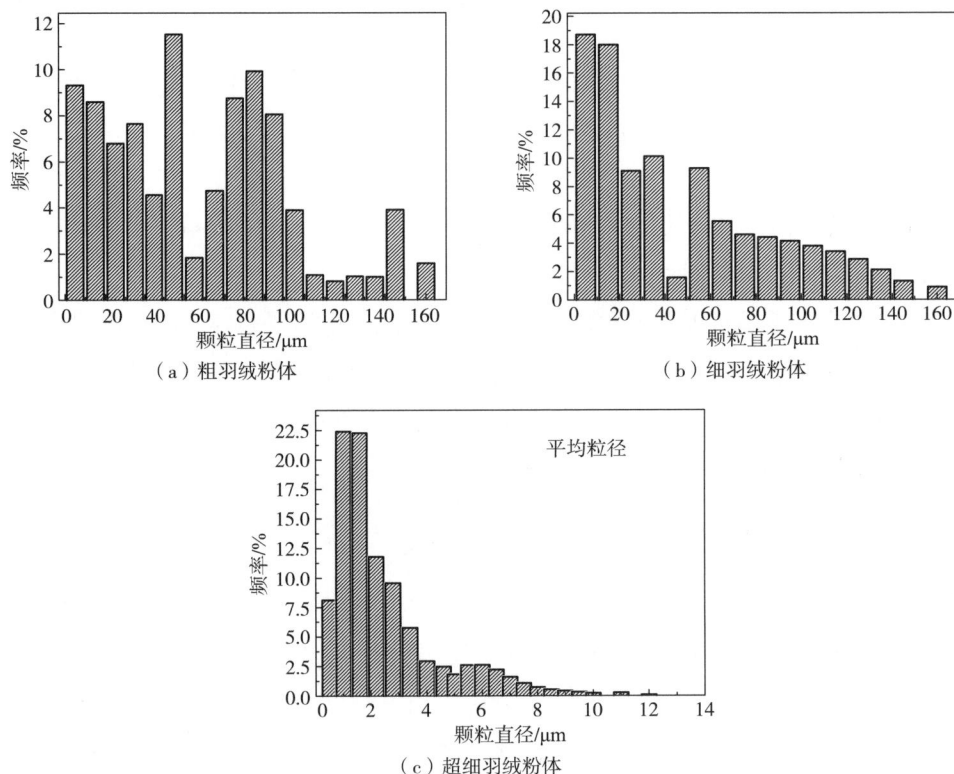

（a）粗羽绒粉体　　　　　　　　（b）细羽绒粉体

（c）超细羽绒粉体

图4-72　不同粗细粉体的粒径分布

天然蛋白质纤维粉体化及其应用

上粉碎的中间产品，图 4-72（c）是在自制物理粉体机上的最终产品。

图 4-72（a）的样品的平均粒径为 71.46μm，从图中可以看出，第一道产品没有明显的规律性的粒径分布，虽然与第二道产品相比，粒径只相差 18.03μm，但是有近 30% 的粉体粒径分布在 100μm 左右，显然第一道产品大粒径的粉体所占的比例大了许多。图 4-72（b）的样品的平均粒径为 53.43μm，约 40% 的粉体粒径分布在 20μm 以下，而且粒径在40μm 以下约占 60%，比较集中，但是在 60μm 处出现了新的高频率分布，约为 10%，在此之后，粉体呈缓慢下降的态势分布在 70~160μm。图 4-72（c）显示最终产品的平均粒径为2.53μm，粉体的粒径主要分布在 0.2~12μm，而且近 50% 的粉体粒径约为 2μm。

图 4-73 是不同平均粒径粉体的表面积与体积之比。这个单位体积的表面积用来表示粉体的表面积的大小。从图中可以明显看出，随着粉体粒径的减小，粉体的表面积逐渐增大，特别是当超细羽绒粉体的粒径为 2.53μm 时，粉体的表面积增大了 10 倍。

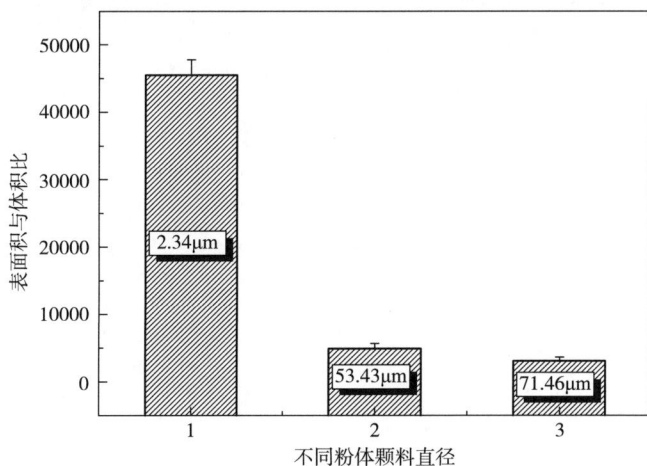

图 4-73　不同平均粒径粉体的表面积与体积比

4.3.2.3　超细羽绒粉体在 DMF 溶液中的溶胀性能

图 4-74 是平均粒径为 2.53μm 的羽绒粉体在 DMF 中的溶胀图，图 4-74（a）是羽绒粉体（5g）在试管中没有加入 DMF 时的状态，它的高度约为 70mm，这个高度将加入羽绒粉体后的试管在 5cm 高度每自由下落 3 次计数，直至该高度没有明显降低时的高度数值，其高度变化如图 4-75 所示。由于羽绒粉体很难测量其准确密度，而且粉体是堆砌在一起，粉体与粉体之间有大量的间隙，体系膨胀系数很高，所以，无法确切地知道单位重量粉体在试管中的真实高度，此处用上述方法确定羽绒粉体在试管中的高度。图 4-74（b）是加入 DMF 后的羽绒粉体状态，透明试管中的液体就是 DMF，其体积就是加入含有羽绒粉体试管中的体积（35mL）。从图 4-74（b）可以看出，加入 DMF 溶剂后，羽绒粉体的高度为105mm，可以认为羽绒粉体在加入 DMF 后其体积膨胀率为 50%。可以明显看出，同样体

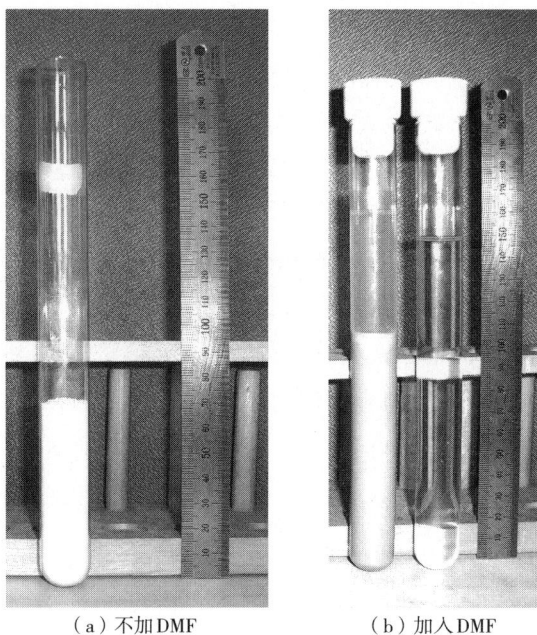

（a）不加DMF　　　　　（b）加入DMF

图4-74　平均粒径为2.53μm超细羽绒粉体在DMF中的溶胀性能

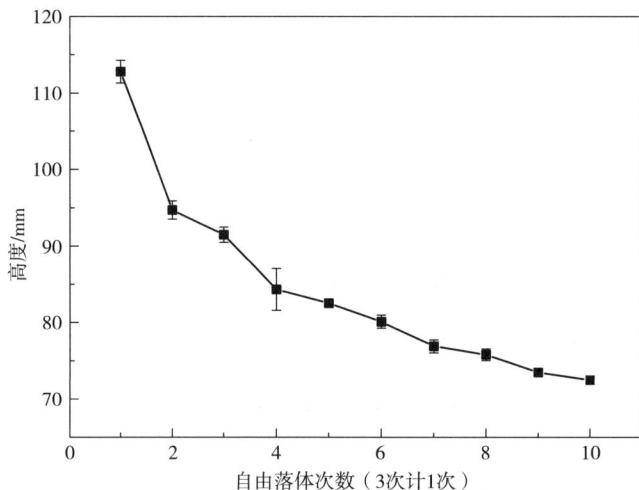

图4-75　不同自由落体次数后超细羽绒粉体在试管中的高度变化曲线

积的DMF加入羽绒粉体后，其最高液面相对同样体积纯DMF的最高液面，下降了12mm，说明羽绒粉体吸收了DMF溶剂。

　　图4-76是不同粒径的超细羽绒粉体在DMF中的溶胀性能，从图中可以明显看出，随着粉体粒径的增加，溶胀性能也在提升，这可能是由于随着粉体粒径的增大，堆砌体的体积随之增大，粉体与粉体之间的孔隙增加。加入DMF后，DMF迅速填充这些间隙，导致整体体积增大。

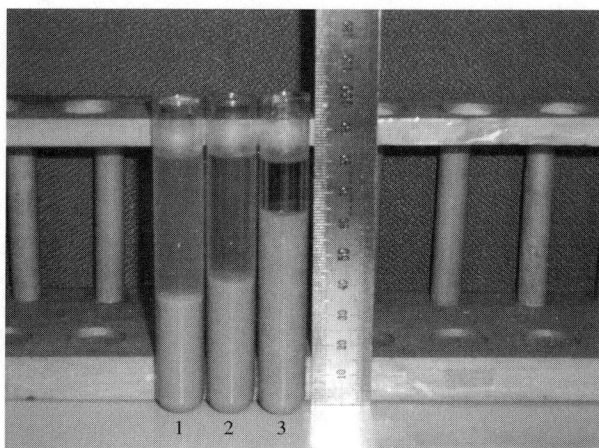

图4-76　不同粒径羽绒粉体在DMF溶剂中的膨胀性
1—平均粒径为2.53μm　2—平均粒径为53.43μm　3—平均粒径为71.46μm

4.3.3　超细羽绒粉体与PU湿法共混膜的制备及其性能

制备透湿性优良的PU膜有两种方法，一种是加入制孔剂，制备多孔膜；另一种是增加PU膜中的亲水基团，这是最基本的两种方法。羽绒粉体有优良的溶胀性能，当超细羽绒粉体与PU共混时，其体积相应膨胀了约50%，当成膜晾干后，超细羽绒粉体又会恢复原来的体积，这种特性可以充当造孔剂。另外根据文献，羽绒粉体又具有优良的吸湿、透湿性能。

利用羽绒粉体的优良溶胀性能，使羽绒粉体在DMF溶剂中充分溶胀，加入PU搅拌均匀后，使超细羽绒粉体在PU膜中起到膨胀造孔的作用。同时，又利用了羽绒粉体本身较多的极性亲水基团，采用两种最基本的改性方法来改善PU膜的透湿性能。然后采用一系列表征手段对共混膜进行了表征。

4.3.3.1　共混膜的SEM形态结构分析

图4-77是不同羽绒粉体含量PU共混膜的SEM照片。纯PU膜的上表面表现出大小不一而又均匀分布的孔隙，孔径为1~5μm。下表面是沙粒状的表观形貌，表面呈丘陵状起伏，截面是一种从上表面到下表面孔径递增的梯度多孔材料，孔径从5μm到100μm呈梯度变化。

加入10%超细羽绒粉体后，共混膜的上表面没有出现大孔径孔隙的分布，取而代之的是一些长条的沟槽，而且小孔径的孔隙仍然存在，表面部分变得平整。下表面沙粒状形貌变得细腻，且表面起伏有所改善，横截面的孔洞相对纯PU膜的孔洞变大，孔洞的梯度变得不明显，孔径从30μm到100μm变化，并且在垂直表面的方向出现大型长条孔洞。

加入30%的超细羽绒粉体后，共混膜的上表面变得平滑，没有沟槽出现，只有一些小

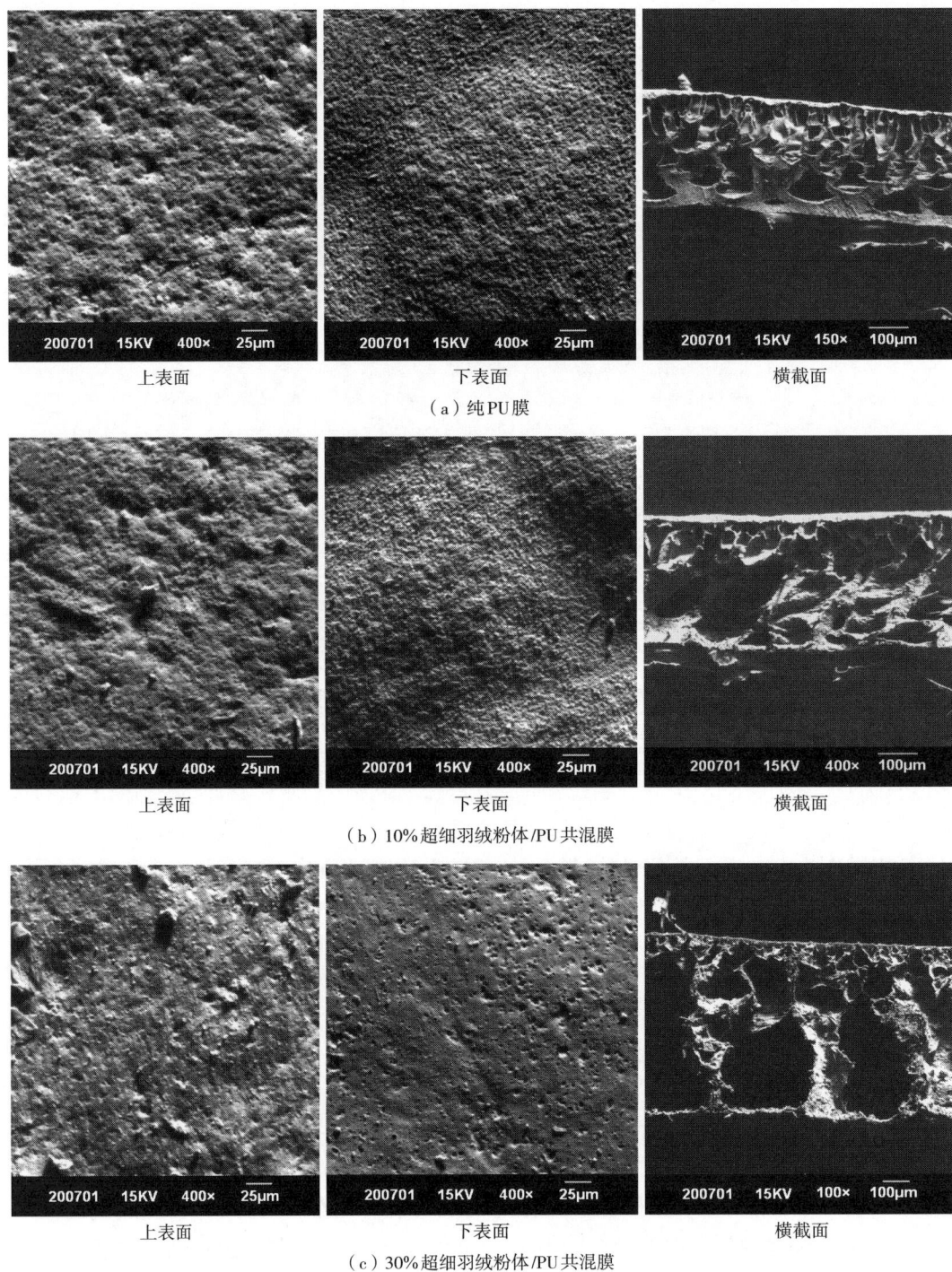

（a）纯PU膜

（b）10%超细羽绒粉体/PU共混膜

（c）30%超细羽绒粉体/PU共混膜

图4-77　不同超细羽绒粉体含量共混膜的SEM表观形貌照片

孔隙存在，也可以看到一些超细羽绒粉体分布在共混膜的上表面。共混膜的下表面变得更加平滑，已经没有了前面两种共混膜下表面的沙粒状、丘陵状的表观形貌，只是均匀分布着一些孔洞，这些孔洞的大小在5μm左右。截面没有了前面的连续分布的小孔洞，取而代之的大型孔洞贯穿膜的上表面和下表面之间。

4.3.3.2 共混膜的FTIR分析

图4-78是共混膜的衰减全反射红外光谱分析图（ATR）。图中聚氨酯的红外图表现出其特有的特征吸收峰：3300~3390cm^{-1}处的OH—、NH$_2$—振动吸收峰；2955cm^{-1}处的—CH$_2$—伸展振动吸收峰；2873cm^{-1}处的CH$_3$—伸展振动吸收峰；1730cm^{-1}、1710cm^{-1}处酯基、酰胺Ⅰ键的C=O振动吸收峰；1531cm^{-1}处的酰胺Ⅱ键（N—H的变形振动）。当粉体含量为10%的时候，既没有新的峰形成，也没有发生聚氨酯特征峰的漂移，这表明，当粉体含量为10%的时候，粉体极少地分布在膜的表面，而且粉体表面与聚氨酯大分子之间没有形成较强的作用力。当粉体含量为30%时，在1653cm^{-1}处发现新的吸收峰，如图4-79所示，

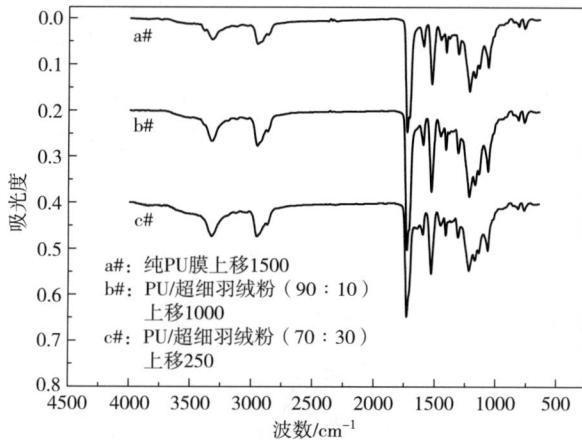

图4-78　不同超细羽绒粉体含量共混膜的衰减全反射红外吸收光谱图（600~4000cm^{-1}）

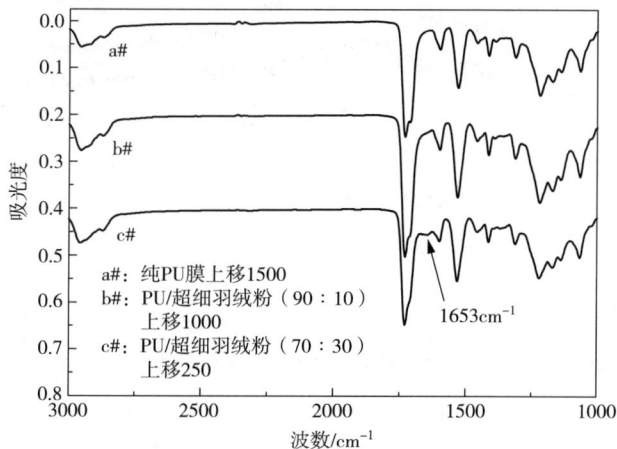

图4-79　不同超细羽绒粉体含量共混膜的衰减全反射红外吸收光谱图（1000~3000cm^{-1}）

而这个新的吸收峰是超细羽绒粉体的酰胺基团中C=O的伸缩振动吸收峰，这表明当粉体含量达到30%时，超细羽绒粉体在共混膜的表面分布变多。另外，图4-79也显示当粉体含量达到30%时，聚氨酯大分子上1730cm⁻¹、1710cm⁻¹处酯基、酰胺Ⅰ键的C=O振动吸收峰向高波数偏移了8个波数，根据文献，这有可能是粉体表面与聚氨酯大分子之间形成相互作用力造成的。

4.3.3.3　共混膜的WXRD分析

图4-80是不同超细羽绒粉体含量共混膜与超细羽绒粉体的X射线衍射曲线。图中显示，纯PU膜的特征衍射峰出现在21°附近，而羽绒粉体的特征衍射峰出现在10°和22°附近，它们分别对应4.39Å和9.82Å的晶面间隔。而且10°附近的衍射峰是由于水合形成的结晶体造成的。图中显示，超细羽绒粉体与PU共混膜的X射线衍射图中，10°附近的衍射峰由于强度非常小而消失，当粉体含量为30%时，在10°附近才有一个强度非常小的峰。随着粉体含量的增加，共混膜在21°附近的衍射强度逐渐下降，从整体上来看共混膜随羽绒粉体含量的增加而逐渐减小。事实上，由于超细羽绒粉体对聚氨酯的大分子链的硬链段影响较大，而且加入了结晶度比PU低得多的超细羽绒粉体，导致整体无序区增加，整体结晶度下降。

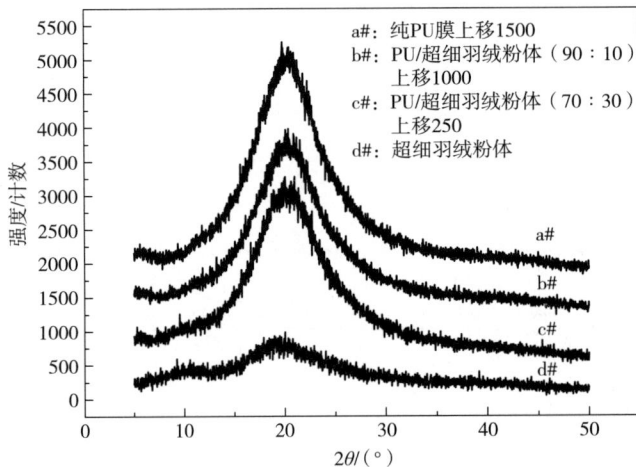

图4-80　不同超细羽绒粉体含量共混膜及超细羽绒粉体的X射线衍射图

4.3.3.4　共混膜的TG分析

图4-81是不同超细羽绒粉体含量共混膜和超细羽绒粉体的TG和DTG曲线。图中曲线很明显，共混膜在20~150℃处有一个失重台阶，这是羽绒粉体的回潮造成的，表4-31显示聚氨酯的回潮率只有1.23%，羽绒粉体的回潮率为10.75%，因此，羽绒粉体的加入增加了共混膜的回潮率，当羽绒粉体含量为10%和30%时，共混膜的回潮率分别为1.92%和

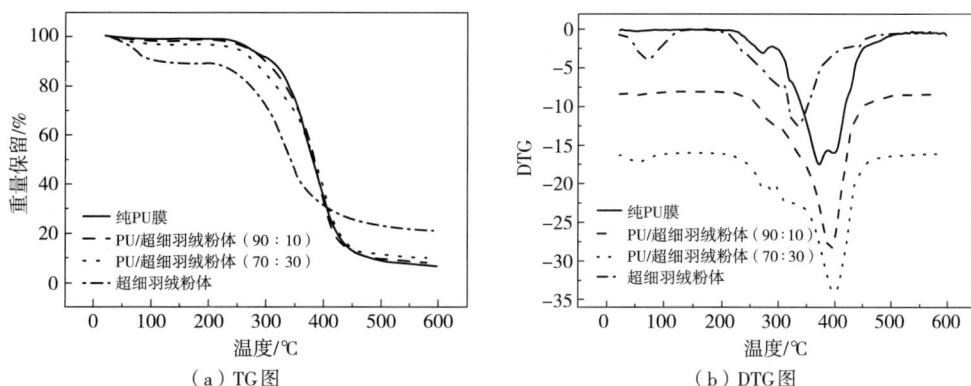

图4-81　不同超细羽绒粉体含量共混膜的TG与DTG图

（a）TG图　　　　　　　　　　　　　（b）DTG图

3.39%。由于超细羽绒粉体的初始分解温度为273.0℃，比PU膜的初始分解温度（320.8℃）低，所以，随粉体含量的增加，共混膜的初始分解温度分别增加至333.2℃、332.8℃。

表4-31　不同超细羽绒粉体含量的共混膜与超细羽绒粉体的TGA数据分析

羽绒粉体含量/%	第一个失重台阶失重率/%	初始热分解温度/℃	主要热分解温度/℃		600℃剩碳率/%
			峰值1	峰值2	
0	1.23	320.8	371.0	396.6	6.63
10	1.92	333.2	—	392.0	7.59
30	3.39	332.8		397.9	9.98
100	10.75	273.0	330.3	—	21.23

　　TG和DTG图可以看出纯PU膜存在三个失重台阶，分别为230~305℃、305~385℃、385~520℃。在230~305℃附近的失重台阶，这可能是由于进行TG测试时，滞留在加热管道中的氧气没有被充分排除而造成的硬链段热氧降解导致的。根据文献，305~385℃是聚氨酯聚合物中硬链段的热降解造成的，根据TG曲线，硬链段约占50%；385~520℃是聚氨酯聚合物中软链段的热降解形成的。当加入超细羽绒粉体后，PU膜的第一个失重台阶消失了，这可能是由于羽绒粉体的初始分解温度低于PU膜的初始分解温度，所以，羽绒粉体消耗了TG测试管道中的氧气，从而阻止了PU聚合物热氧降解的发生。从DTG图与表4-31看出，加入超细羽绒粉体后，PU膜的第二个热降解峰为371.0℃、第三个热降解温度峰为396.6℃，变成了一个峰，这表明超细羽绒粉体的加入使PU聚合物硬链段的热降解温度峰（371.0℃）消失了，这可能是因为超细羽绒粉体的加入阻止了PU聚合物中硬链段的形成。

　　表4-31显示，超细羽绒粉体的加入增加了共混膜在600℃时的剩碳率。PU膜的剩碳率为6.63%，超细羽绒粉体的剩碳率为21.23%，当粉体含量为10%和30%时，共混膜的剩碳

率分别为7.59%和9.98%。

4.3.3.5　共混膜的厚度及密度分析

图4-82是共混膜厚度和密度与超细羽绒粉体含量之间的关系图。从图中可以看出，当超细羽绒粉体含量为1%时，共混膜的厚度下降了0.04mm，随着粉体含量的增加，共混膜的厚度逐渐增加，当粉体含量达到30%时，共混膜的厚度增加了约145%。同时，共混膜的密度变化同厚度变化刚好相反，当粉体含量为1%时，共混膜的密度会有一个23%左右的增加，但随着粉体含量的增加，共混膜的密度逐渐下降，当粉体含量为30%时，共混膜密度下降约57%。

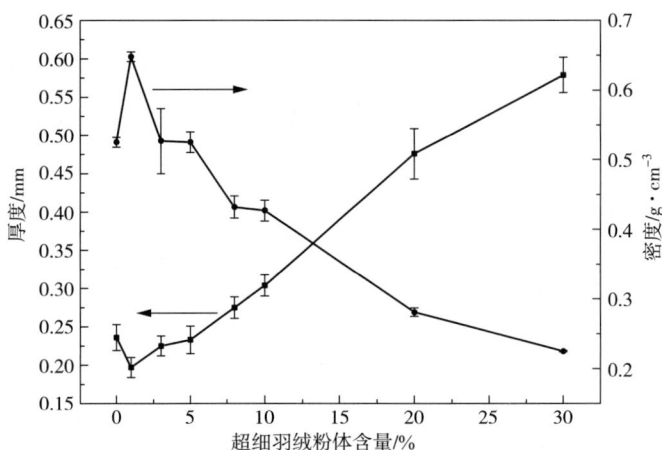

图4-82　不同超细羽绒粉体含量共混膜的厚度与密度变化

图4-82是超细羽绒粉体与PU共混膜的理论密度变化曲线图。根据实际测量，PU膜的密度为0.525g/cm³，羽绒粉体的密度为0.329g/cm³，所以，根据式（4-4）计算出带有羽绒粉体在DMF溶剂中体积溶胀率的共混膜密度变化：

$$\rho = \frac{M}{V_1 + V_2} = \frac{M}{\dfrac{(1-x\%)M}{\rho_1} + \dfrac{x\%M}{\rho_2} \times (1+v\%)} = \frac{\rho_1 \rho_2}{(1-x\%)\rho_2 + x\% \times (1+v\%) \cdot \rho_1}$$

$$= \frac{\rho_1 \rho_2}{\left[(1+v\%)\rho_1 - \rho_2 \right] x\% + \rho_2} \tag{4-4}$$

式中：ρ——共混膜的密度，g/cm³；

M——共混膜的质量，g；

ρ_1——纯PU膜的密度，g/cm³；

ρ_2——超细羽绒粉体的密度，g/cm³；

$v\%$——超细羽绒粉体在DMF中的体积溶胀率；

天然蛋白质纤维粉体化及其应用

x%——超细羽绒粉体在共混膜中的质量百分含量。

图4-83密度理论曲线显示，随着粉体含量的增加，共混膜的密度呈现下凹抛物线形逐渐下降。而且随着超细羽绒粉体体积溶胀率增加，共混膜的密度逐渐下降，且曲线下凹趋势更加明显。

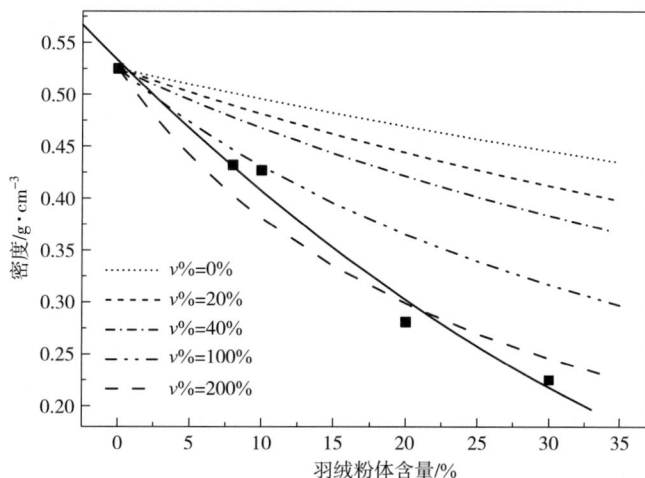

图4-83 共混膜密度的非线性回归曲线与理论密度曲线的关系

图4-84是不同超细羽绒粉体含量共混膜密度的非线性回归曲线。将这个曲线放入图4-83中发现，这条曲线非常符合理论曲线，但是，共混膜密度的非线性曲线显示超细羽绒粉体的体积溶胀率在100%~200%，这与前面超细羽绒粉体的体积溶胀率50%相差很多，这说明超细羽绒粉体对共混膜密度的贡献不仅局限于超细羽绒粉体本身的溶胀性能，同时，超细羽绒粉体在PU膜中直接造成了大量孔洞。

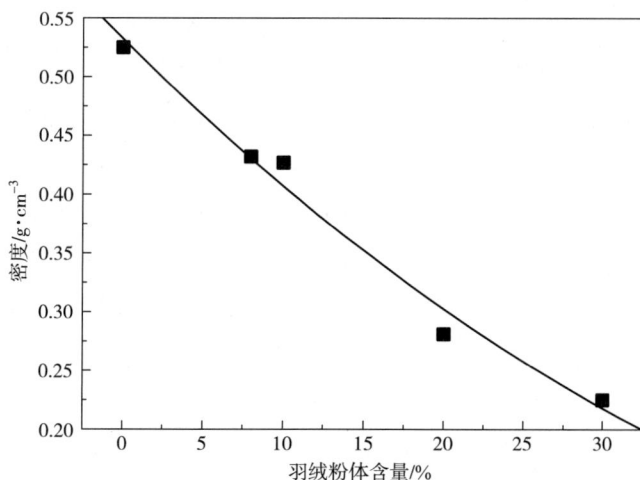

图4-84 不同超细羽绒粉体含量共混膜密度的非线性回归曲线

4.3.3.6　共混膜的透湿性能分析

不同超细羽绒粉体含量共混膜的透湿量测试采用高纯氮气，实验测试温度为20℃。图4-85是共混膜的透湿性能与共混膜超细羽绒粉体含量的关系。从图中可以看出，随着粉体含量的增加，共混膜的透湿量是逐渐增加的。这主要有三个方面原因：其一，PU膜本身的孔隙可以形成一定的透湿性；其二，超细羽绒粉体本身较强的透湿性，因为超细羽绒粉体具有强大的表面张力和较多的表面亲水官能团，形成了水分子向外迁移的阶石；其三，超细羽绒粉体的加入在PU膜中造成了更大的孔隙，这些孔隙和羽绒粉体与PU膜之间的间隙共同增加了水分子向外扩散的通道，增加了PU膜的透湿性能。

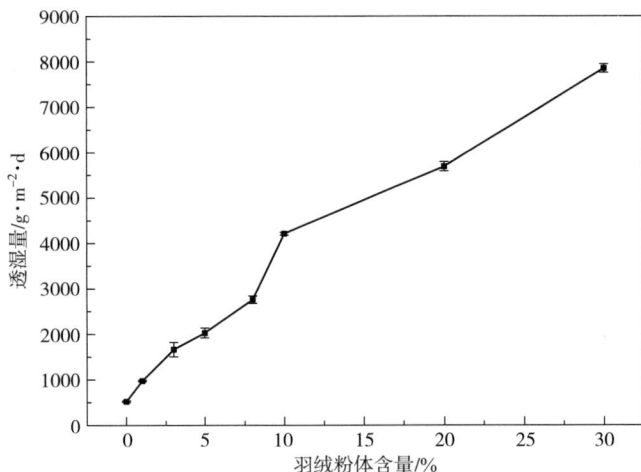

图4-85　不同超细羽绒粉体含量共混膜的透湿性能

4.3.3.7　共混膜的力学性能分析

图4-86是共混膜的断裂强力和断裂伸长与共混膜中超细羽绒粉体含量关系的曲线。从图4-86中可以看出，随着粉体含量的增加，共混膜的断裂强力和断裂伸长都在不断地减小。羽绒粉体虽然也是蛋白质多肽链结构，但是从红外图和X射线衍射图看出，羽绒粉体与PU大分子链之间没有形成强有力的相互作用力，导致共混膜整体力学性能下降。图4-87是共混膜的初始模量与超细粉体含量的关系曲线，图中显示随着粉体含量的增加，整体上共混膜的初始模量呈现下降的趋势，初始模量的下降也表明共混膜的韧性下降，变得柔软，初始模量的形成是因为PU大分子在空间皱曲状态时分子间的作用力，这说明超细羽绒粉体的加入破坏了PU大分子链之间的作用力，这也说明羽绒粉体与PU之间形成界面。当羽绒粉体为20%时，共混膜的初始模量增加，这可能是由于当不超过20%的超细羽绒粉体加入PU溶液中时，羽绒粉体破坏了PU聚集态结构的作用，导致共混膜分子间的作用力下降，导致共混膜初始模量的减小。而当20%超细羽绒粉体加入PU溶液中时，这个

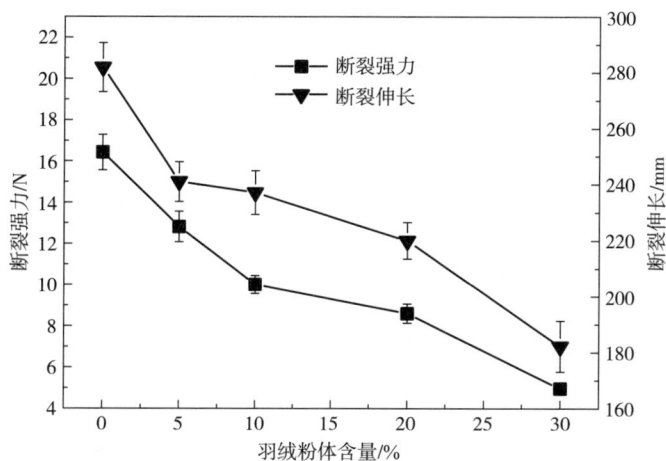

图4-86　不同超细羽绒粉体含量共混膜的断裂强力与断裂伸长

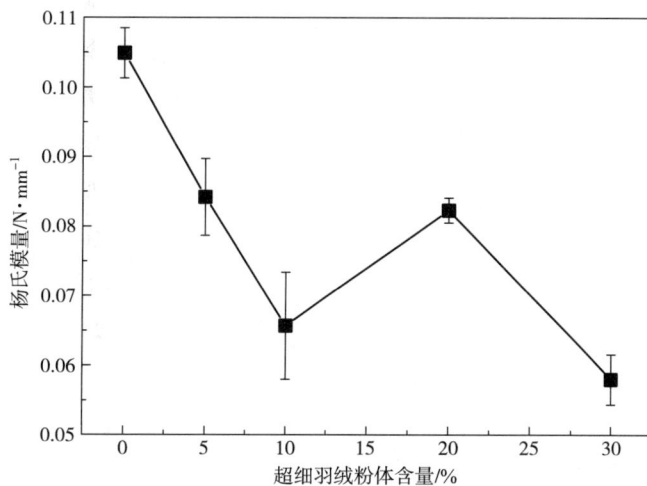

图4-87　不同超细羽绒粉体含量共混膜的初始模量

含量刚好使PU大分子与粉体之间的作用力，如氢键作用增加。这个增加某种程度上稍微超过了超细羽绒粉体对聚集态结构的破坏影响力，从而导致共混膜的初始模量在一定限度上的增加。当超细羽绒粉体含量达到30%时，共混膜的初始模量又重新开始下降。

4.3.3.8　粗羽绒粉体/PU共混膜的厚度及密度

表4-32是羽绒粉体粗细程度对共混膜的厚度和密度的影响。超细羽绒粉体的粒径为2.53μm，粗羽绒粉体粒径为53.43μm。从表中可以看出粗羽绒粉体可以有效地增加PU膜的厚度，进而也降低了PU膜的密度。粗粉/PU共混膜与超细粉/PU共混膜比较来看，当粉体含量都为5%时，超细羽绒粉体/PU共混膜的厚度和密度几乎不变，前面也讲到，这可能是由于超细粉体刚好填充到了PU膜的间隙中而形成的，但是，粗粉/PU共混膜的厚度增加了

5%，密度也是稍微减小，约为0.7%；当粉体含量为10%的时候，粗羽绒粉/PU共混膜的厚度增加了37.3%，密度减小了24.4%，厚度增加的幅度与密度减小的幅度都大于超细羽绒粉体的，这说明，粗粉体比细粉体有更好的搭桥效应，在PU膜中能形成更大的孔隙，导致PU膜膨胀，厚度增加，密度减小。

表4-32　不同羽绒粉体粒径大小及含量的共混膜的厚度和密度比较

不同共混膜粉体的种类和含量	密度/g·cm^{-3}	厚度/mm
纯PU膜	0.525 ± 0.007	0.236 ± 0.017
PU/超细羽绒粉体（95/5）	0.525 ± 0.015	0.233 ± 0.018
PU/超细羽绒粉体（90/10）	0.427 ± 0.015	0.304 ± 0.044
PU/粗羽绒粉体（95/5）	0.521 ± 0.007	0.241 ± 0.011
PU/粗羽绒粉体（90/10）	0.397 ± 0.004	0.324 ± 0.018

4.3.3.9　粗羽绒粉体/PU共混膜的透湿性能

图4-88是不同羽绒粉体粒径大小与含量的共混膜的透湿性能。从图中可以看出，无论是粗粉还是细粉，都能大幅度增加PU膜的透湿性能。而且两种粉体共混膜的透湿性都是随着粉体含量增加而增加的，但是，从图中明显看出，同等羽绒粉体含量条件下，粗粉共混膜的透湿性小于细粉共混膜的透湿性。这可能是因为粗粉的表面积远远小于细粉的表面积，又因为两者形成的PU孔隙相差不大，所以，导致共混膜透湿性差别的主要因素是表

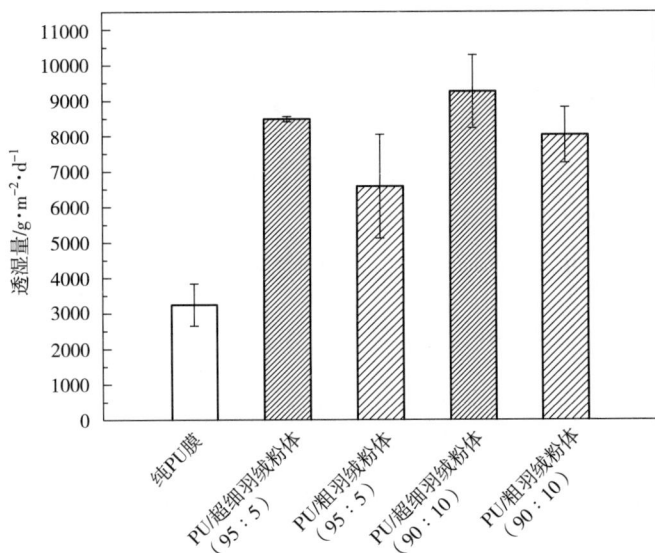

图4-88　不同羽绒粉体粒径大小与含量的共混膜的透湿性能

天然蛋白质纤维粉体化及其应用

面积，细粉的表面积大，细粉的表面自由能大，而且表面积大的细粉表面拥有更多的亲水性官能团，所以，细粉共混膜拥有更好的透湿性能。

4.3.3.10　粗羽绒粉体/PU共混膜的力学性能

图4-89是不同羽绒粉体粒径大小与含量的共混膜的力学性能曲线。从图中可以看出，不管粗粉体还是细粉体，加入到PU膜中后，都导致了PU膜力学性能的下降，而且都是随着粉体含量的增加而减小。图中显示，在同等粉体含量的时候，粗粉共混膜的强力都稍微大于细粉共混膜，但是断裂伸长却小于细粉共混膜。这可能因为粗羽绒粉体中含有大量长度方向远大于宽度方向的短小纤维，这种结构的物质是一种增强材料，从而导致共混膜断裂强力降低程度较小。

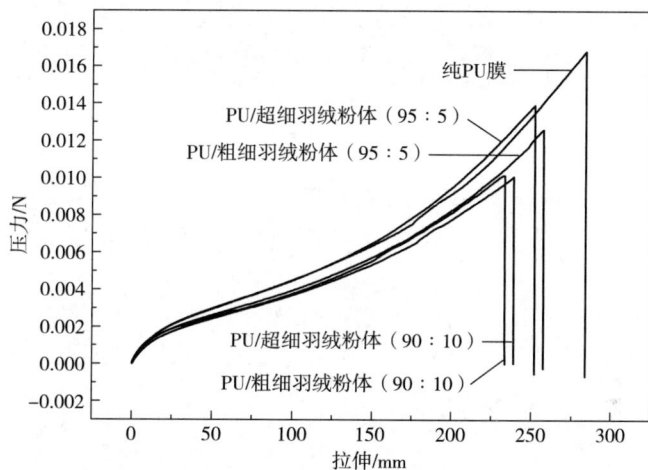

图4-89　不同羽绒粉体粒径大小与含量的共混膜的力学性能曲线

4.3.4　不同粉体分别与PU共混膜的制备及性能和形态结构

超细羊毛粉体也被用作改性填充材料改性PU膜的透湿性，根据文献报道，超细羊毛粉体拥有强大的表面张力和较多的表面亲水基团，能够有效地改善PU膜的透湿性能，可用作涂层织物改性。

在实际的皮革工业中，常常在聚氨酯溶液中加入木制粉体，以改善聚氨酯聚合物工业成品的透湿性、蓬松性，降低成本等。

4.3.4.1　三种共混膜的SEM分析

制备了超细羽绒粉体、超细羊毛粉体、木质粉体分别与PU共混的共混膜。为了表征不同共混膜之间形态结构，选取纯PU、10%羽绒粉体/PU共混膜、10%羊毛粉体/PU共混膜和10%木质粉/PU共混膜的上表面、下表面和横截面进行扫描电镜观察，如图4-90所示。

纯PU膜的上表面表现出大小不一而又均匀分布的孔隙，孔径为1~5μm。羽绒粉体/PU共混膜的上表面没有出现大孔径孔隙的分布，取而代之的是一些长条的沟槽，而且小孔径

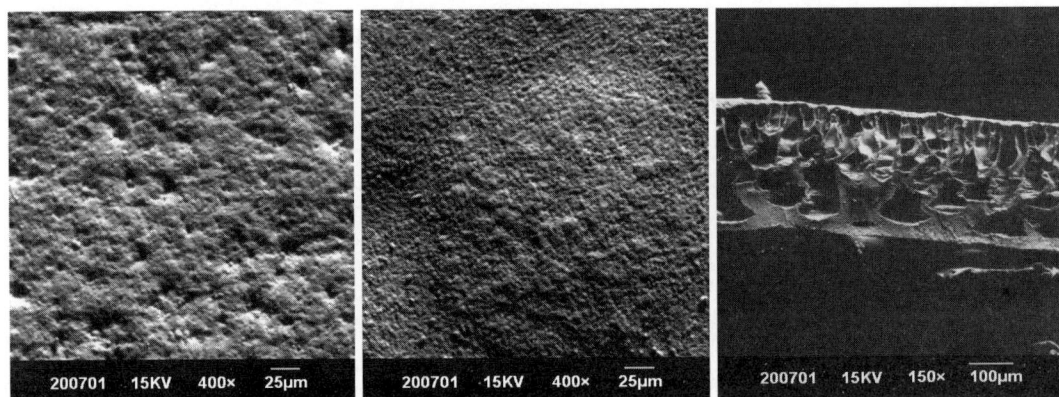

上表面	下表面	横截面

（a）纯PU膜

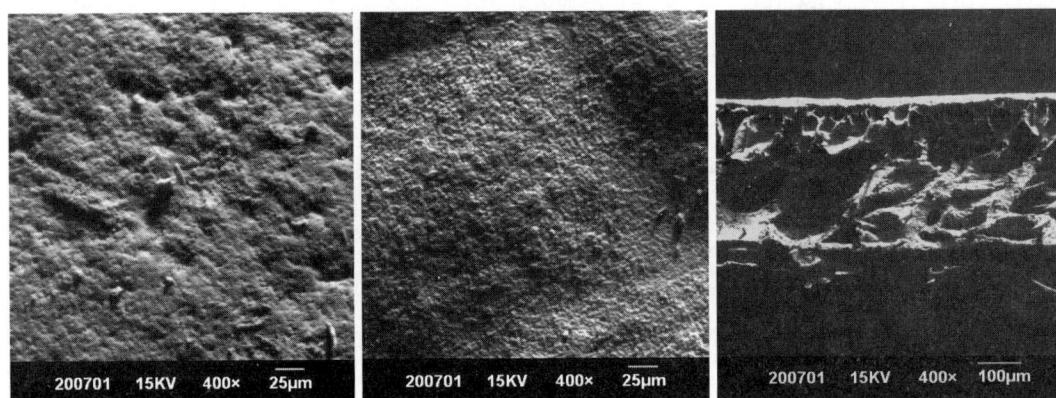

上表面	下表面	横截面

（b）10%超细羽绒粉体/PU共混膜

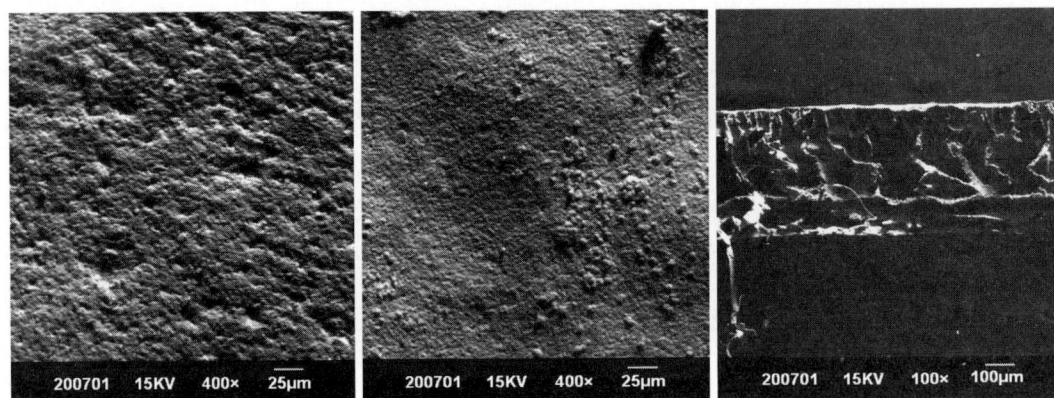

上表面	下表面	横截面

（c）10%超细羊毛粉体/PU共混膜

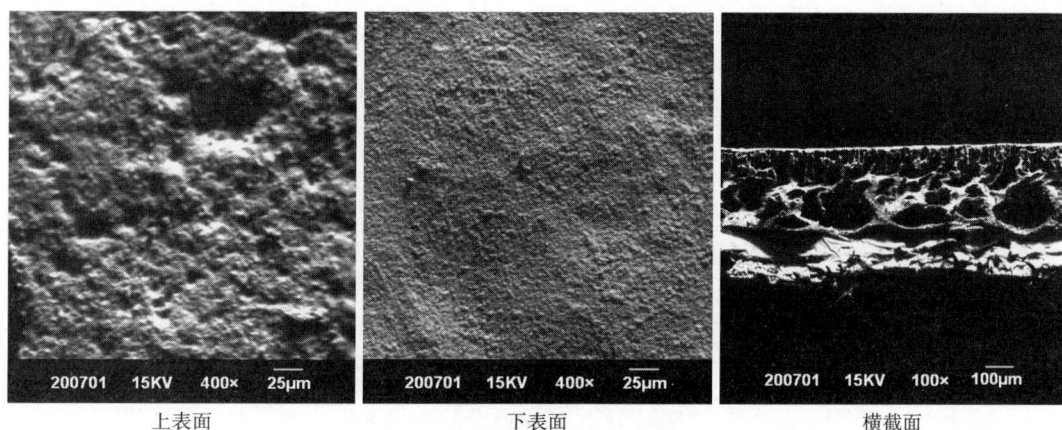

| 上表面 | 下表面 | 横截面 |

（d）10%细木质粉体/PU共混膜

图4-90　不同共混膜的SEM形态结构照片

的孔隙仍然存在，表面部分变得平整。然而羊毛粉体/PU共混膜的上表面既表现出大小不一而又均匀分布的孔隙，又出现了长条孔洞，这些表明羊毛粉体的加入对PU膜的形态结构改变不大，其相容性好于羽绒粉体。木质粉体/PU共混膜的上表面出现孔径为25μm左右的孔洞，表面粗糙不规整，很明显木质粉体的多羟基物质与PU的相容性很差。共混膜的下表面结构都表现出微小孔隙、粗糙、高低起伏不平的表观形貌。

相比之下，下表面粗糙度变化规律是：纯PU＞超细羽绒粉体/PU＞超细羊毛粉体/PU＞细木质粉体/PU。而且表观平坦度也是按照这个规律变得逐渐平坦。共混膜的下表面结构都表现出微小孔隙、粗糙、高低起伏不平的表观形貌。纯PU截面结构显现出大量的孔洞，而且孔径从上表面约20μm到下表面约135μm逐渐增大，但是这些孔洞都是独立存在，没有相互贯穿。但是加入超细羽绒粉体、超细羊毛粉体后，这些孔洞呈现一定的相互贯穿的状态，这也是羽绒粉体、羊毛粉体与PU共混膜透湿性能好的一个重要原因。木质粉体与PU共混膜的截面虽然也出现了大量的孔洞，但是，这些孔洞却没有形成相互贯穿的结构。

4.3.4.2　三种共混膜的FTIR分析

不同的共混膜都是采用衰减全反射红外光谱图（ATR）。图4-91是超细羽绒粉体/PU共混膜图谱。当超细羽绒粉体量达到30%时，它们之间产生一些相互作用力，说明羽绒粉体与PU之间的相容性较差。图4-92是超细羊毛粉体/PU共混膜的红外光谱图，图4-93是细木制粉体/PU共混膜的红外光谱图，从图中看出明显的PU特征峰，且没有明显地表现出超细羊毛粉体的红外特征峰，也没有表现出木质粉的红外特征峰。这些现象表明，无论是哪种粉体，在含量为5%和10%时，粉体与PU连续相之间是相互分离的，没有形成良好的界面，而且低粉体含量使粉体没有分布在共混膜的表面。

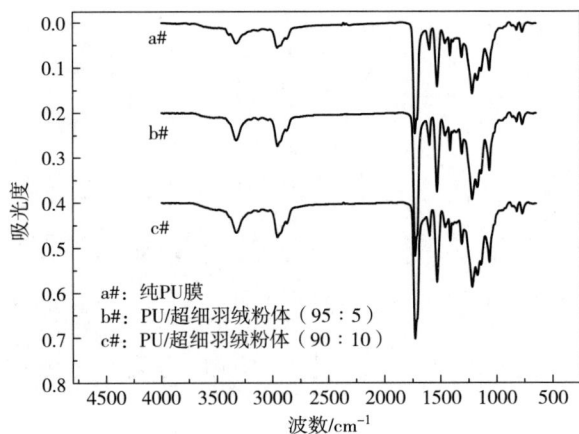

图4-91　超细羽绒粉体/PU共混膜ATR红外光谱图

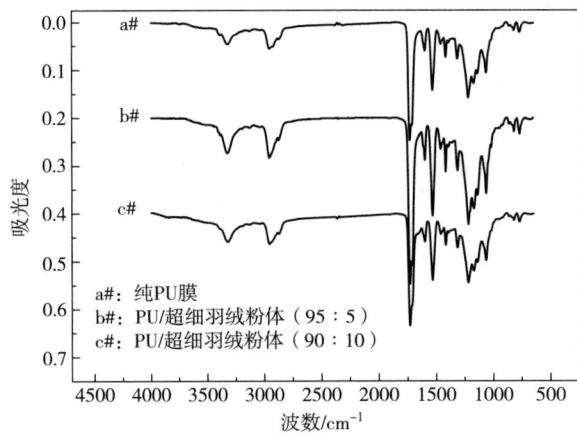

图4-92　超细羊毛粉体/PU共混膜ATR红外光谱图

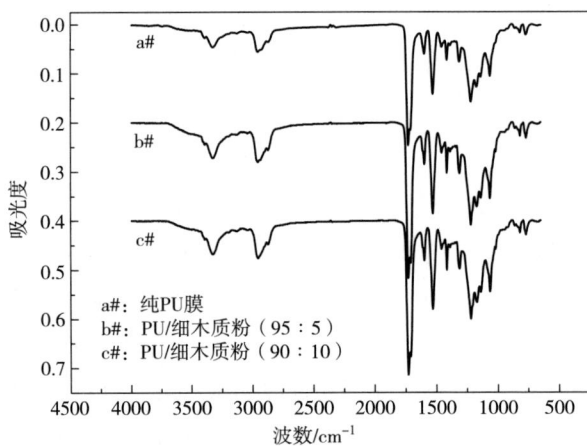

图4-93　细木质粉/PU共混膜的ATR红外光谱图

4.3.4.3 三种共混膜的WXRD分析

为了表征不同的粉体对聚氨酯超分子结构的影响，对不同共混膜进行了WXRD表征，粉体对聚氨酯聚集态结构的影响主要包括两个方面：软链段与硬链段的影响，结晶度的影响。图4-94是超细羽绒粉体/PU共混膜的WXRD衍射图谱，由于含量少，羽绒粉体的弱衍射特征峰无法在共混膜中表现出来，图谱显示共混膜的结晶度降低，这是由于羽绒粉体的加入在一定限度上破坏了聚氨酯的有序结构，另外，由于羽绒粉体的低结晶结构占有一定的重量分数，所以，总体结晶度也是相对下降的。图4-95是超细羊毛粉体/PU共混膜的WXRD衍射图谱，羊毛粉体在2θ为20.2°和9°时拥有两个衍射特征峰，根据文献，羊毛粉体在低温下大部分为α晶体。超细羊毛粉体/PU共混膜的结晶度降低，这可能与超细羽绒粉体/PU共混膜结晶度降低的原因相同，因为羽绒与羊毛具有相似的分子结构和类似的聚集态结构。图4-96是细木质粉/PU共混膜的WXRD衍射图谱，图中木质粉在2θ=21.9°和

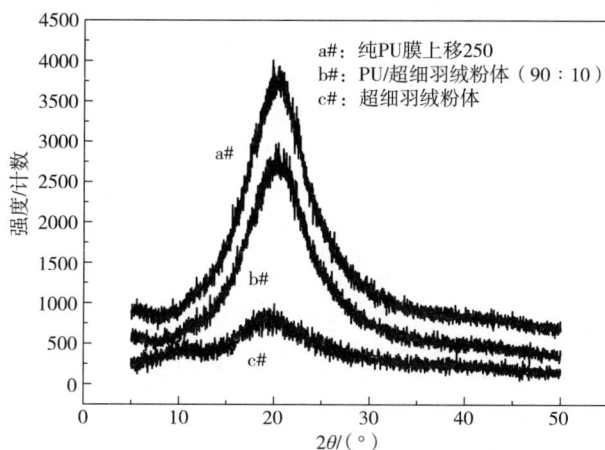

图4-94 超细羽绒粉体/PU共混膜的WXRD衍射图谱

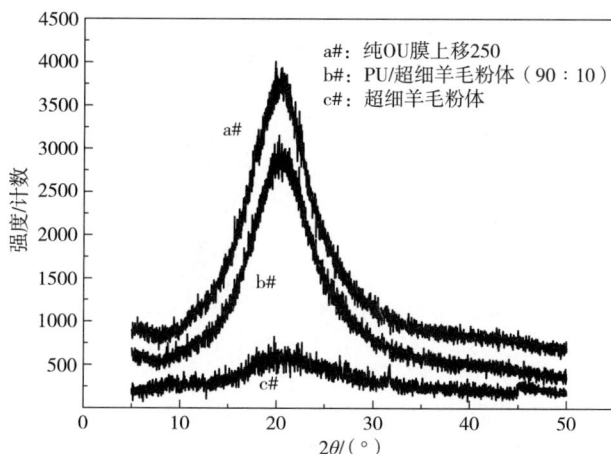

图4-95 超细羊毛粉体/PU共混膜的WXRD衍射图谱

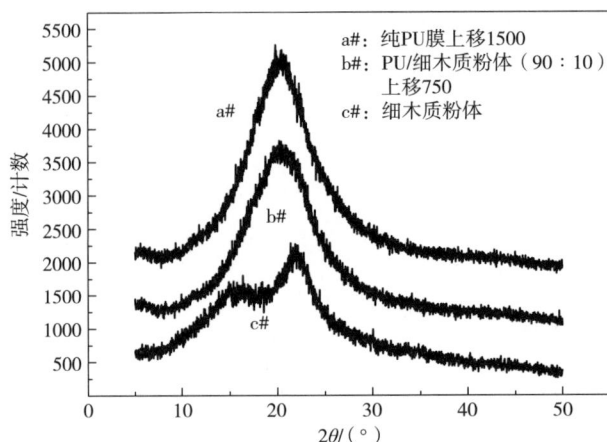

图4-96　细木质粉体/PU共混膜的WXRD衍射图谱

$2\theta=16°$的两个衍射峰显示该粉体拥有经典的纤维素Ⅰ型结构，这与文献报道一致。由于木质粉的含量较低，而且木质粉的X射线衍射峰强度较低，所以，共混膜中没有显现出木质粉的特征峰，同时，木质粉的加入在一定限度上也破坏了聚氨酯聚集态结构，导致共混膜的结晶度下降。

4.3.4.4　三种共混膜的TG分析

图4-97是不同共混膜的热失重TG与DTG图谱。DTG图谱是TG图谱的一次微分曲线，表征在某一温度时失重速率的大小，采用NETZSCH公司自带软件进行处理得到不

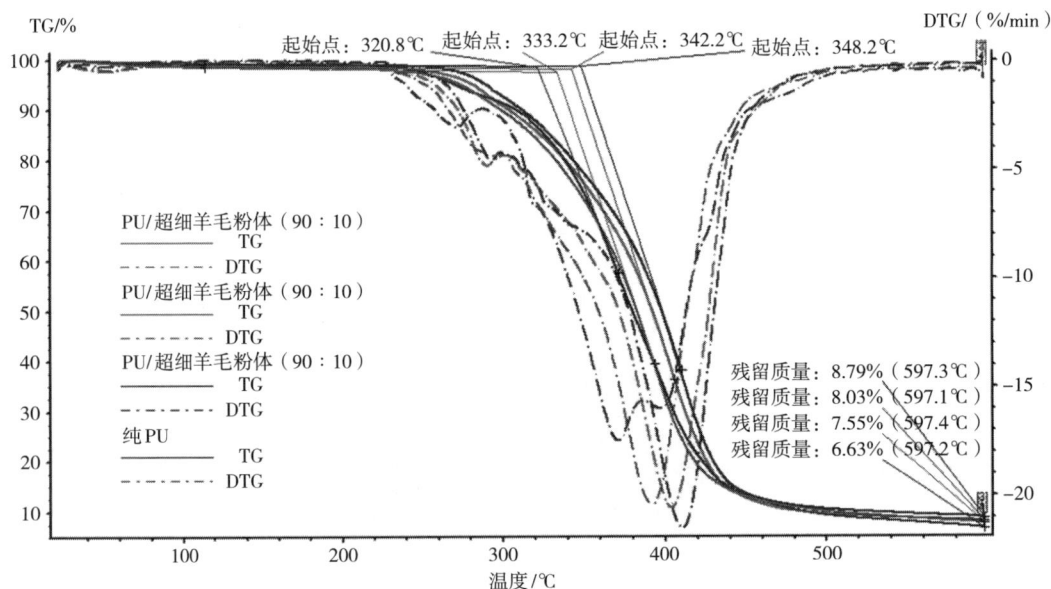

图4-97　不同共混膜的TG和DTG图谱

同共混膜的DTG、初始降解温度和剩碳率。将三种粉体加入PU后，制成的PU共混膜在0~100℃内都有一个DTG峰，这是由于粉体的加入提高了共混膜的吸湿性，这部分是水的蒸发造成的，不同共混膜的吸湿性能基本为超细羽绒粉体/PU＞超细羊毛粉体/PU＞细木质粉体/PU。初始降解温度表明粉体的加入提高了PU膜的热稳定性，图中显示超细羽绒粉体/PU提高了12.4℃，PU/超细羊毛粉体提高了27.4℃，PU/细木质粉体提高了21.4℃，超细羊毛粉体对热稳定性贡献最大。纯PU的TG线表现出三个失重台阶，250~305℃是由于部分氧气滞留在TG试验中造成的热氧降解，305~370℃是PU膜中硬链段的热降解，370~530℃是PU膜中软链段的降解，这种现象表明PU膜中软链段和硬链段的含量约各占50%，而且这种PU树脂为聚醚型树脂，这种现象和文献报道的一样。加入粉体后，PU膜的第一个失重台阶消失，相对应的DTG峰也消失了，这可能是由于粉体的热氧降解消耗了氧气，而使PU没有发生热氧降解。不同共混膜在295℃附近有一个DTG峰，这个峰是粉体的热降解峰。值得注意的是，共混膜的DTG曲线没有显示出硬链段的热降解峰，而是在340℃附近有一个肩峰。而且软链段的热降解峰除了PU/超细羽绒粉体共混膜向低温度方向漂移外，其他两种共混膜均向高温度方向漂移，且PU/超细羊毛粉体的漂移最大，提高了约10℃。硬链段热降解峰的消失是由于粉体的加入在较大程度上破坏了硬链段的形成，因此，硬链段主热降解峰消失，取而代之的是在340℃附近的肩峰。超细羊毛粉体较大程度地提高了软链段的热降解温度，这表明了超细羊毛粉体具有较好的相容性能。

4.3.4.5 三种共混膜的厚度和密度比较

为了比较三种不同的填充物对膜结构的影响，对不同的共混膜进行了厚度及密度测试。表4-33就是不同共混膜的厚度及密度变化规律。

表4-33 不同粉体共混膜的厚度与密度

不同的共混膜	密度/g·cm⁻³	厚度/mm
纯PU膜	0.525 ± 0.007	0.236 ± 0.017
超细羽绒粉体/PU（95/5）	0.525 ± 0.015	0.233 ± 0.018
超细羽绒粉体/PU（90/10）	0.427 ± 0.015	0.304 ± 0.044
超细羊毛粉体/PU（95/5）	0.553 ± 0.035	0.236 ± 0.015
超细羊毛粉体/PU（90/10）	0.455 ± 0.021	0.241 ± 0.014
细木质粉体/PU（95/5）	0.567 ± 0.054	0.200 ± 0.019
细木质粉体/PU（90/10）	0.501 ± 0.023	0.246 ± 0.020

从表中可以看出，当三种粉体含量都为5%时，三种共混膜的厚度都在一定限度上减

小1.2%~15%，其中木质粉体/PU共混膜的厚度下降15%，而且木质粉体/PU共混膜的密度相比纯PU膜增加最大，这可能是由于木质粉体与聚氨酯大分子没有良好的相互作用力，因此，木质粉体最容易进入纯PU膜本身的孔隙中，从而导致粉体含量为5%时其共混膜厚度最小，密度最大。超细羊毛粉体/PU共混膜在粉体含量为5%时，其共混膜的厚度及密度的变化最小，这也表明超细羊毛粉体与PU的相容性是这三种粉体中较好的一个。

当三种粉体含量都为10%时，超细羽绒粉体/PU共混膜、超细羊毛粉体/PU共混膜、细木质粉体/PU共混膜的厚度分别增加了29%、2%、4%，相对应的共混膜的密度分别减小了19%、13%、5%。羽绒粉体对共混膜的影响最大，这不仅取决于低密度羽绒粉体的加入，正如第3章所述，羽绒粉体本身在DMF溶剂中具有较大的体积膨胀性也是一个重要原因，而且超细羽绒粉体/PU共混膜的截面扫描电镜图显示羽绒粉体的加入间接导致了大孔洞的形成，因此，羽绒粉体的加入增加了共混膜的厚度，减小了共混膜的密度。超细羊毛粉体和细木质粉体也都具有这样的性质，但是，超细羊毛粉体溶胀较小，因此，其对共混膜的影响较弱。从第3章可知细木质粉在DMF中的体积溶胀性能与超细羽绒粉体差不多，但是，由于细木质粉是一种纤维素材料，它与水有非常强的亲和力，所以，当共混溶液在水中相分离而成膜时，共混膜中的DMF大部分以木质粉体形成的管道迅速通向水中，又因为木质粉与PU之间的相容性很差，导致木质粉体/PU共混膜只形成了溶胀造成的厚度增加和密度减小，而没有像羽绒粉体和羊毛粉体中含有的DMF与PU中的DMF协同扩散那样，形成导致较大且贯通的孔洞一样的效果。

4.3.4.6 三种共混膜的透湿性能比较

图4-98是水分子从膜的上表面到下表面进行测试，图中显示三种共混膜的透湿量都是

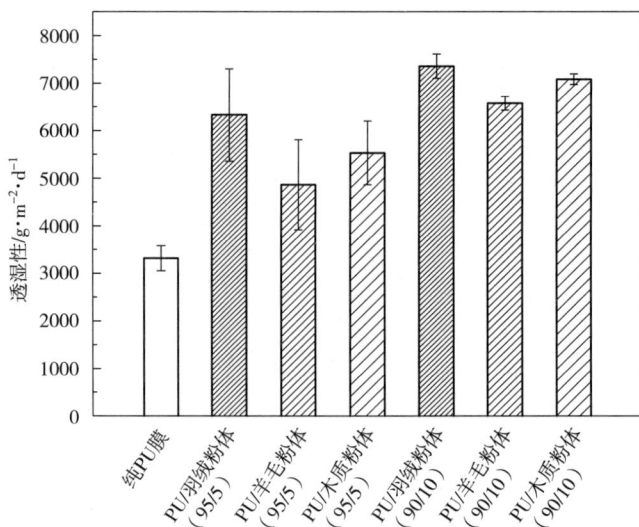

图4-98 不同共混膜的透湿量（水分子从膜的上表面到下表面进行测试）

随着粉体含量的增加而增加，粉体含量的增加不仅增加了PU膜中的亲水基团的含量，也增加了PU膜的孔洞，同时，粉体与PU之间的孔隙也在增加，这些因素综合起来影响着PU膜的透湿性能。从不同的粉体上看，在同一粉体含量上，共混膜的透湿量按照超细羽绒粉体/PU共混膜＞细木质粉体/PU共混膜＞超细羊毛粉体/PU共混膜的规律变化，虽然木质粉体的亲水性大于羽绒和羊毛，但是，羽绒粉体和羊毛粉体所造成的孔洞已经远远弥补了其亲水性较弱的缺点。图4-99是水分子从膜的下表面到上表面进行测试，图中表明，从下表面到上表面的透湿量都比从上表面到下表面的透湿量要大，这是因为水分子容易从大半径孔洞向小半径孔洞流动，SEM照片也显示孔洞半径大小从上表面到下表面依次增大。图4-99中仍然显示三种共混膜是随着粉体含量的增加而增加。当粉体含量为5%时，三种共混膜的透湿性相似，但当粉体含量达到10%时，超细羊毛粉体/PU共混膜的透湿性超越超细羽绒粉体/PU共混膜和细木质粉体/PU共混膜。

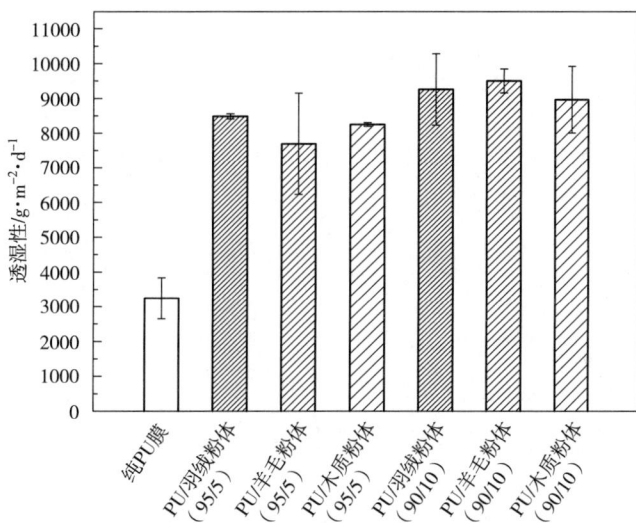

图4-99 不同共混膜的透湿气流量（水分子从膜的下表面到上表面进行测试）

4.3.4.7 三种共混膜的拉伸性能

图4-100是不同共混膜的拉伸性能，研究不同粉体的加入对其力学性能的影响。图中显示，每一种粉体与PU共混膜的拉伸力学性能都是随粉体含量的增加而减小，而且在同一粉体含量水平上，三种共混膜的力学性能相差不大，但总体上共混膜的断裂强力按照超细羊毛粉体/PU共混膜＞超细羽绒粉体/PU共混膜＞细木质粉体/PU共混膜的规律变化，而三种共混膜的断裂长度刚好按照相反的方向依次减小。值得注意的是当粉体含量为5%时，超细羊毛粉体/PU共混膜、超细羽绒粉体/PU共混膜和细木质粉体/PU共混膜三种粉体共混膜的断裂伸长下降分别为10.0%、14.5%、8.8%，它们相对接近，当粉体含量为10%

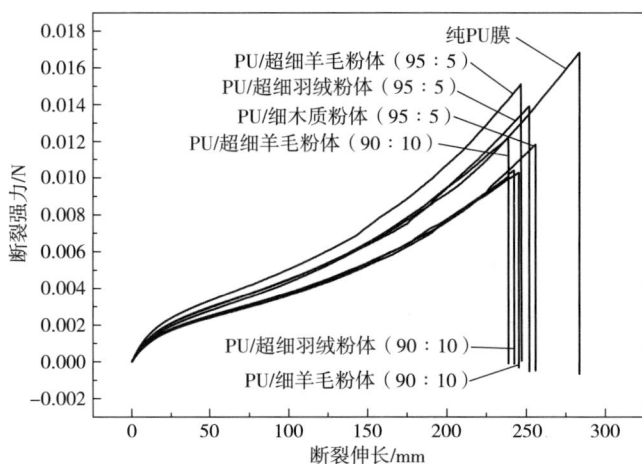

图4-100　不同共混膜的拉伸力学性能

时，三种共混膜的断裂伸长下降分别为15.1%、15.9%、14.3%，三种共混膜的断裂伸长随粉体含量的增加而减小的趋势减弱，而且减弱的速率趋于相同。与此稍微不同的是超细羊毛粉体/PU共混膜、超细羽绒粉体/PU共混膜和细木质粉体/PU共混膜三种共混膜的断裂强力在粉体含量为5%时，分别降下了6.6%、21.9%、29.3%，当粉体含量为10%时，三种共混膜的断裂强力分别下降了26.1%、39.0%、36.7%，可见，三种粉体对共混膜的断裂强力影响非常大。

表4-34是不同共混膜的拉伸初始模量，每一种粉体与PU共混膜的初始模量都是随着粉体含量的增加而减小，从不同的粉体种类来看，超细羊毛粉体/PU共混膜的初始模量下降最为缓慢，其次是超细羽绒粉体/PU共混膜，再次是细木质粉体/PU共混膜。

表4-34　不同共混膜的拉伸初始模量

不同的共混膜	初始模量/N·mm^{-1}
纯PU膜	16.42 ± 0.87
超细羽绒粉体/PU（95∶5）	12.82 ± 0.74
超细羽绒粉体/PU（90∶10）	10.01 ± 0.44
超细羊毛粉体/PU（95∶5）	15.33 ± 1.07
超细羊毛粉体/PU（90∶10）	12.14 ± 0.52
细木质粉体/PU（95∶5）	11.61 ± 0.76
细木质粉体/PU（90∶10）	10.39 ± 1.30

粉体的加入影响了PU的结晶结构，并且使PU膜截面出现更多的缺陷，因此对PU膜

天然蛋白质纤维粉体化及其应用

的断裂强力影响较大。总体上看，粉体的加入对共混膜的断裂强力的影响远远大于对断裂伸长的影响，所以，共混膜的弹性性能下降较小。而且三种粉体中超细羊毛粉体对共混膜力学性能影响最小，从前面微观结构分析也可以得出超细羊毛粉体与PU的相容性较好。

4.3.4.8 三种共混膜的压缩力学性能

PU如果应用在服装领域，对其手感的要求是非常严格的，手感的指标与其压缩弹性及压缩弹性模量有关。采用自制的装置测量不同共混膜的压缩弹性和压缩弹性模量，进而得到客观评价共混膜手感的数据。图4-101是不同共混膜的压缩应力（σ）应变（ε）曲线。纯PU膜的压缩曲线是一条经典的应力应变曲线，在低压缩应力条件下，纯PU膜表现出急弹性形变，在高应力条件下，纯PU膜表现出缓弹性形变。三种共混膜表现出完全不一样的压缩应力应变曲线，5%超细羽绒粉体含量共混膜在同一应力条件下几乎都小于纯PU膜，这可能是由于超细羽绒粉体的加入为PU膜提供了一定的骨架，造成压缩形变能力的减小，而10%超细羽绒粉体含量共混膜的应变在0.08MPa以下压缩应力条件下，其压缩应变大于纯PU膜，超过0.08MPa之后，其压缩应变又小于纯PU膜，甚至小于5%超细羽绒粉体含量的共混膜。这主要是因为10%的超细羽绒粉体的加入增加了共混膜的厚度，形成大量的孔洞，因此，在小应力条件下，共混膜更容易变形，当形变到一定程度后，10%的羽绒粉体提供了更多的支撑结构而导致压缩应变减小，甚至小于5%超细羽绒粉体的共混膜。但是超细羊毛粉体在含量为5%时已经具有10%羽绒粉体/PU共混膜的压缩应力应变规律，只是在同一压缩应力下，5%超细羊毛粉体/PU共混膜更容易变形，这种应力应变变化原因应该与超细羽绒粉体/PU共混膜的变化原因类似，当超细羊毛粉体的含量达到10%时，共混膜的应变在低应力下增加很大，而且在高应力下，共混膜的压缩应力没有像超细羽绒粉体/PU共混膜那样降低，而是像细木质粉/PU共混膜那样缓慢地升高。这可能与羊毛粉体

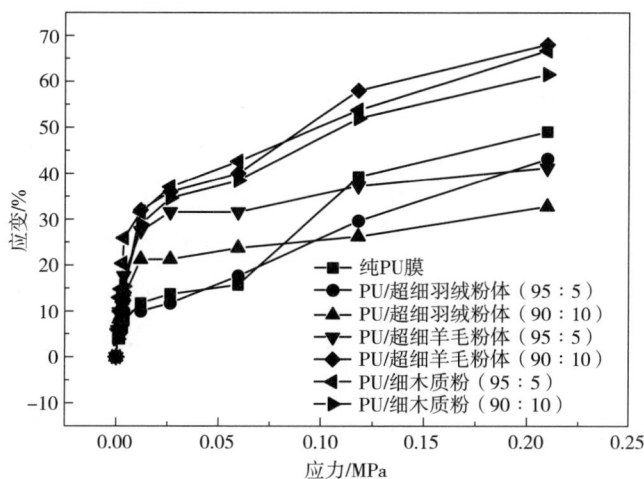

图4-101 不同共混膜的压缩应力应变曲线

本身的高弹性有很大的关系。5%和10%两种细木质粉含量的共混膜的压缩应力应变曲线非常接近，在低压缩应力下，压缩应变迅速增大，此后随着压缩应力的增加，压缩应变缓慢地增高。这可能是由于木质粉体本身与PU之间的界面影响，即木质粉体对聚氨酯聚集态结构的影响较大。

图4-102主要显示压缩应力应变曲线在小应力范围内的斜率，斜率的大小可以表征共混膜的压缩弹性模量的大小。图中曲线总体上来看，共混膜的压缩弹性模量的大小为超细羽绒粉体/PU共混膜＞超细羊毛粉体/PU共混膜＞细木质粉体/PU共混膜，相对应手感柔软性越来越大，蓬松度越来越小，硬挺度越来越小。

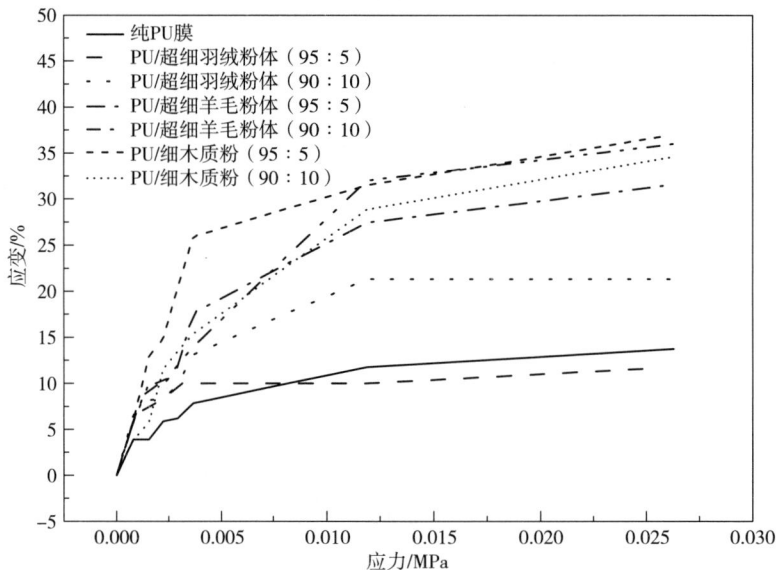

图4-102 小应力下不同共混膜的压缩应力应变曲线

4.3.4.9 三种共混膜的白度比较

由于超细羽绒粉体、超细羊毛粉体和细木质粉体都带有一定的颜色，所以，添加这些材料会对PU膜的白度造成一定影响，这也制约着PU膜的工业应用。所以，采用白度仪对不同的共混膜进行白度表征，如图4-103所示。纯PU膜的白度值在73左右，总体上看，超细羽绒粉体的加入对共混膜的白度影响最小，当超细羽绒粉体含量为5%时，白度几乎不变，超细羽绒粉体为10%时，共混膜白度为70左右。超细羊毛粉体的加入对PU膜白度的影响次之，5%超细羊毛粉体/PU共混膜的白度为65左右，10%超细羊毛粉体/PU膜的白度为60左右。细木质粉体对PU膜的白度影响最大，5%细木质粉/PU共混膜的白度下降了近40%，为45左右。10%细木质粉/PU共混膜的白度下降了约52%，为35左右。

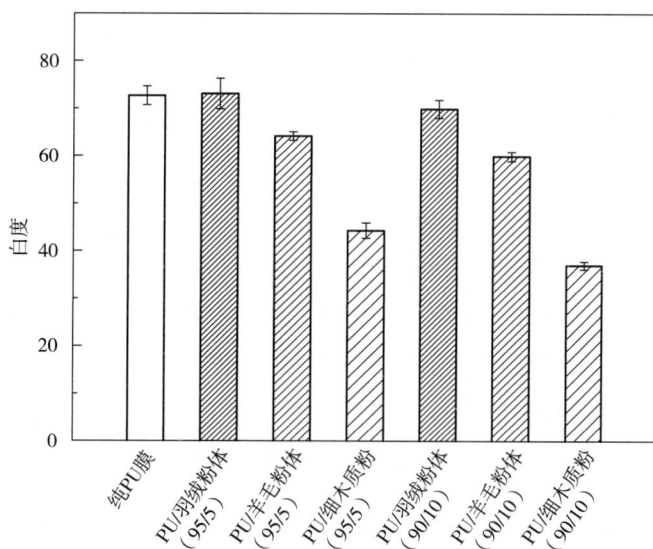

图4-103　不同共混膜的白度

参考文献

[1] 马克塔·阿迈德. 聚丙烯纤维的科学与工艺（上册）[M]. 吴宏仁, 赵华山, 等译. 北京: 纺织工业出版社, 1987: 158-159.

[2] LI Y, GUO B. Study on styrene-assisted melt free-radical grafting of maleic anhydride onto polypropylene[J]. Polymer, 2001,42(8): 3419-3425.

[3] 李颖, 谢续明, 陈年欢. 聚丙烯多单体熔融接枝及其共混物研究[J]. 高分子通报, 2000,6(2): 73-78.

[4] 谢续明, 李颖, 张景春, 等. 马来酸酐—苯乙烯熔融接枝聚丙烯的影响因素及其性能研究[J]. 高分子学报, 2002,2(1): 7-12.

[5] YAMAUCHI K, DOI K, KINOSHITA M. Archaebacterial lipid models: stable liposomes from 1-alkyl-2-phytanyl-sn-glycero-3-phosphocholines [J]. Biochimica et Biophysica Acta-Biomembranes, 1996, 1283(2): 163-169.

[6] YAMAUCHI K, TAKEUCHI N, KURIMOTO A, et al. Films of collagen crosslinked by S-S bonds: preparation and characterization[J]. Biomaterials, 2001,22(8): 855-863.

[7] TACHIBANA A, FURUTA Y, TAKESHIMA H, et al. Fabrication of wool keratin sponge scaffolds for long-term cell cultivation[J]. Journal of Biotechnology, 2002,93(2): 165-170.

[8] MARTINEZ-HERNANDEZA L, VELASCO-SANTOS C, ICAZA M, et al. Mechanical properties evaluation of new composites with protein biofibers reinforcing poly(methyl methacrylate)[J]. Polymer, 2005,46(19): 8233-8238.

[9] YAMAUCHI K, GODA T, TAKEUCHI N, et al. Preparation of collagen/calcium phosphate multilayer sheet using enzymatic mineralization[J]. Biomaterials, 2004,25(24): 5481–5489.

[10] PAVLATH A E, HOUSSARD C, GAMLRAND W, et al. Clarity of films from wool keratin[J]. Textile Research Journal, 1999,69(7): 539–541.

[11] BARONE J R, SCHMIDT F W, LIEBNER C F E. Thermally processed keratin films[J]. Journal of Applied Polymer Science, 2005,97(4): 1644–1651.

[12] 苏克曼, 潘铁英, 张玉兰. 波谱解析法[M]. 上海: 华东理工大学出版社, 2002: 135–137.

[13] TSUKADA M, SHIOZAKI H, FREDDI G, et al. Graft copolymerization of benzyl methaacrylate onto wool fiber[J]. Journal of Applied Polymer Science, 1997,64(2): 343–350.

[14] XU W, CUI W, LI W, et al. Development and characterizations of super-fine wool powder[J]. Powder Technology, 2004,140(1-2): 136–140.

[15] 张瑞萍. 双氧水/硫脲在污渍羊毛漂染工艺中的应用研究[J]. 纺织学报, 1998,19(5): 50–53.

[16] 周文龙, 袁俊, 李茂松. 双氧水和DCCA处理羊毛的XPS能谱研究[J]. 纺织学报, 2001,22(5): 53–55.

[17] 沈荣标, 朱若英, 单瑛. 羊毛过氧化氢酶催化漂白[J]. 染整技术, 2000,22(6): 1–5.

[18] 董振礼, 郑宝海, 轷桂芬. 测色及电子计算机配色[M]. 北京: 中国纺织出版社, 1996: 123–125.

[19] 张定文, 张祥福. 马来酸酐接枝PP/POE共混物对PC的改性研究[J]. 中国塑料, 2003,17(9): 11–15.

[20] 崔永岩, 高留意, 陈公安. 硬脂酸对大豆蛋白质塑料性能的影响[J]. 塑料, 2006,35(4): 17–21.

[21] 安峰, 陈勇, 李炳海. β晶型聚丙烯的研究进展[J]. 合成树脂及塑料, 2003,20(3): 44–47.

[22] 付一政, 安峰, 曲静波, 等. 晶型成核剂增韧改性聚丙烯及其共混物的力学性能与结晶行为[J]. 高分子材料科学与工程, 2006,22(2): 185–189.

[23] 王静媛, 栾继燕, 陶俊, 等. 丙烯酸固相接枝PP反应以及结晶行为的研究[J]. 高分子材料科学与工程, 1999,15(3): 37–40.

[24] JOSE, APREM, FRANCIS, et al. Phase morphology, crystallisation behaviour and mechanical properties of isotactic polypropylene/high density polyethylene blends[J]. European Polymer Journal, 2004,40(2): 2105–2115.

[25] MODESTI, LORENZETTI, BON, et al. Effect of processing conditions on morphology and mechanical properties of compatibilized polypropylene nanocomposites[J]. Polymer, 2005,46(8): 10237–10245.

[26] CHUAH A W, LEONG Y Ch, GAN S N. Effect of titanate coupling agent on rehological behaviour, dispersion characteristics and mechanical properties of talcfilled polypropylene[J]. European Polymer Journal, 2000,36(2): 789–801.

[27] SUPAPHOL, LIN JAR-Shyong. Crystalline memory effect in isothermal crystallization of synditactic polypropylene: effect of fusion temperature on crystallization and melting behavior[J]. Polymer, 2001,42(4): 9617–9626.

[28] MONDAL, HU J L. Structural characterization and masstransfer properties of nonporous-segmented

polyurethane membrane: influence of the hydrophilic segment content and soft segment melting temperature[J]. Journal of Membrane Science, 2006,276(1-2): 16–22.

[29] 徐志磊，赵雨花，亢茂青，等. 聚氨酯多孔膜的结构和透湿性能研究[J]. 中国塑料，2004,18(6)：62–66.

[30] 谢国龙. 湿式PU人造革性能影响因素的探讨[J]. 聚氨酯工业，1997,12(1)：31–34.

[31] CHEN Y, LIU Y, FAN H, et al. The poly- urethane membranes with temperature sensitivity for water vapor permeation[J]. Journal of Membrane Science, 2007,287(2): 192–197.

[32] ISKENDER Y, EMEL Y. Hydrophilic polyurethaneurea membranes: influence of soft block composition on the water vapor permeation rates[J]. Polymer,1999,40(20): 5575–5581.

[33] CHANDRA R, RUSTGI R. Biodegradation of maleated linear low-density poly- ethylene and starch blends[J]. Polymer Degradation and Stability, 1997,56(9): 185–202.

[34] KAZUNORI K, MIKIO S, TOSHIZUMI T, et al. Preparation and physicochemical properties of compression-molded keratin films[J]. Biomaterials, 2004,25(12): 2265–2272.

[35] EMILIE R, ERIC S, GERARD T, et al. Influence of temperature on the compaction of an organic powder and the mechanical strength of tablets[J]. Powder Technology, 2006,162(2): 138–144.

[36] TSUTOMU K, KOSHI S. Stability of carthamin and safflor yellow Bon silk powders under continuous irradiation of fluorescent or UV-C light[J]. Lebensm-Wiss.u.-Technol, 2001,34(2): 55–59.

[37] XU W, GUO W, LI W. Thermal analysis of ultrafine wool powder [J]. Journal of Applied Polymer Science, 2003,87(14): 2372–2376.

[38] WANG X, XU W, KE G. Preparation and dyeing of superfine down-powder/Viscose blend film[J]. Fibers and Polymers, 2006,7(3): 250–254.

[39] 欧秀娟，杜海燕. 纳米 TiO_2 粉体的分散性研究[J]. 硅酸盐通报，2006(2)：74–78.

[40] 岳素娟，郝新敏，张建春，等. 几种新型保暖絮材性能之比较[J]. 产业用纺织品，2004(173)：28–30.

[41] 郑云龙，戴文利，邓鑫. 尼龙6与5–SSIPA分子间氢键效应的研究[J]. 湘潭大学自然科学学报，2006,28(4)：49–52.

[42] XU W, FANG J, CUI W, et al. Modification of polyu-rethane by superfine protein powder[J]. Polymer Engineering and Science, 2006,46(5): 617–622.

[43] XU W, GUO W, LI W. Thermal analysis of ultrafine wool powder[J]. Journal of Applied Polymer Science, 2003,87(14): 2372–2376.

[44] XU W, KE G, WU J, et al. Modification of wool fiber using steam explosion[J]. European Polymer Journal, 2006,42(9): 2168–2173.

[45] 江治，袁开军，李疏芬，等. 聚氨酯的FTIR光谱与热分析研究[J]. 光谱学与光谱分析，2006,26(4)：624–628.

[46] 钟发春，傅依备，尚蕾，等. 聚氨酯弹性体的结构与力学性能[J]. 材料科学与工程学报，2003,21(82)：211–214.

[47] 钟安华，崔卫刚，徐卫林，等. 羊毛粉体改性PU膜的透湿气性能 [J]. 纺织学报，2007,28(1)：18–21.

[48] 邓春雨，黄开勋，徐卫林. 超细羊毛粉体对聚氨酯膜防水透湿性的影响 [J]. 产业用纺织品，2006(8)：15–17.

[49] 吴建彬，沈峦. 人造皮革及其制品 [M]. 上海：上海科学技术出版社，1988：18–20.

[50] TSUKADA M, SHIOZAKI H, FREDDI G. Graft copolymerization of ben-zylmet hacrylate onto wool fibers[J]. Journal of Applied Polymer Science, 1997,64(2): 343–350.

[51] FEUGHELMAN M, MITCHELL T W. The melting of a-keratin in water[J]. Textile Research Journal, 1996,36(6): 578–579.

[52] BENDIT E G. The melting of a-keratin in vacuo[J]. Textile Research Journal, 1966,36(6): 580–581.

[53] CHENG F, ZHU S, WEI Y, et al. Effect of crystalline structure of wood on lique faction[J]. Transaction of Tianjin University, 2002,8(2):87–92.

[54] HERITAGE K J, MANN J, GONZALEZ R. Crystallinity and the structureof cellulose[J]. Journal of Polymer Science Part A: Polymer Chemistry, 1963: 671–685.

[55] DAVID H N S. Developments in polymer degradation 7 [M]. London: Elsevies, 1987.

[56] MAURIZIO C, FABIO B. Supermolecular structure and thermal properties of poly(ethylene terephthalate)/lignin composites[J]. Composites Science and Technology, 2007,67(67): 3151–3157.

[57] MAURIZIO C, FABIO B, AURELIO D C, et al. Thermal degradation behaviour of isotactic polypropylene blended with lignin[J]. Polymer Degradation and Stability, 2006,91(3): 494–498.

[58] 于伟东，储才元. 纺织物理 [M]. 上海：东华大学出版社，2002：379–384.

[59] WANG X, XU W, WANG X. Characterization of hot-pressed films from superfine wool powder[J]. Journal of Applied Polymer Science, 2008(108): 2852–2856.

[60] WANG X, XU W, LI W, et al. Thermoplastic film from superfine wool powder[J]. Fibres and Textiles in Eastern Europe, 2009(17): 82–86.

[61] XU W, WANG X, LI W, et al. Characterization of superfine wool powder/poly(propylene) blend film [J]. Macromolecular Materials and Engineering, 2007(292): 674–680.

[62] WANG X, XU W, KE G. Preparation and dyeing of superfine down-powder/viscose blend film [J]. Fibers and Polymers, 2006(7): 250–254.

[63] WANG X, XU W, CUI W, et al. Bleaching and dyeing of superfine wool powder/polypropylene blend films [J]. Research Journal of Textile and Apparel, 2008,12(4): 12–20.

[64] 彭旭锵. PP/超细羽绒粉体共混改性及可纺性研究 [D]. 武汉：武汉纺织大学，2007.

[65] 彭旭锵，徐卫林，刘欣，等. PP–g–MAH/羽绒粉体共混膜的力学性能 [J]. 高分子材料科学与工程，2007(23)：195–198.

[66] LIU X, XU W, PENG X. Effects of stearic acid on the interface and performance of polypropylene/superfine down powder composites[J]. Polymer Composites, 2009(30): 1854–1863.

[67] JUAN H, LIU X, LI W, et al. Preparation and characterization of polypropylene/superfine down powder blend films[J]. Journal of Thermoplastic Composite Materials, 2012,25(1): 75–88.

[68] LIU X, CHEN F, YANG H. Feasibility and properties of polypropylene composites reinforced with down feather whisker[J]. Journal of Thermoplastic Composite Materials, 2013,28(1): 1.

[69] YANG H, DONG X, WANG D, et al. Effect of silane coupling agent on physical properties of polypropylene membrane reinforced by native superfine down powder [J]. Polymers and Polymer Composites, 2014,22(6): 509–518.

[70] 刘欣. 超细羽绒粉体改性聚氨酯膜及透湿气性能研究 [D]. 武汉：武汉纺织大学，2008.

[71] LIU X, XU W, LI W, et al. Mechanical and water vapor transport properties of polyurethane/superfine down powder composite membranes[J]. Polymer Engineering and Science, 2010(50): 2400–2407.

[72] XU W, FANG J, CUI W, et al. Modification of polyurethane by superfine protein powder[J]. Polymer Engineering and Science, 2006(46): 618–622.

[73] 邓春雨，黄开勋，徐卫林. TiO_2/羊毛粉体复合改性聚氨酯膜及其性能[J]. 纺织学报，2006(27)：83–86.

[74] 陈玉波，徐卫林，左丹英. 壳聚糖微粉对聚氨酯多孔膜结构和性能的影响[J]. 高分子材料科学与工程，2009(25)：49–52.

[75] 钟安华，崔卫刚，徐卫林，等. 羊毛粉体改性PU膜的透湿性[J]. 纺织学报，2007(28)：18–21.

第 5 章

超细天然蛋白质纤维粉体在纤维材料中的应用

在日益兴起的非织造布工业中，纺丝过程不再需要牵伸装置进行拉丝。熔融无纺布主要包括纺黏法和熔喷法：纺黏法的纤维形成主要依靠大功率风机产生高温高速气流，牵伸从喷丝板挤出的聚丙烯熔体，得到纺黏无纺布；熔喷法是生产超细纤维的新型方法，采用高温高速气流将熔体从喷丝口快速喷出，形成束状喷射，制成超细纤维。因此，将超细羽绒粉体分散在非织造布生产过程中的高温高速气流中，然后快速牵伸或喷射聚丙烯熔体，可以获得表面富含超细羽绒粉体的纺黏非织造布或熔喷非织造布材料。以相关文献研究为基础，为了扩展超细羽绒粉体在聚丙烯薄膜（iPP）纤维的应用领域，结合非织造布熔融纺丝的生产工艺，自制了实验室用高速高温超细羽绒粉体气流产生装置，提出了表面涂覆超细羽绒粉体iPP纤维的制备方法，研究了纺丝温度对超细羽绒粉体涂覆量的影响，测试了涂覆iPP纤维的回潮率、吸水率、染色性能和水洗色牢度。另外，提出了一种制备着色iPP纤维的方法，首先采用酸性染料对超细羽绒粉体进行染色，再与iPP基体进行复合纺丝，达到了将酸性染料引入iPP纤维的目的。通过这两种纺丝方法，可以充分发挥超细羽绒粉体的性能优点，以便后期改性iPP纤维工业化生产的实现。

5.1　iPP/染色超细羽绒粉体复合纤维的颜色表征

图5–1是不同K/S值超细羽绒粉体与iPP共混纺丝后复合纤维的K/S值图谱。经酸性大红染料进行染色后，制得三种不同K/S值的染色粉体：1#(K/S=3.5)、2#(K/S=7.3)、3#(K/S=11.6)。图5–2是K/S=7.3时超细羽绒粉体与iPP共混纺丝后复合纤维的K/S曲线。图中显示羊毛纤维的K/S值约为7.4，羽绒纤维的K/S值约为3.8，羽绒纤维的K/S值相比羊毛纤维较差。随着染色粉体含量的增加，iPP/染色超细羽绒粉体复合纤维的K/S值逐渐增加，且呈线性增加趋势。K/S值较高的染色超细羽绒粉体添加到iPP基体中，能够获得较高K/S值的复合纤维。当染色超细羽绒粉体的K/S=3.5时，10%的粉体含量也无法使复合纤维的K/S值达到羽绒纤维的K/S值。然而，当染色粉体的K/S=7.3时，8%的粉体含量即可使复合纤维的K/S值超过羽绒纤维的K/S值（3.8），但仍无法达到羊毛纤维的K/S值。当染色粉体的K/S=11.6时，8%的粉体含量可以使复合纤维的K/S值高于羊毛纤维的K/S值，获得色深值超越羊毛纤维的复合纤维。这表明，通过调整染色粉体的K/S值和染色粉体的含量，可以获得不同K/S值的iPP/染色超细羽绒粉体复合纤维。表5–1是iPP/染色超细羽绒粉体复合纤维的相关颜色参数。从表中可以看出，L^*值随染色粉体含量的增加而下降，同时，a^*值增加而b^*无规律地变化。这是因为随着染色粉体含量的增加，纤维单位体积中的染料分子不

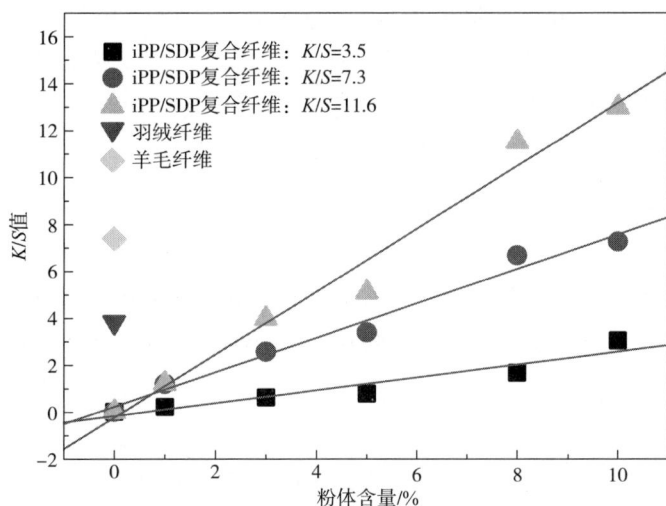

图5-1　iPP/不同K/S值超细羽绒粉体复合纤维的K/S值与线性拟合

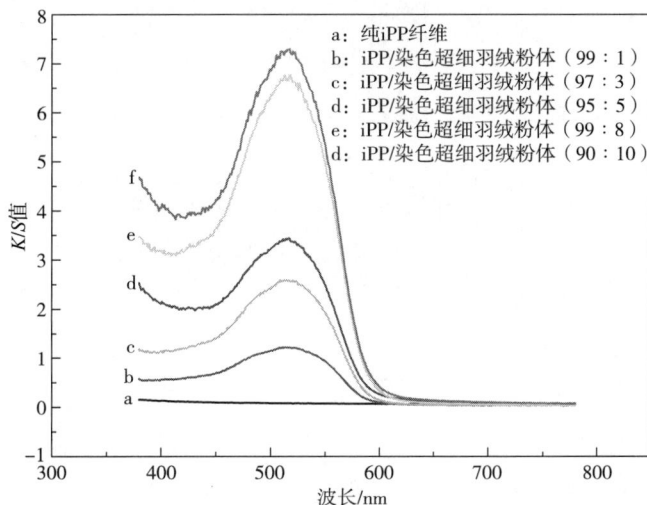

图5-2　iPP/染色后超细羽绒粉体复合纤维的K/S值（粉体的K/S=7.3）

断增加，进而增加了其a^*值，同时，复合纤维的色差值（ΔE^*ab）也增加。图5-3是iPP/染色超细羽绒粉体复合纤维的光学照片，可以看出，粉体含量的不同，复合纤维的颜色变化明显。虽然这种方法与颜料染色iPP纤维类似，但超细羽绒粉体经三原色染色后，可以调配成色彩丰富的色系，然后填充到iPP纤维中，提供了一种可以获得丰富色系iPP纤维的方法。

表5-1 iPP/染色超细羽绒粉体的相关颜色参数

iPP/染色后超细羽绒粉体（粉体含量）	L*a*b* 色彩体系			dE*ab	C*ab	H(a*)
	L*	a*	b*			
0%	85.84	0.16	3.01	0	3.01	86.93
1%	68.21	32.06	8.89	36.62	33.27	15.49
3%	61.04	41.21	14.25	49.09	43.60	19.07
5%	56.50	38.30	16.85	50.15	41.84	23.75
8%	50.94	48.33	21.52	62.34	52.91	24.00
10%	49.11	45.87	22.11	61.82	50.93	25.73

图5-3 iPP/染色超细羽绒粉体复合纤维的光学照片（见文后彩图16）

5.2 超细羽绒粉体表面涂覆聚丙烯纤维的应用

5.2.1 超细羽绒粉体表面涂覆iPP纤维

5.2.1.1 涂覆过程

等规立构聚丙烯（iPP）采用实验纺丝机（Dynisco，Polymer Test，USA）进行纺丝，粉体涂覆装置由实验室自制。自制装置拥有加热片和风扇，风扇可以控制粉体流动的速度，加热片采用不同的功率可以获得不同温度的粉体流。粉体涂覆装置与实验纺丝机喷丝口处的距离为5mm，粉体流速为75m/min，温度为95℃。当熔融iPP由牵伸装置拉出喷丝口后，经过自制的粉体涂覆装置，装置中流动的超细羽绒粉体气流具有较高的速度，经过碰撞涂覆在熔融的iPP纤维表面。纺丝温度为220℃、230℃和240℃三个温度，纺丝速度为1.5m/min。超细羽绒粉体涂覆iPP纤维表面的过程如图5-4所示。

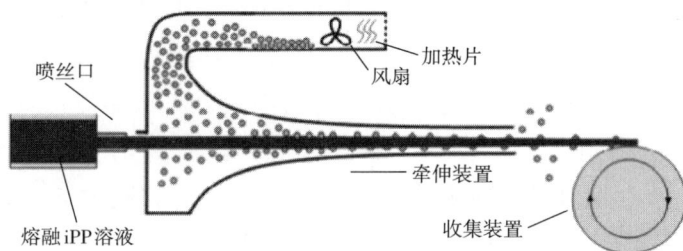

图5-4　超细羽绒粉体表面涂覆iPP纤维过程示意图

5.2.1.2　染色过程

涂覆iPP纤维1g放入50mL的染液中，染液温度从28℃升温至90℃后维持1h，染色后采用去离子水清洗样品去除浮色。为了表征涂覆iPP纤维的染色性能，制备了如下两种染色溶液。

①活性红染料溶液，染料浓度0.6g/L，NaCl含量20g/L。

②酸性大红染料溶液，染料浓度0.6g/L，Na_2SO_4含量2g/L，采用醋酸调节pH=4.8。

5.2.2　iPP/染色超细羽绒粉体复合纤维

5.2.2.1　超细羽绒粉体染色

称取超细羽绒粉体1g，放入50mL的酸性大红染料C.I.138溶液中，染液温度为28℃，然后升温至90℃，染色时间1h，浴比：1∶50，染料浓度0.6g/L，Na_2SO_4浓度1.2g/L，采用醋酸调节pH=4.8。利用浮色去除程度，获得不同色深值（K/S）的染色超细羽绒粉体。

5.2.2.2　复合纤维的制备

将不同K/S值的超细羽绒粉体与iPP采用双螺杆挤出机（SHJ-18，中国）进行共混造粒，共混挤出温度区段为195℃、190℃、190℃、185℃、180℃、165℃、110℃。然后将共混母粒采用实验纺丝机（Dynisco，Polymer Test，USA）进行纺丝，纺丝温度190℃，染色粉体含量分别为0%、1%、3%、5%、8%、10%。

5.2.3　超细羽绒粉体表面涂覆iPP纤维的表面形貌分析

涂覆iPP纤维的染色性能与iPP纤维表面粉体的含量和分布紧密相关，因此，研究iPP在不同温度下对超细羽绒粉体的黏附力与粉体分散性的影响，有助于涂覆iPP纤维的进一步开发与应用。图5-5是不同纺丝温度下涂覆iPP纤维的表面形貌分析。总体上，与纯iPP纤维相比，涂覆iPP纤维呈现较为粗糙的表面，涂覆超细羽绒粉体的尺寸大小低于3.00μm。当纺丝温度为220℃时，只有少量超细羽绒粉体分布在涂覆iPP纤维的表面，表明220℃下熔融iPP没有足够的黏附力固定超细羽绒粉体。当纺丝温度为230℃时，涂覆iPP纤维表面粉体含量增加，但是粉体团聚现象严重，如图5-5中椭圆阴影处。当纺丝温度为240℃时，不仅iPP纤维表面涂覆的超细羽绒粉体增加，而且粉体分布较为均匀。另外，250℃的纺丝温度无法使iPP进行正常的纺丝。纺丝温度对涂覆iPP纤维表面粉体的含量及分散性影响较大。因此，纺丝温度需要进一步优化，确保纺丝过程中iPP熔体具有高流动性、稳定的低黏度和较高的黏附力。

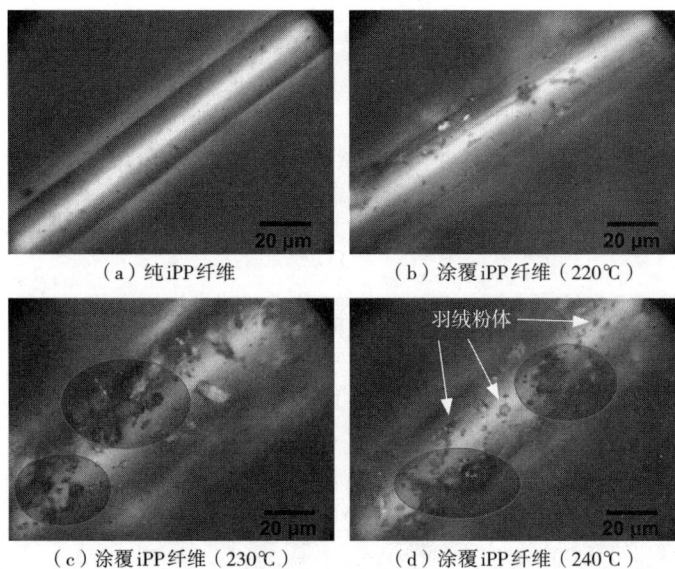

（a）纯iPP纤维　　　　　　（b）涂覆iPP纤维（220℃）

（c）涂覆iPP纤维（230℃）　　（d）涂覆iPP纤维（240℃）

图5-5　不同纺丝温度下涂覆iPP纤维的表面形貌光学照片

5.2.4　超细羽绒粉体表面涂覆iPP纤维的回潮率和亲水性

图5-6和图5-7是不同涂覆iPP纤维的回潮率和亲水性图谱。在纺丝工业中，纤维的回潮率和亲水性是影响其产品最终性能的重要指标之一。总体上，在高纺丝温度下，涂覆iPP纤维可以获得较高的回潮率和良好亲水性能。这是因为较高纺丝温度可以使涂覆iPP纤维表面获得高含量和分散均匀的超细羽绒粉体。然而，涂覆iPP纤维的回潮率随水洗次数

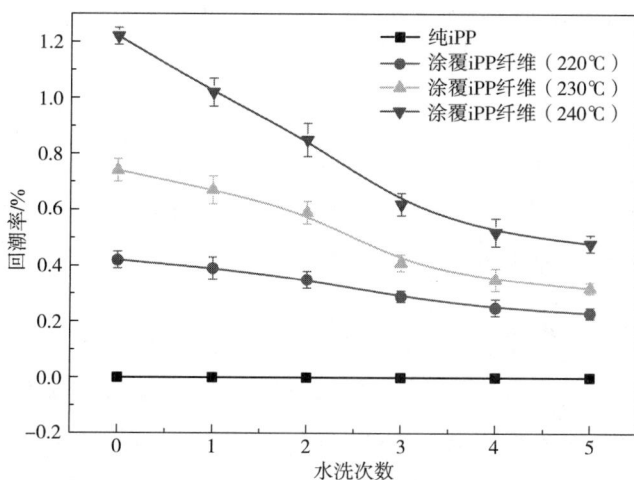

图5-6　涂覆iPP纤维在不同水洗次数后的回潮率

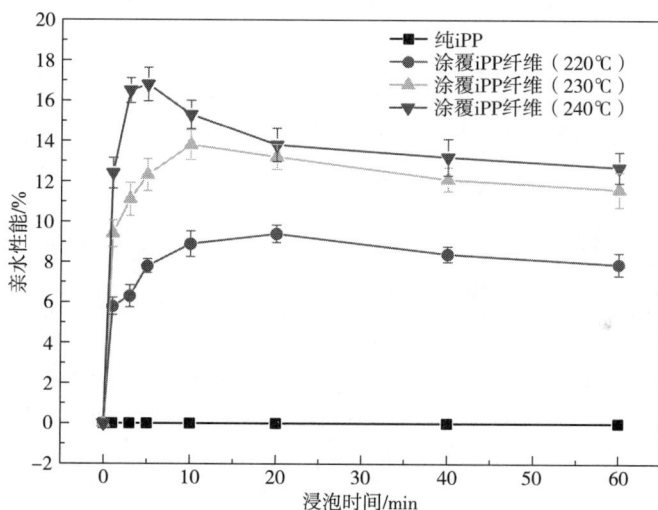

图5-7　涂覆iPP纤维的亲水性能

的增加而呈现下降的趋势，这是因为在水洗过程中，涂覆的超细羽绒粉体容易脱落。涂覆iPP纤维的最大吸水率随纺丝温度的增加而增加。而且，在高纺丝温度下制备的涂覆iPP纤维容易在较短的时间内达到最大吸水率。涂覆iPP纤维的吸水率随浸泡时间的增加而减小，这是因为超细羽绒粉体在长时间浸泡后发生溶胀，导致其从涂覆iPP纤维上脱落。图5-7显示，经过20min的浸泡后，所有涂覆iPP纤维的回潮率达到平衡状态。

5.2.5　超细羽绒粉体表面涂覆iPP纤维的粉体含量与损失量

图5-8是不同水洗次数下涂覆iPP纤维表面超细羽绒粉体的含量。从图中可以明显看

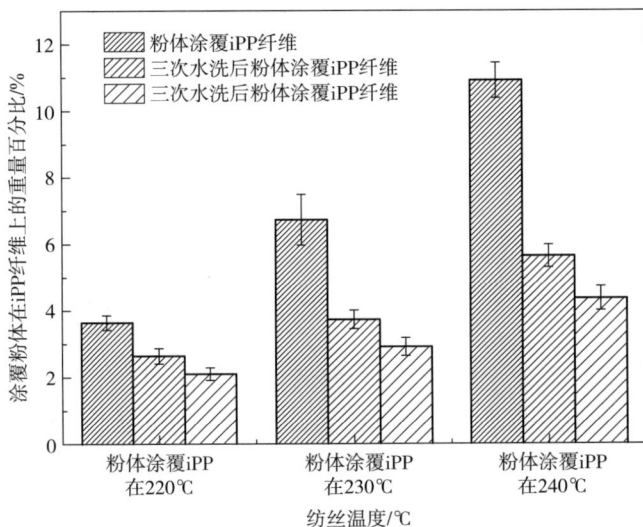

图5-8 涂覆iPP纤维表面超细羽绒粉体的含量

出，涂覆粉体的含量依赖纺丝温度的高低，当纺丝温度为240℃时，可以获得10.9%的粉体涂覆量。随着水洗次数的增加，粉体涂覆量不断下降。根据前面的分析，涂覆iPP纤维表面呈现少量粉体团聚，这些团聚的粉体容易在水洗的过程中脱落。而且在水洗过程中，超细羽绒粉体本身的溶胀作用和水洗的机械力，部分涂覆粉体也容易从涂覆iPP纤维上脱落。另外，这种脱落现象容易导致涂覆iPP纤维的染色性能与水洗色牢度下降。

5.2.6 超细羽绒粉体表面涂覆iPP纤维的 K/S 值

为了满足涂覆iPP纤维的应用，采用活性红C.I.120和酸性大红C.I.138分别对涂覆iPP纤维进行染色实验。图5-9是涂覆iPP纤维经两种染料染色后的色深值（K/S）图谱。从图

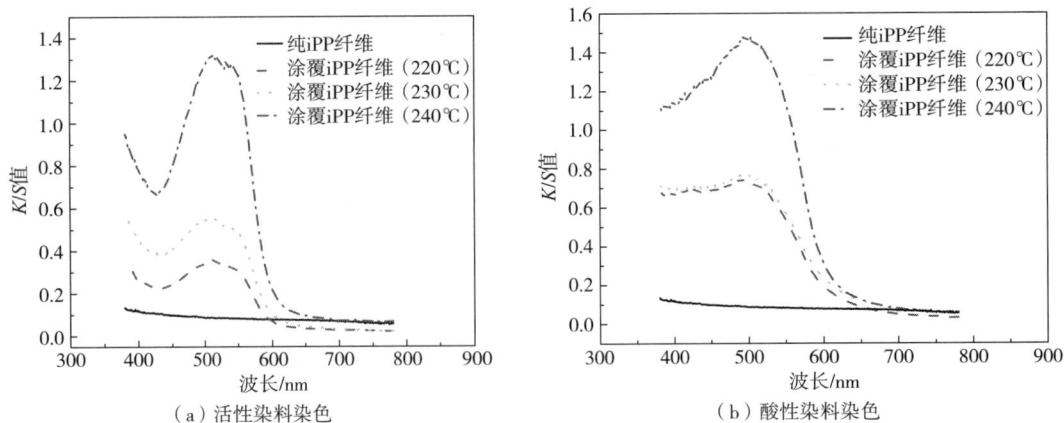

图5-9 涂覆iPP纤维的 K/S 值

中可以看出，随着纺丝温度的增加，样品的K/S值不断增加，因为涂覆iPP纤维的染色性能与其表面涂覆超细羽绒粉体的含量和分散性相关。由酸性染料染色涂覆iPP纤维的K/S值大于由活性染料染色涂覆iPP纤维的K/S值，这主要是因为天然蛋白纤维更适合用酸性染料进行染色，染色效果优于活性染料。图5-10是染色后涂覆iPP纤维的光学照片，证明超细羽绒粉体表面涂覆iPP纤维可以改善iPP纤维的染色性能，而且这种纤维可以分别采用酸性染料和活性染料进行染色，这预示涂覆iPP纤维既可以同羊毛纤维进行混纺又可以同天然棉纤维进行混纺，并可以采用一步法染色。

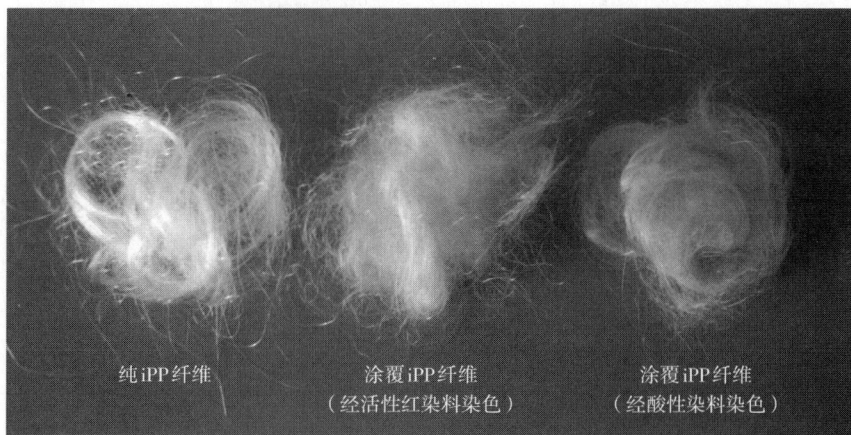

图5-10　涂覆iPP纤维染色后的光学照片

表5-2是涂覆iPP纤维的相关染色参数。从表中可以看出，涂覆iPP纤维的L^*值随纺丝温度的增加而下降，同时，a^*值增加而b^*无规律地变化。这是因为随着纺丝温度的增加，涂覆iPP纤维表面的粉体增加，分散性改善，因此，提升了其a^*值。同时，涂覆iPP纤维的色差值（ΔE^*ab）也逐渐增加。

表5-2　不同纺丝温度对超细羽绒粉体涂覆iPP纤维染色性能的影响

样品名	$L^*a^*b^*$色彩体系							
	活性染料				酸性染料			
	L^*	a^*	b^*	dE^*ab	L^*	a^*	b^*	dE^*ab
纯iPP纤维	85.40	0.18	2.11	0.00	85.40	0.18	2.11	0.00
涂覆iPP纤维（220℃）	78.14	17.18	4.03	18.58	69.21	15.24	9.82	20.80
涂覆iPP纤维（230℃）	73.67	20.46	6.24	23.79	70.38	16.68	11.26	21.78
涂覆iPP纤维（240℃）	63.95	29.15	4.44	36.12	62.29	24.18	12.64	32.39

5.2.7　超细羽绒粉体表面涂覆iPP纤维的水洗色牢度

表5-3是超细羽绒粉体表面涂覆iPP纤维染色后的水洗色牢度。涂覆iPP纤维在40℃的水中显示出较差的水洗色牢度，这是由于涂覆超细羽绒粉体脱落以及染料从涂覆超细羽绒粉体向上移出造成的。较高纺丝温度制备的涂覆iPP纤维显示出较差的水洗色牢度。虽然高纺丝温度可以获得较高K/S值的涂覆iPP纤维，然而大量的粉体脱落致使其水洗色牢度较低。这也表明涂覆超细羽绒粉体的脱落对涂覆iPP纤维的水洗色牢度影响巨大。另外，对于涂覆iPP纤维，由活性染料进行染色能够获得较好的水洗色牢度。

表5-3　纯iPP纤维与超细羽绒粉体涂覆iPP纤维的水洗色牢度

洗涤次数	纯iPP纤维		涂覆iPP纤维（220℃）		涂覆iPP纤维（230℃）		涂覆iPP纤维（240℃）		沾色			
									PET［涂覆iPP纤维（240℃）］		羊毛［涂覆iPP纤维（240℃）］	
	活性红	酸性红	活性红	酸性红	活性红	酸性红	活性红	酸性红	活性红	酸性红	活性红	酸性红
1	—	—	4	3	4	4	2	3	5	5	4–5	4
2	—	—	4	2–3	4	3–4	2	2–3	5	5	4–5	4–5
3	—	—	3–4	2	3–4	3–4	1–2	2	5	5	5	4–5
4	—	—	3–4	2	3	3	1–2	2	5	5	5	5
5	—	—	3–4	2	3	3	1–2	2	5	5	5	5

参考文献

[1] WEN G, RIPPON J A, BRADY P R, et al. The characterization and chemical reactivity of powdered wool[J]. Powder Technology, 2009, 193(2): 200–207.

[2] WEN G, COOKSON P G, LIU X, et al. The effect of pH and temperature on the dye sorption of wool powders[J]. Journal of Applied Polymer Science, 2010,116(4): 2216–2226.

[3] 姚穆，周锦芳，黄淑珍，等. 纺织材料学[M]. 2版. 北京：中国纺织出版社，1990.

[4] AHMED S I, SHAMEY R, CHRISTIE R M, et al. Comparison of the performance of selected powder and masterbatch pigments on mechanical properties of mass coloured polypropylene filaments[J]. Coloration Technology, 2006,122(5): 282–288.

[5] 刘欣. 聚丙烯/超细羽绒粉体复合纤维的结构与性能研究[D]. 上海：东华大学，2011.

[6] 刘洪涛，徐卫林，黄菁菁，等. 仿丝素纤维的研究进展[J]. 高分子通报，2009(6)：48–53.

[7] WANG D, XU W, SUN G. Radical graft polymerization of an allyl monomer onto hydrophilic polymers and their antibacterial nanofibrous membranes[J]. ACS Applied Materials and Interfaces, 2011,3(8): 2838–2844.

[8] WANG D, LIU N, XU W. Layer-by-layer structured nanofiber membranes with photoinduced self-cleaning functions[J]. The Journal of Physical Chemistry C, 2011,115(14): 6825–6832.

[9] LIU X, HUANG J, HUANG J, et al. Coating superfine down powder on polypropylene for the production of dyeable fibers[J]. Fibers and Polymers, 2011,12(2): 220–225.

[10] LIU H, XU W, ZHAO S, et al. Silk-inspired polyurethane containing glyalaglyala tetrapeptide. i. synthesis and primary structure[J]. Journal of Applied Polymer Science, 2010(117): 235–242.

[11] LIU H, XU W, LIU X, et al. Effects of superfine silk protein powders on mechanical properties of wet-spun polyurethane fibers [J]. Journal of Applied Polymer Science, 2009(114): 3428–3433.

[12] LIU H, XU W, ZOU H, et al. Feasibility of wet spinning of silk-inspired polyurethane elastic biofiber [J]. Materials Letters, 2008(62): 1949–1952.

第 6 章

超细天然蚕丝粉体在人造血管中的应用

人体血液循环系统是由体循环和肺循环两条途径组成的封闭式循环。在人体内循环流动的血液，将氧气和营养物质输送到全身各个器官，并将人体内的废物收集起来，排出体外。血液循环系统由血液、血管和心脏三部分组成。血管的作用是将人体的器官与心脏串联起来，为血液的流动提供通道，将血液中的营养和氧气输送到身体的每个部位。人体内血管分为三类，分别为动脉、静脉和毛细血管。动脉起自心脏、不断分支，口径渐渐变细，管壁渐渐变薄，最后分成大量的毛细血管，分布到全身各组织中。毛细血管再逐渐汇合成静脉，最后返回心脏。动脉和静脉是输送血液的管道，而毛细血管则是血液与组织进行物质交换的场所。动脉血管管壁较厚，平滑肌较发达，弹性纤维较多，管腔横截面呈圆形，具有舒缩性和一定的弹性，可随心脏的收缩、血压的高低而明显地搏动。动脉管壁的功能是心室射血时，血管扩张；心室舒张时，血管壁回缩，促使血液继续向前流动。根据血管管径的大小，动脉可以分为大、中和小三级，见表6-1。

表6-1 人体血管分类及其特点

特点	人体血管分类						
	大动脉	动脉	微动脉	毛细血管	微静脉	静脉	腔静脉
内径	25mm	4mm	30μm	8μm	20μm	5mm	30mm
壁厚	2mm	1mm	20μm	1μm	2μm	0.5mm	1.5mm

无论是人体自身老化引起的血管类疾病，还是人体组织损伤或者病变导致的与血管有关的疾病均会危及人的生命。其中主要危及生命的疾病是动脉疾病。例如，肾主动脉瘤、髂动脉瘤，以及下行的胸主动脉瘤的膨胀导致血管扩张；动脉粥样硬化导致动脉血管变窄直至闭塞；颈动脉粥样硬化导致的中风；冠状动脉粥样硬化导致的心脏病等。当血管由于动脉硬化、老化或破损不能正常工作时，需要采用其他血管代用品进行置换、搭桥或介入等外科手术治疗。

6.1.1 研究小口径人造血管的必要性

自从20世纪早期，"血管外科之父"Carrel和Guthrie使用自体静脉替代动脉移植成功后，血管外科在血管代用品领域有了较大的发展。特别是1952年，Voorhees首先研制了多孔维纶人造血管并在动物实验中获得成功，改变了以往人造血管壁厚无通透性的缺点。接下来的几年中，Voorhees、Blakemore 及 Jaretzki 做了大量的临床试验，研制了带有网孔的人造血管。随着新材料和新型加工技术的出现，以及医学生物材料的不断发展，继 Voorhees 之后，许多科研工作者研究出多种新材料、多种加工方法生产带有微孔的人造血管并用于动物实验和临床试验。目前，按照人造血管的材质将其分为合成血管和生物血管。

6.1.1.1　合成血管

合成血管由各种具有惰性的高分子材料经先进工艺制作而成，是目前应用最广泛的人造血管，主要有涤纶（Dacron）人造血管和膨体聚四氟乙烯（ePTFE）人造血管。

6.1.1.2　生物血管

生物血管主要指带有生物组织结构的血管，包括自体、异体及异种血管。目前研究热点——组织工程血管也属于此类。

目前，在大口径血管（内径>6mm）治疗过程中，人造血管植入体内后，血管内血流速度快和剪切力较大，血液很难黏附在材料的表面形成血栓，因此，能够保持较高的长时间通畅率，取得满意的临床效果。但是，小口径人造血管（内径≤6mm）移植后，自体生物血管与合成血管的通畅率存在明显的差别。生物血管与合成血管使用2年后的通畅率分别为80%和60%，5年通畅率分别为74%和39%。

由于自体小口径生物血管在临床使用中具有较好的长时间通畅率，因此，被称为小口径人造血管的"黄金标准"。自体血管一般应用在临床中治疗小口径血管疾病，但是在使用过程中存在很多缺点，阻碍了自体血管的使用。目前，外科手术中使用的自体生物血管多为双下肢的大隐静脉，口径和长度往往受到限制，手术获取自体血管过程中对人体的创伤非常巨大，对手术的要求也很高。在自体血管切取过程中，血管轻微受损都会严重影响其长时间通畅率，导致手术失败。自体血管的来源短缺、创伤大和技术要求高等困难阻碍了自体血管在小口径血管治疗中的广泛应用。因此，人们将研究的重点转移到了合成小口径人造血管上面。

无论是涤纶还是膨化聚四氟乙烯均具有极稳定的理化性质和持久不变的弹性，因此，被认为是制备血管的理想材料。其中，聚四氟乙烯被冠名为"体内理想材料"。膨化聚四氟乙烯材料制备的人造血管具有生物相容性好、无抗原性、强力高、不渗血、使用时间长等特点。膨化聚四氟乙烯制备的内径大于6mm以上的血管在临床上使用取得了良好的效果。随着血管内径的下降，膨化聚四氟乙烯人造血管的5年通畅率急剧下降到30%左右。造成血管通畅率下降的主要原因是材料弹性较差，无法与人体本身的血管一同搏动，缺乏生物活性，不能适应生物体内环境的变化，血液容易在血管内沉积形成血栓。

使用合成小口径人造血管治疗小口径血管疾病过程中，置换后的血管内血流阻力较大、血管吻合口处容易出现内膜增生，易形成血栓，导致血管移植的失败，因此，内径小于6mm的用于替换小口径动脉血管的人造血管一直未获得满意的临床效果。研究一种小口径高分子材料人造血管，具有人体血管的力学性能，保持长期通畅和稳定的性能，满足临床使用的要求是十分必要的。

6.1.2　小口径人造血管应具备的功能

使用高分子材料制备的血管是一种人造器官，用在人体内替换损坏的真实血管，维持血液循环系统的正常运转。一根理想的人造血管必须满足以下条件：①具备良好的组织相容性和血液相容性；②与宿主健康血管相近似的动力学性能；③能与所替代的血管愈合成一体，有血管内膜长入；④不易形成血栓，长期保持通畅；⑤不易发生退行性改变，性能稳定；⑥耐受血管内压力，不易形成动脉瘤；⑦受压后不易变形或扭折成角；⑧不引起异物反应或排斥反应；⑨抗感染；⑩缝合容易，不易撕裂；⑪能选择不同的口径和长度。

另外，血液中含有的部分内皮细胞将黏附在人造血管表面，如果内皮细胞与材料之间结合力大于血液的剪切力，细胞将在材料表面分裂、增殖形成新的血管内膜，阻止材料的表面形成血栓，保持血管的通畅。但是自行内皮化的距离是有限的，一般小于4cm。为了增加细胞与材料之间的结合力，提高细胞内皮化的能力，研究表明人造血管壁应该为多孔结构，有利于细胞在材料表面分裂与增殖，提高人造血管的长期通畅率。长时间的研究发现材料表面微孔的孔径最佳值为18~70μm。

随着血管内径的减小，血管内血流阻力的增加，在材料表面形成血栓的机会增加，因此，小口径人造血管对材料的抗凝血性要求更高。在小口径血管内血液流动的速度比大口径血管内的慢，为了调整血液循环系统的局部平衡，需向流动的血液提供前进的动力。因此，小口径人造血管要求具有较好的随血压变化而舒张的能力。一根具有良好舒张能力的小口径人造血管将给流动的血液提供更多的向前流动的动力，阻碍血液中有形成分在人造血管内沉积和聚集而产生血栓。如果人造血管的舒张能力比宿主血管的差，人造血管内的血液失去了向前运动的动力，血流速度降低，血液中部分有形成分，如血小板和红细胞在血管内沉积，最终导致血管堵塞，血管移植手术失败。因此，小口径人造血管在径向上的舒张能力要求比大口径人造血管的高。顺应性是衡量血管径向上舒张能力的重要指标之一。顺应性是指人造血管对管道内部应力的形变响应性。顺应性不匹配的两根血管缝合在一起时，将引起血液动力学发生变化；第一，在连接处血管对同一应力响应程度不同，产生不同的压力波传播率，引起波的反射并形成涡流，容易导致血液凝结和细胞内壁增殖；第二，由于两根血管的直径膨胀率不相同，吻合处将会产生应力，带动缝合线出现疲劳现象、宿主的血管产生剪切力、堆积纤维组织，影响血液的流动。为了在血液循环系统中获得良好压力传递作用，同时又不出现反射效应，要求移植的人造血管必须与宿主血管的径向顺应性基本匹配。因此，研究人造血管顺应性是人造血管研究中的一个重要组成部分。

6.1.3 小口径人造血管的研究历史

人们对血管的治疗从很早以前就开始了。公元前800年到公元前600年，Sushruta Samhita第一次使用烙铁和沸油黏合血管的方式来治疗出血。到公元前2世纪，Refus和Antyllus使用结扎线将动脉捆起来进行止血。古罗马的Galen第一次将动脉和静脉区分开来。直到1759年，为了在不损伤腔体的情况下修复血管而将修复术和连接术引入到管治疗中，但是脓毒病导致其失败。19世纪下半叶，Lister和Pasteur将感染的控制方法带入血管手术中才使血管修复术和连接术取得成功。1881年，Czerny第一次将无菌技术带入血管外科手术中。在1882年，Cluck成功地修复了狗的大腿动脉。1890年由Burci第一次提出了连续缝合技术。接下来血管修复实验从未停止过，但是，大部分实验均因血栓形成而失败。到20世纪早期，"血管外科之父"Carrel和Guthrie使用自体静脉替代动脉移植获得成功后，血管外科在血管代用品领域有了较大的发展。

人造血管的研制开始于20世纪初，大量的材料(金属、玻璃、聚乙烯和硅胶)被制成管状物用在动物实验中，但是，因在短时间内易形成血栓而未能实现临床。1952年，Voorhees首先将多孔结构的维纶人造血管用在动物实验中并获得成功后，涌现出许多的多孔结构人造血管并在动物实验中获得成功。Voorhees的关于通透性人造血管的概念是人造血管发展史上的一个里程碑。随着纤维材料学和医学技术的不断发展，各国科学家将研究的重点放在新型生物材料和各种新式加工方法的研究上。

随着科技的发展和进步，涤纶人造血管和ePTFE人造血管逐渐应用到了临床中，替换大口径人造血管并取得了非常好的效果。无论是涤纶人造血管还是ePTFE人造血管的5年通畅率都在70%~80%。同时人们将ePTFE小口径人造血管应用在临床试验中，但是由于整体成型的ePTFE人造血管弹性较差，顺应性差，造成了ePTFE小口径人造血管的5年通畅率仅为30%，无法满足临床使用的要求。

为了研究能够满足临床使用要求的小口径人造血管，许多科学家将精力集中在研究新型生物材料、功能型结构和血管力学等方面。在材料方面，许多新型具有一定生物相容性和血液相容性的生物材料不断出现。近年来，聚氨酯（Polyurethane，PU）材料备受关注，因为该材料具有良好的弹性和耐磨性、一定的生物相容性。聚乳酸—羟基乙酸共聚物［Poly（lactic-co-glycolic acid），PLGA］因无毒，具有良好的生物相容性、良好的成膜性，而被应用在小口径人造血管研究中。聚乳酸—聚己内酯［Poly（L-lactide-co-ε-caprolactone），PLCL］弹性体因具有良好的抗凝血性，被制备成多孔的小口径人造血管。透明质酸（Hyaluronic acid，HA）、聚羟基乙酸［Poly（glycolic acid），PGA］、聚羟基烷基酸酯（Polyhydroxyalkanoate）和聚柠檬酸乙二酯［Poly（citrate diol）］等可降解生物材料也被应用在人造血管中。另外，丝素、胶原蛋白和壳聚糖等具有良好生物相容性的天然生物材料也备受各国科研工作者的关注，并被制备成各种小口径人造血管进行动物实验，取得了一定的效果。部分人造血管研究者在血管结构方面也做了很多工作，从最简单的单层结构到模仿人体真实血管的三层结构。血管壁也从单一的材料发展到复合型材料。结构的变化使小口径人造血管在功能上与人体真实血管越来越接近。在血管力学方向上的研究也从未停止过。对血管力学的研究范围不断扩大，从血管本身的力学性能到血管内血液的流体动力学均成为研究对象，力学研究的结果直接用来指导血管的设计。

6.1.4　人造血管目前研究现状

目前，大口径人造血管在临床中的应用取得了良好的效果，但是，合成小口径人造血管由于易形成血栓，一直未能达到临床使用的要求，成为血管界研究的重点。随着社会发展，科技进步，在人造血管方面的研究越来越深入，涉及领域越来越宽广，其中包含医学、材料、工程、物理、化学、力学等科学知识。

目前，多种天然材料和合成生物材料应用在小口径人造血管研究中。1998年，东京医科齿科大学的Toshikazu Yoneyama等人将片段聚氨酯［Segmented Poly（etherurethane），SPU］与2-甲基丙烯酰羟乙基磷酰胆碱（2-methacryloyloxyethyl phosphorylcholine，MPC）混合液涂覆在小口径涤纶人造血管的内表面，用于提高小口径人造血管的长时间通畅率。长度为2cm的血管移植到动物体内观察短时间内血管在动物体内的使用情况。移植一段时间后将血管从动物体内取出，并进行一系列生物切片实验。实验结果显示，在短时间内涤纶人造血管表面涂覆的SPU/MPC共混膜抑制了血栓在其表面形成，关于使用该方法制备的小口径人造血管的长时间通畅率目前还在研究中。1998年，清华大学化学工程系李育德教授带领的科研小组深入研究了聚氨酯小口径人造血管。通过相转变法制备了多孔结构小口径聚氨酯血管，深入研究了制备条件（凝固浴成分和温度）对血管结构和力学性能的影响，为小口径聚氨酯人造血管的制备提供了宝贵的数据。2003年，伦敦大学学院Alexander M. Seifalian等人使用性能稳定的聚碳酸酯、聚氨酯制备了小口径人造血管并移植到狗的体内进行研究。实验结果证实，使用的聚碳酸酯、聚氨酯材料具有很好的生物相容性和良好的生物稳定性，基本可以满足人造血管使用的要求。2005年，日本九州大学Takehisa Matsuda教授领导的团队使用合成的ε-己内酯/L-丙交酯（PLCL）共聚物通过静电纺丝技术制备了小口径人造血管，并对血管的力学性能和顺应性进行了深入的研究。实验结果表明，制备的血管具有良好的力学性能和顺应性，血管的壁厚对血管的顺应性有很大的影响。当血管壁厚很小时可以得到与人体血管力学性能和顺应性相仿的人造血管。同年，瑞典查尔姆斯理工大学Henrik Backdahl等人利用细菌纤维素制备了小口径人造血管并对其力学性能和生物相容性进行了研究。实验结果显示，制备的小口径人造血管具有良好的力学性能和生物相容性，基本可以达到临床使用的要求，目前正在进行动物实验。2006年，巴黎第十三大学Marc Chaouat等人使用多糖基水凝胶制备了内径为2mm的人造血管，移植到大鼠体内观察血管在动物体内的生物反应和通畅情况。8周后从大鼠体内取出多糖制备的血管，对血管进行检测。实验结果显示移植8周后血管仍然保持通畅，部分组织已经向多糖基人造血管内部扩展，有望通过这种血管来实现人体血管的重建。2009年，美国匹兹堡大学Yi Hong等人使用聚氨酯与磷脂聚合物的混合物制备了小口径人造血管，并在动物体内外表征了血管的生物相容性和力学性能。通过生物实验表明，聚氨酯与磷脂聚合物的混合物制备的弹性小口径人造血管具有很好的生物相容性和良好的通畅率。我国苏州大学王树东等人将天然丝素材料与聚乳酸共同制备成小口径人造血管。制备的血管表面为多孔结构，能够承受一定的强力，可以满足动物实验的要求。制备过程中由于使用了具有良好生物相容性的丝素和聚乳酸，因此，制备的血管也具备良好的生物相容性。

在小口径人造血管的研究中不仅引入了许多具有良好生物相容性的生物材料，同时，在结构上也进行了一系列的尝试。2003年，意大利临床生理学研究中心Paola Losi等人研究了血管壁内层形貌对血小板黏附性能的影响。实验结果表明，多孔结构的表面可以大幅度提高小口径人造血管的血液相容性，减少血小板在材料表面的黏附和堆积，降低血栓形成的概率。2004年，加拿大科学家ZHANG Ze等人制备了具有微孔结构的小口径聚氨酯人造血管，研究了微孔孔径对血管内皮化和通畅率的影响。动物实验证实，当表面微孔孔径大于30μm时将加速血管的内皮化，提高小口径人造血管的通畅率。日本Hiromichi Sonoda教授提出制备同轴两层结构小口径人造血管。通过控制两层结构上性能的差别获得高顺应性人造血管，保持与人体血管的顺应性相匹配，提高内皮化速度，降低血栓在表面形成的概率，提高长时间通畅率。实验结果证实了同轴两层结构小口径人造血管的可行性，为以后血管的设计提供了宝贵的理论依据。中国医学科学院阜外心血管病医院胡盛寿教授通过涂层法制备了同轴三层结构小口径人造血管。内层和外层均为聚乳酸—羟基乙酸共聚物〔poly（lactic-co-glycolic acid），PLGA〕，中间层为聚氨酯。具有良好生物相容性的PLGA生物材料涂覆在聚氨酯管状物的内外两面制备出同轴三层结构的小口径人造血管。一系列表征结果显示制备的血管具有良好的生物相容性和良好的力学性能，基本达到临床使用的要求。

国内很多科研工作者在小口径人造血管方向上做了许多工作，并取得了一定的成果。广东中山大学潘仕荣教授利用医用聚氨酯材料制备了小口径人造血管，并对其力学性能和顺应性进行了研究。内径为4mm的微孔聚氨酯人造血管植入狗的体内，置换长度为30mm腹主动脉，研究血管的通畅率。90天后在血管内壁形成了稳定的内膜，结果表明改善抗血栓性、顺应性和微观结构可提高小口径人造血管的性能，有效促进内腔的细胞内皮化，显著提高长期通畅率。为了进一步提高材料的生物相容性和抗凝血性，他们继续研究了聚六亚甲基碳酸酯聚氨酯脲和聚谷氨酸苄酯/聚乙二醇嵌段共聚物膜的血液相容性，希望将其应用到小口径人造血管中。在北京理工大学曹传宝教授的带领下，该校以再生丝素蛋白为基本原料，研制了内径在3~5mm的小口径人造血管，动物实验结果显示小口径人造血管与体内血管的吻合效果较好，能保持血液的通畅。

无论新材料的引进还是结构上的调整都是为了提高小口径人造血管的力学性能、弹性和顺应性，改善材料在人体内的生物相容性，降低血栓在血管表面形成的概率，防止血管吻合口出现组织增生，提高小口径人造血管的长时间通畅率，满足临床使用的要求。

6.1.5 人造血管目前研究面临的难题

对于小口径人造血管，由于直径小、血流速度慢、某些移植部位需要弯曲等因素，植入后的长时间通畅率是一个亟须解决的问题。在血管移植过程中导致手术失败的原因比较复杂，具体的机制还不是很清楚，大部分是由于血栓形成及组织增生导致血管堵塞。目前，解决小口径人造血管容易产生血栓和组织增生的问题成为首要任务。为了提高高分子材料的抗凝血性，降低血栓在血管表面形成的概率，抗凝血药物肝素钠成了研究的热点。通过肝素钠来实现高分子材料的抗凝方法有两种：一是通过化学接枝的方法将肝素固定在高分子人造血管的内表面，阻止血栓的形成；二是将肝素钠与高分子材料混合制备成肝素钠药物释放系统，依靠缓慢释放的肝素钠抑制血栓在与血液接触的表面形成。但是，这两种方法均存在一定的缺点。如果通过化学接枝的方法将肝素钠接枝在高分子材料的表面会降低肝素钠的活性，药物抗凝血性能降低。如果将高分子材料与肝素钠混合制备成药物释放系统，大量的肝素钠被高分子材料包裹，无法通过血管的表面进行释放。因此，研究一种新型抗凝血系统是十分必要的。

长期研究发现小口径人造血管的顺应性与人体血管顺应性的匹配程度直接影响吻合口处组织增生和血管的长时间通畅率。如果人造血管的顺应性与人体血管的顺应性匹配，在吻合口处人造血管将随着血压与人体血管一起舒张，不会在血管吻合口处产生应力集中而造成组织增生。反之，在吻合口处，人体血管因血压的升高而膨胀，而人造血管由于顺应性差，膨胀幅度较小，吻合口处的缝合线被拉伸。吻合口的组织因缝合线的拉伸而产生一定的应力集中，造成组织增生从而影响血液的流动。为了提高人造血管的顺应性，各国科研工作者纷纷研究具有良好弹性的聚氨酯小口径人造血管。聚氨酯材料备受关注的主要原因是它具有很好的弹性、耐磨性、一定的生物相容性和抗凝血性。聚氨酯材料良好的弹性提高了小口径人造血管径向上的舒张性能，增加了血管的顺应性，使宿主的血管与人造血管具有相仿的顺应性。但是，聚氨酯材料的引入并未完全解决人造血管顺应性的难题，反而产生了一些新的难题。聚氨酯材料制备的小口径人造血管中强度与顺应性之间形成了对立矛盾的关系。随着血管壁厚的增加，血管强度增加，顺应性降低。为了提高顺应性必须减小血管的壁厚，壁厚的下降也降低了血管的强度。强度与顺应性之间的矛盾限制了聚氨酯在小口径人造血管中的应用。聚氨酯人造血管的缝合性较差，在血管移植过程中，直径很小的缝合针和缝合线容易将聚氨酯膜撕裂，形成孔洞，造成大量出血的现象。只有克服以上的难题才能真正依靠聚氨酯来制备能够满足临床使用要求的小口径人造血管。

6.1.6 超细丝素粉体在人造血管中的应用

针对聚氨酯小口径人造血管研发目前遇到的难题，结合 Sonoda 教授的同轴多层结构理论，采用涤纶／氨纶管状织物作为小口径人造血管的增强支架层，制备了三层结构天然聚氨酯／丝素小口径人造血管。采用管状织物增强聚氨酯小口径人造血管的目的是提高人造血管的强度和可缝合性，化解强度与顺应性之间的矛盾。管状织物在不影响血管顺应性的条件下为小口径血管提供足够的强度，承受血液循环系统中血压的变化。同时，通过降低血管的壁厚来增加血管的顺应性。在管状织物增强的前提下将制备的超细天然丝素粉体加入聚氨酯中。加入的丝素粉体起到以下两个作用：一是提高聚氨酯材料的生物相容性；二是丝素粉体作为肝素钠的载体，在血管壁内部建立一种新型的抗凝血药物释放系统，利用释放出来的肝素钠抑制血栓在血管的表面形成。制备一种能够满足临床使用要求的小口径聚氨酯人造血管，将合成小口径人造血管尽早应用在外科手术中，减少血管疾病患者的痛苦。将通过编织方法制备的小口径管状织物应用在小口径人造血管中，提高血管的径向力学性能，化解强度与顺应性之间的矛盾。管状织物的应用也提高了纺织品的附加值。通过物理研磨的方法获得了超细非水溶性丝素粉体，将其用在小口径人造血管工程中提高聚合物的生物相容性，并组建新型药物释放系统。丝素粉体的制备与应用扩大了纺织材料的使用领域及其蛋白质材料的制备方法。由于丝素粉体是一种天然蛋白质材料，该材料在生物领域的应用将减少合成高分子材料的使用，起到一定节能、减排和保护环境的作用。

6.2 涤纶／氨纶管状织物增强小口径聚氨酯人造血管的制备与研究

小口径人造血管被移植到血液循环系统中，替换堵塞或破损的血管，保证封闭的血液循环系统血流通畅，为各个器官输送营养和氧气。移植后的人造血管与真实的血管一起随着血压的变化进行舒张。心脏收缩时血管内的血压增大，为了缓冲突然出现的高血压，血管在血压的驱动下膨胀，存储势能。随着血液流速的降低和血压的恢复，血管收缩，存储的势能转化为推动血液流动的动能，推动血液在血管中继续流动，防止血液中主要成分（红细胞、白细胞、血小板）沉淀、凝固，形成血栓堵塞血管。无论是人造血管还是自身的血管都必须经受反复的舒张，调节血液循环中的局部平衡，因此，血管必须具有良好的径向强度和顺应性，保证血管不被破坏和出现血管瘤。图6-1所示为血管动脉瘤及其治疗。

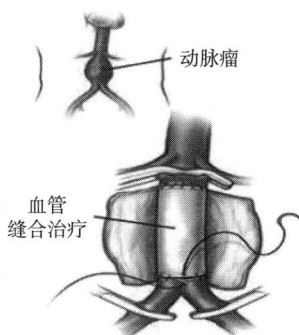

图6-1　血管动脉瘤及其治疗

目前，外科手术主要通过缝合线使人造血管与宿主的血管吻合。如果人造血管和真实血管在舒张能力上相仿，在同样大小的血压下，两种血管的膨胀大小相同，则不会在吻合口处产生多余的应力而引起真实血管的组织增生，保持血管长期通畅。相反，如果两种血管的舒张能力存在很大的差别，在吻合口处容易出现应力集中的现象。吻合处出现多余的应力后将造成组织增生，压缩吻合口，堵塞血管，致使血管移植手术失败。因此，研究与真实血管舒张能力相同的人造血管是十分有必要的。在人造血管研究过程中主要采用顺应性来衡量血管的舒张能力。顺应性指在外力作用下弹性组织的可扩张性，其表征方法是将血管固定在模拟的人体循环系统中测量血管直径随着血压变化的变化值。

目前，临床使用的涤纶和膨化聚四氟乙烯材料具有良好的强度和生物相容性，能够满足大口径（内径＞6mm）人造血管临床使用的要求。但是，涤纶与膨化聚四氟乙烯材料的弹性较差，制备的小口径人造血管的顺应性较差，容易在血管壁表面形成血栓和在吻合口处产生组织增生，造成血管堵塞。为了提高小口径人造血管的顺应性，具有良好弹性和一定生物相容性的聚氨酯被用于小口径人造血管的制备。聚氨酯材料的引入提高了血管的弹性和顺应性，但是，纯聚氨酯制备的小口径人造血管缝合性差，在移植过程中容易被撕裂而引起大出血。另外，血管的强度与顺应性之间存在矛盾，增加血管的壁厚可以增加血管的强度满足临床使用的要求，但是，血管的顺应性随着壁厚的增加而下降，导致人体血管与人造血管之间的顺应性不匹配，容易造成吻合口处应力集中，产生组织增生，堵塞血管。

6.2.1 纯聚氨酯人造血管形貌与力学性能

利用相转变的方法在圆柱形模具上制备了纯聚氨酯人造血管，通过控制模具的直径达到控制血管内径的目的，通过控制圆环的大小与模具直径之间的差值控制血管的壁厚。图6-2显示了小口径聚氨酯人造血管的横截面、内表面和外表面的形貌图。在血管的横截面和内表面均观察到大量的微孔。但是，外表面均匀致密，未出现微孔。微孔形成的主要原因是在聚氨酯成型过程中，聚氨酯溶剂DMF与凝固液蒸馏水之间进行置换造成大量微孔的出现。蒸馏水不是聚氨酯的良好溶剂，而溶解聚氨酯使用的DMF溶剂能够很好地与水混溶。当涂覆在模具表面的聚氨酯溶液遇到凝固浴蒸馏水时，DMF迅速析出并与水混溶。溶剂DMF析出后，聚氨酯迅速固化在材料的表面，形成致密的外表面。随着时间的增加，DMF析出速度下降。在蒸馏水凝固槽中，DMF溶剂与水缓慢地发生位移变化，水进入聚氨酯内部，DMF溶解在水中。聚氨酯内部蒸馏水占据的位置待干燥后便形成了微孔。Chen等人经过长时间研究发现可以通过选择不同的凝固浴和控制凝固浴的温度来调整聚氨酯材料中微孔的大小和密度。

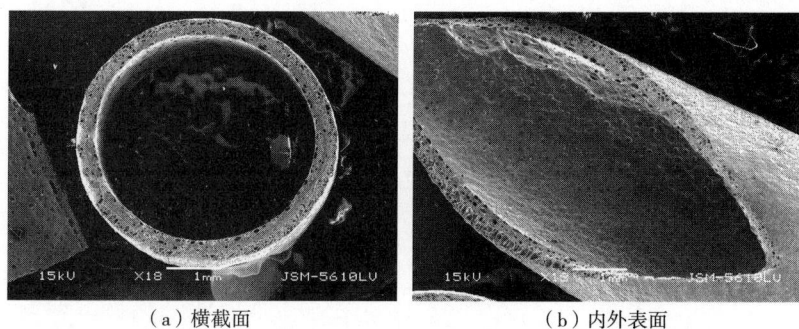

(a) 横截面 　　　　　　　　　　　　(b) 内外表面

图6-2　聚氨酯人造血管的横截面和内、外表面

动脉是人体血液循环系统中的重要器官之一，它承担着将血液运送到身体各个组织器官的作用，为组织提供足够的氧气和营养。在血液输送过程中，小口径血管需要反复承受血压带来的冲击，进行一定规律的舒张和收缩。血管舒张和收缩的主要目的是缓解血压带来的冲击，将一定的动能转化成势能，待血压降低时，血管中存储的势能重新转化为动能，为血液的继续前进提供一定动力。因此，血管在径向上的拉伸力学性能比轴向上的力学性能更加重要。图6-3（a）为不同壁厚聚氨酯人造血管的径向拉伸力学性能。纯聚氨酯人造血管的强力随着位移的增加而增加，增加平稳，未出现大的波动。图6-3（b）显示聚

氨酯人造血管壁厚从0.2mm增加到0.6mm时，最大拉伸强度从1.4N/mm增加到3.7N/mm。结果表明血管的壁厚是影响血管径向最大拉伸强度的重要指标之一，最大拉伸强度随着壁厚的增加而增加。增加血管的壁厚，提高血管的径向拉伸强度，保证人造血管具有足够的强度满足临床使用要求。

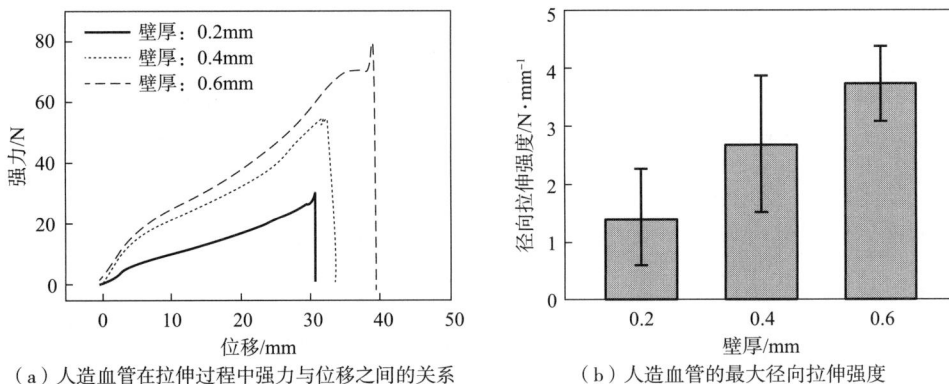

（a）人造血管在拉伸过程中强力与位移之间的关系　　（b）人造血管的最大径向拉伸强度

图6-3　不同壁厚聚氨酯人造血管（内径为5mm）径向拉伸力学性能

径向顺应性的大小直接反映出人造血管在径向上变形的能力。长时间的研究表明人造血管的顺应性与宿主本身血管的顺应性相匹配，则可以提高人造血管在人体内的通畅率。反之，则容易造成缝合口处组织增长，导致血管堵塞，从而导致血管移植手术失败。在模拟的人体循环系统中表征聚氨酯人造血管的顺应性，可以更加准确地反应出人造血管的径向顺应性。图6-4为不同壁厚聚氨酯人造血管的径向顺应性。随着聚氨酯人造血管壁厚的增加，顺应性从（2.84±0.17）%/100mmHg减小到（0.79±0.17）%/100mmHg。血管顺应性随着血管壁厚增加而降低的结果表明壁厚成为控制顺应性大小的重要因素之一。血管壁厚增加引起血管顺应性下降的主要原因是壁厚的增加导致血管径向上变形能力下降。在

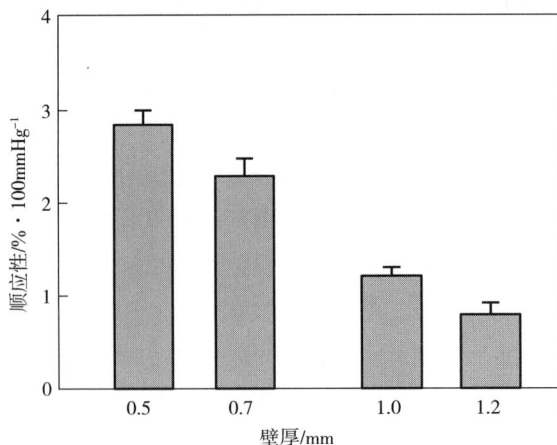

图6-4　不同壁厚聚氨酯人造血管径向顺应性

人体血液循环模拟系统中，通过控制离心泵的转速调节血压从80mmHg增加到120mmHg（人体静坐情况下血压值），当血压维持在一定范围内时，随着聚氨酯人造血管壁厚的增加，血管在直径方向上的舒张能力下降，顺应性值也随之下降。

深入研究人造血管径向上力学性能和径向顺应性，研究结果证实聚氨酯人造血管径向上的力学性能与顺应性是一对矛盾体。随着人造血管壁厚的增加，血管的径向最大拉伸强度增加，顺应性下降，人造血管与人体真实血管之间的顺应性差距加大，增加了血管出现堵塞的概率。为了提高血管的顺应性，需要降低壁厚值，同时，也降低了血管径向最大拉伸强度。血管强度下降容易造成血管破裂或者出现血管瘤，导致血管置换手术失败。

6.2.2 涤纶/氨纶管状织物的结构与力学性能

涤纶长丝具有很好的强力，但是弹性较差。氨纶长丝的性能与涤纶长丝的性能互补，具有很好的弹性，但是强力相对较差。根据互补原理，将两种性能互补的材料混合使用可以弥补单一材料的不足，选择涤纶和氨纶长丝共同制备成管状织物作为人造血管的增强支架。4根涤纶和氨纶长丝共同喂入针织机中制备成小口径管状织物。选择针织物作为增强支架的主要原因是针织物具有更好的伸缩性（与机织物比较）。小口径管状织物压平后的宽度为3mm左右，由于本身具有良好的伸缩性，可以套在直径为6mm的模具上。图6-5为管状织物形貌图。固定在圆柱体模具表面的纱线相互穿套形成孔洞，纱线形成的线圈按照条状规律分布在模具的表面。织物中分布的孔洞为聚氨酯溶液的自由出入提供了通道，保证能在织物的内外层均形成聚氨酯膜，将织物固定在中间，形成同轴的三层结构。

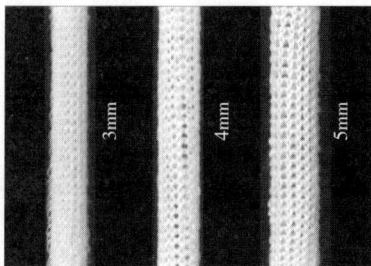

图6-5 管状织物形貌图

图6-6为小口径管状织物径向力学性能。随着管状织物中氨纶含量的增加，织物的拉伸变形能力提高，强力下降。管状织物的最大拉伸强度从5.37N/mm下降到3.26N/mm。涤纶在织物中主要起到增强作用，针织物结构与氨纶起到控制织物延展性的作用。随着织物变形的增加，拉伸过程中强力出现较大的波动。拉伸过程中强力出现波动的主要原因是织物中涤纶长丝和氨纶长丝断裂的不同时性。管状织物变形过程中涤纶长丝首先发生断裂，

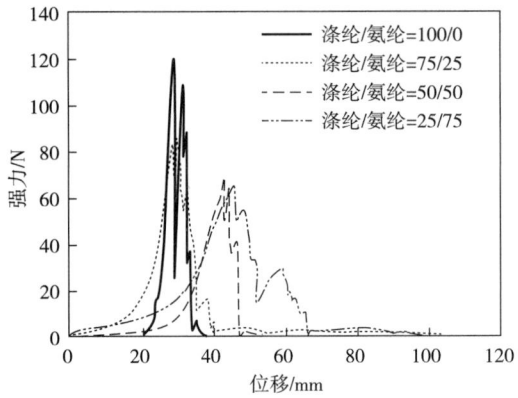

（a）织物径向上强力与位移之间的关系　　　　（b）织物径向上拉伸强度

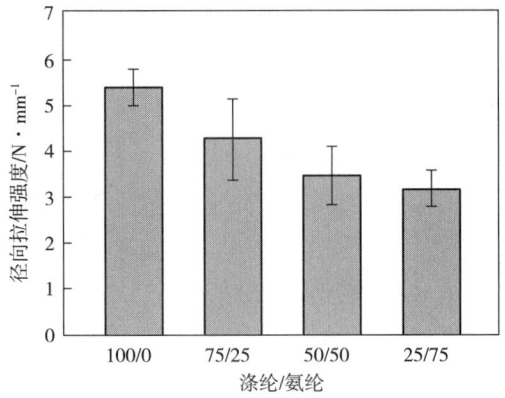

图6-6　小口径管状织物径向力学性能

随着变形的继续进行，氨纶长丝开始出现新一轮断裂。

6.2.3　涤纶/氨纶织物增强小口径聚氨酯血管的形貌

将小口径管状织物与聚氨酯溶液进行复合制备了小口径人造血管，使用相转变方法使聚氨酯固化成膜，形成同轴的三层结构人造血管。图6-7为织物增强聚氨酯血管的形貌图。在织物增强聚氨酯血管的内表面和横截面上观察到大量的微孔，微孔形成的主要原因仍然是溶剂DMF与蒸馏水之间发生位移的置换。管状织物覆盖在模具的表面，织物中串套的线圈形成了大量的孔洞，为聚氨酯溶液的自由进出提供了通道。聚氨酯与管状织物复合形成人造血管，内、外聚氨酯层将织物增强支架完全固定在血管的中间。依靠圆柱形模具的直径控制人造血管的内径，调整模具直径与圆形环内径的差值制备不同壁厚的人造血管。

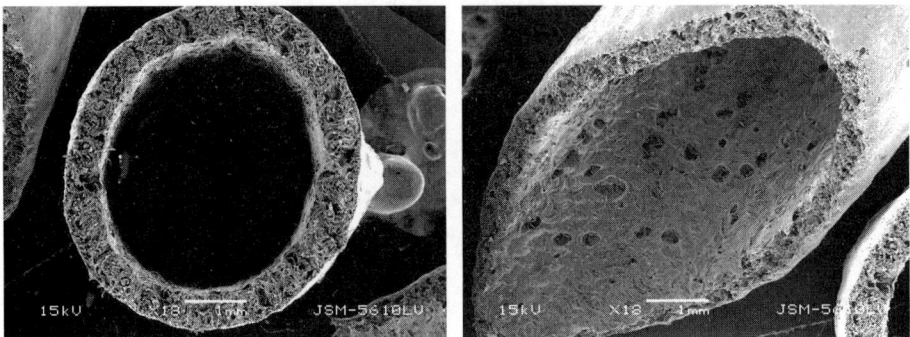

（a）横截面　　　　　　　　　（b）内表面和外表面

图6-7　织物增强聚氨酯血管SEM图

6.2.4 涤纶/氨纶织物增强小口径聚氨酯血管径向力学性能

通过表征管状织物增强小口径人造血管径向上力学性能研究织物对人造血管性能的影响。参照ISO 7198—1998标准，将10mm长管状织物增强小口径聚氨酯人造血管装载在测试强力机上，对人造血管的径向力学性能进行测试，结果显示在图6-8中。管状织物增强人造血管的拉伸曲线与织物的拉伸曲线十分相似。随着织物中氨纶含量的增加，血管的最大变形能力增加。在测试血管拉伸过程中，测试到的强力出现波动。血管径向上变形能力的增加和强力的波动显示出织物在血管径向力学性能上起到了关键的作用。

图6-8（b）结果显示人造血管中管状织物提高了血管的径向拉伸强度。织物嵌入血管中作为血管的增强支架，起到了提高血管径向强度的作用。在壁厚为0.4mm的聚氨酯人造血管中，当织物加入后血管的最大拉伸强度从3N/mm左右增加到5N/mm左右。

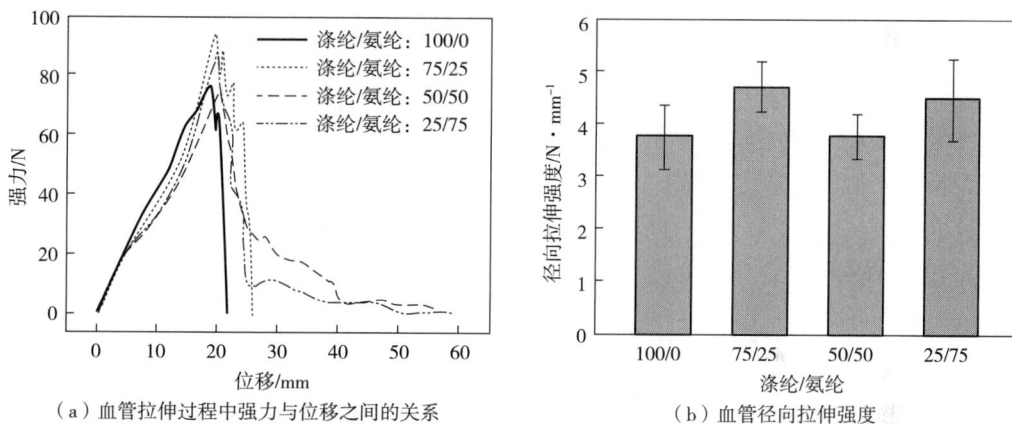

（a）血管拉伸过程中强力与位移之间的关系　　　（b）血管径向拉伸强度

图6-8　织物增强血管（血管内径为5mm、壁厚为0.4mm）的径向力学性能

6.2.5 涤纶/氨纶增强小口径聚氨酯血管的顺应性

为了研究织物对人造血管径向顺应性的影响，织物增强人造血管固定在血液循环模拟系统中，测试了血管的径向顺应性。图6-9为织物增强人造血管的径向顺应性。测试过程中主要研究了织物中涤纶/氨纶比值和血管壁厚对顺应性的影响。顺应性结果显示织物中涤纶/氨纶比值对血管的径向顺应性有一定的影响，但是影响很小。图6-9（a）表明随着氨纶含量的增加，顺应性总的变化趋势是增加的。将顺应性的两个影响因素（血管壁厚与涤纶/氨纶比值）进行比较，发现血管壁厚对顺应性的影响要超过涤纶/氨纶比值对顺应性的影响。在图6-9（b）中涤纶/氨纶比值为50/50时，血管径向顺应性随着血管壁厚的增加从（2.55±0.86）%/100mmHg减小到（1.43±0.55）%/100mmHg。

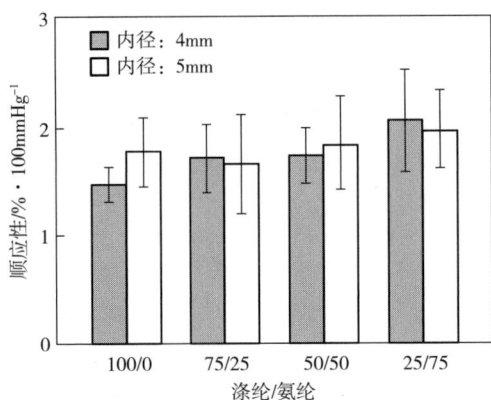

（a）织物增强人造血管（血管壁厚为0.6mm）的径向顺应性

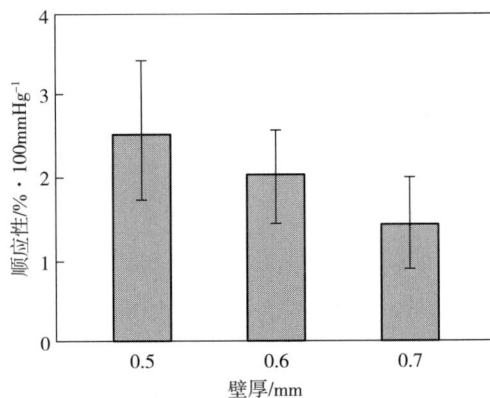

（b）壁厚对人造血管（血管直径为5mm，涤纶/氨纶比率为50/50）顺应性的影响

图6-9 织物增强聚氨酯人造血管的顺应性

    小口径管状织物加入聚氨酯人造血管中，提高了血管径向上力学性能，同时织物对顺应性的影响较小，因此，管状织物加入后在提高血管力学性能的基础上可以依靠降低血管的壁厚增加血管的顺应性，从而达到克服径向上力学性能与顺应性之间的矛盾。在血管制备过程中，采用加入管状织物的方法和控制血管壁厚的工艺，达到调整血管的力学性能和顺应性的目的，从而获得具有较高拉伸强度和顺应性的聚氨酯人造血管。

6.3 涤纶／氨纶管状织物增强聚氨酯／丝素人造血管

    涤纶/氨纶管状织物作为聚氨酯小口径人造血管的增强支架，提高了血管径向上的强度，化解了强度与顺应性之间的矛盾。但是，小口径聚氨酯人造血管的生物相容性需要进一步地提高，降低血栓出现的概率，增加血管的长时间通畅率。为了进一步提高聚氨酯材料的生物相容性，并且制备一种新型肝素钠药物释放系统，将超细天然丝素粉体加入聚氨酯溶液中，与涤纶/氨纶管状织物复合制备成小口径人造血管。

    蚕丝是蚕结茧时分泌丝液凝固而成的连续长丝，因具有良好的光泽、手感和力学性能，在纺织界使用了几千年。长期研究表明蚕丝是由位于长丝中心的丝素蛋白和包围在丝素蛋白表面的丝胶组成，其中丝素蛋白占总质量的70%~80%，丝胶蛋白占20%~30%。丝素蛋白是一种天然蛋白质，由独特的氨基酸组成，甘氨酸、丙氨酸、丝氨酸、酪氨酸四种主要氨基酸含量之和占其氨基酸总量的85%左右，同人体必需的氨基酸含量均较吻合。蚕丝作为手术缝合线在外科手术中已经使用了近一个世纪，证明蚕丝具有良好的生物相容性。蚕丝在生物材料中应用的研究从未停止过，大量实验结果表明蚕丝中具有良好生物相容性的成分是丝素蛋白。丝素蛋白因具有良好的力学性能和生物相容性备受科学家的关注。丝素蛋白材料以多种形式出现在生物材料和生物工程中，例如，纤维、非织造布、纳米纤维、平板膜、凝胶、泡沫和颗粒。丝素蛋白颗粒已经商业化，并被应用在化妆品和食品中。丝素蛋白颗粒也被应用在表面涂层、纤维处理、平板膜填充物、伤口护理、酶固定和药物释放等方面。

目前，获得丝素蛋白颗粒的主要方法是盐溶解再生法。脱胶后的丝素纤维溶解在盐溶液中，经盐析、脱水、再生和干燥后获得丝素蛋白颗粒。溶解再生法获得的丝素蛋白颗粒在生物材料中应用较为广泛。但是，通过溶解再生法获得的丝素蛋白颗粒存在以下缺点：在使用过程中容易溶解于水中，造成材料的流失；制备流程长，费用高；制备过程中部分氨基酸结构被破坏，造成分子量下降。

笔者通过物理研磨的方法获得了丝素蛋白颗粒。脱胶后的丝素纤维经过旋转刀片切割后得到长度在3mm左右的短绒，放入自制的蛋白粉体加工设备中进行加工，经分离后得到超细丝素蛋白粉体。利用物理研磨方法获得的丝素蛋白粉体是一种非水溶性粉体，保留了原有丝素纤维具有的物理和化学性能。为了提高聚氨酯材料的生物相容性，并且制备一种新型肝素钠药物释放系统，将通过物理研磨方法获得的丝素蛋白粉体加入聚氨酯溶液中，与小口径管状织物复合得到小口径人造血管。径向上力学性能和顺应性是小口径人造血管的两项重要指标，直接影响血管的长时间通畅率。

6.3.1 丝素粉体的形貌和粒径

利用物理研磨的方法制备了超细天然丝素粉体，并对其形貌和粒径分布进行了表征，测试结果如图6-10、图6-11所示。图6-10显示经过物理研磨得到了不规则丝素颗粒，这

图6-10 超细丝素粉体SEM图

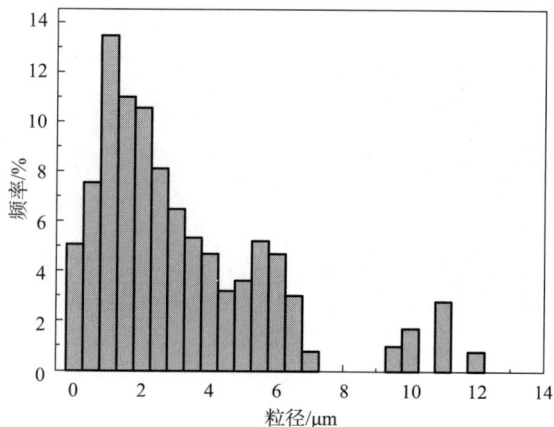

图6-11 超细丝素粉体粒度分布

些颗粒表面粗糙且存在一些毛刺。粉体表面粗糙的主要原因是丝素纤维是一种韧性纤维，韧性丝素纤维在加工过程中被外力挤压或撕扯，出现断断续续的断裂，形成毛刺的界面，得到表面粗糙的粉体。图6-11结果显示丝素粉体粒径分布较广。超细丝素粉体粒径大小介于0.5~12μm，但是70%以上的丝素粉体粒径在4μm以下。利用测试系统自带的粒径计算公式计算出丝素粉体的平均粒径为3.58μm。

6.3.2 涤纶/氨纶织物增强聚氨酯/丝素人造血管的形貌

与大部分生物材料（聚乳酸和胶原）相比，丝素粉体无论在体内还是在体外均具有良好的生物相容性，因此，被广泛地应用在生物材料中。为了进一步提高聚氨酯材料的生物相容性，以及在人造血管中构建肝素钠药物释放体系，增加聚氨酯人造血管在临床使用中的长时间通畅率，将超细丝素粉体均匀分布在聚氨酯溶液中，通过相转变的方法制备了涤纶/氨纶织物增强聚氨酯/丝素人造血管。图6-12为聚氨酯/丝素人造血管横截面形貌图。大量丝素与微孔随机分布在聚氨酯/丝素人造血管横截面中，产生具有蜂巢结构的外观。涤纶/氨纶管状织物以增强层加入聚氨酯/丝素人造血管后，织物被丝素和聚氨酯混合材料完全包裹在血管的中间，大量的丝素和微孔随机分布在横截面中。但是，聚氨酯/丝素溶液与织物结合处出现了大量的孔径较大的微孔，表明聚氨酯/丝素溶液与织物之间的相容性有待进一步提高。

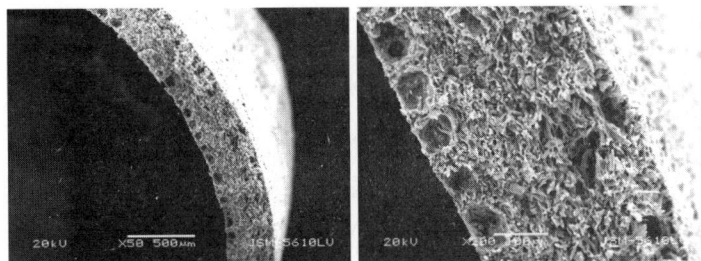

（a）聚氨酯/丝素（50/50）人造血管（直径5mm、壁厚0.3mm）

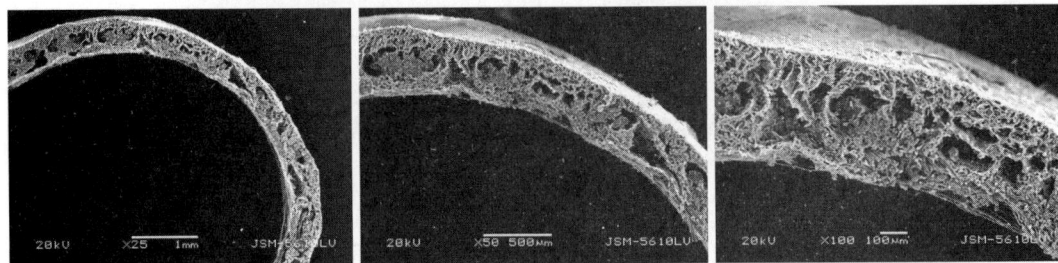

（b）织物增强聚氨酯/丝素（50/50）人造血管（涤纶/氨纶50/50、直径5mm、壁厚0.4mm）

图6-12 聚氨酯/丝素人造血管横截面形貌图

6.3.3 涤纶／氨纶织物增强聚氨酯／丝素人造血管的径向力学性能

在强力机上检测了涤纶／氨纶织物增强聚氨酯／丝素人造血管径向上力学性能，结果如图6-13所示。随着丝素粉体含量在人造血管壁中逐渐增加，血管径向上最大拉伸强度从（3.78 ± 0.39）N/mm下降到（1.90 ± 0.19）N/mm。引起人造血管径向拉伸强度下降的主要原因有两点：一是人造血管中涤纶／氨纶比值相同，血管壁厚相同的情况下丝素粉体含量的增加造成血管壁中聚氨酯含量减少，导致血管径向上最大拉伸强度下降；二是聚氨酯含量的减少使织物中线圈与线圈之间的结合力下降，在拉伸过程中能够承担的强度下降。

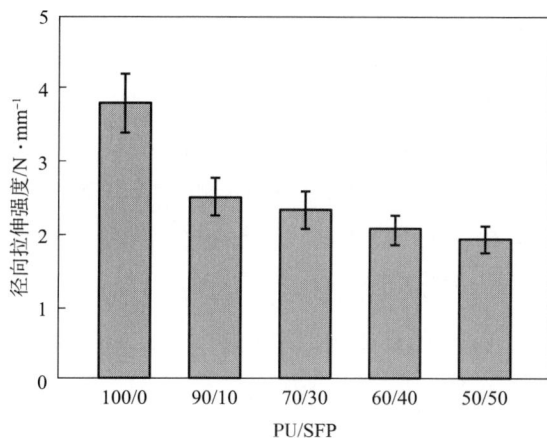

图6-13 涤纶／氨纶织物增强聚氨酯／丝素人造血管径向拉伸强度
（涤纶／氨纶50/50、直径5mm、壁厚0.6mm）

6.3.4 涤纶／氨纶织物增强聚氨酯／丝素人造血管的径向顺应性

径向顺应性是衡量血管是否能满足临床使用要求的一个重要指标。在自制的血液循环模拟系统中检测了涤纶／氨纶管状织物增强聚氨酯／丝素人造血管的顺应性，并研究了超细丝素粉体对血管顺应性的影响。

图6-14为聚氨酯／丝素人造血管的顺应性。丝素粉体对聚氨酯人造血管的顺应性有较大的影响；随着丝素粉体含量的增加，血管的顺应性增加。在相同内径和相同壁厚的人造血管中，当人造血管中无丝素粉体时，人造血管的顺应性为（2.73 ± 0.32）%/100mmHg；当丝素粉体在血管中的含量增加到50%时，人造血管的顺应性增加到（7.95 ± 0.83）%/100mmHg。人造血管顺应性随丝素含量增加的主要原因是血管壁的柔软性增加。相同壁厚的血管中，丝素粉体加入后减少了聚氨酯的含量，沿轴线方向上聚氨酯的连续性下降，导致聚氨酯膜变得更加柔软，在相同压力情况下血管的变形能力增强。

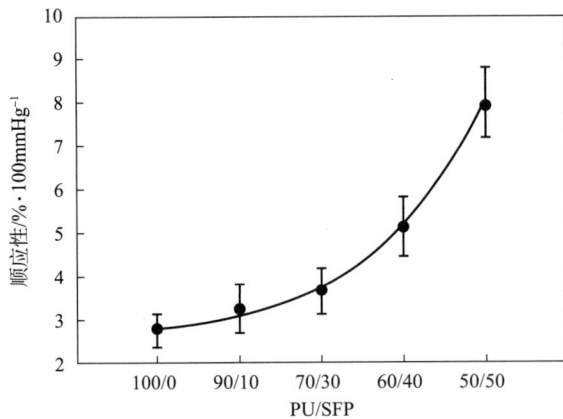

图6-14 聚氨酯/丝素人造血管顺应性（内径5mm、壁厚0.5mm）

血管壁厚一直是影响血管径向力学性能和顺应性的重要因素之一。图6-15为血管壁厚与聚氨酯/丝素人造血管顺应性之间的关系图。随着血管壁厚的增加，血管顺应性下降。在人造血管中丝素与聚氨酯含量保持不变时，血管壁厚增加，在相同压力情况下血管径向上的变形能力下降，血管顺应性降低。

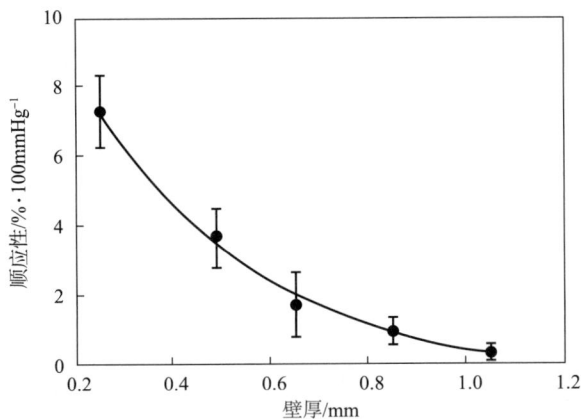

图6-15 血管壁厚与聚氨酯/丝素（70/30）人造血管顺应性之间的关系（直径5mm）

图6-16为丝素粉体含量与涤纶/氨纶织物增强聚氨酯/丝素人造血管顺应性的关系。随着丝素粉体含量的增加，人造血管径向顺应性先增加后减小。丝素粉体出现在织物增强人造血管中，血管壁中聚氨酯含量减少，变得更加柔软，更容易发生变形，顺应性随之增加。当丝素粉体含量达到50%时，血管的顺应性开始下降。径向顺应性下降可以从以下两点来解释：一是疏松的微孔结构分散了血管壁表面的压力，血管内的压力出现下降，单位面积上的压力降低；二是血管中丝素粉体含量超过50%时血管壁中的聚氨酯连续层被破坏，血管壁向外扩张的能力下降，变形能力随之降低，血管顺应性下降。

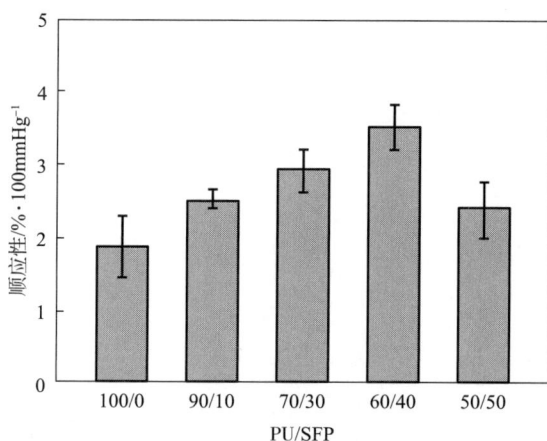

图6-16　丝素粉体含量与涤纶/氨纶织物增强聚氨酯/丝素人造血管顺应性的关系
（血管直径5mm、壁厚0.6mm、涤纶/氨纶50/50）

6.4　丝素粉体对聚氨酯材料生物相容性的影响

目前，衡量生物材料生物相容性的方法有两种，一种是在体外衡量材料的生物相容性。在体外通过将生物材料或材料浸提液与体外培养的细胞进行接触，观察细胞在材料表面或含有浸提液的培养液中的增殖情况，衡量生物材料的生物相容性。如果材料具有良好的生物相容性，细胞能够在材料表面或含有浸提液的培养基中正常分裂、增殖。反之，细胞的分裂或增殖受到影响，细胞出现死亡现象。研究生物材料相容性的另外一种方法是使用动物模型进行体内生物相容性检测。制备的生物材料通过外科手术将其包埋在动物肌肉层内，观察动物的日常行为，判断材料是否具有急性毒性。在规定的时间点将材料和材料周围的组织从动物体内取出，经过一系列的处理后观察材料周围组织的反应情况，从而获得生物材料在动物体内的生物相容性。

通过体内和体外两种方法研究聚氨酯/丝素（Polyurethane/Silk Fibroin Powder，PU/SFP）材料的生物相容性，观察丝素粉体对聚氨酯材料生物相容性的影响。借助相转变法制备了聚氨酯/丝素复合膜，将人体脐静脉内皮细胞培养在含有材料浸提液的培养基中衡量材料的毒性。为了更好地观察聚氨酯/丝素膜生物相容性，将内皮细胞直接培养在聚氨酯/丝素复合膜的表面，利用共聚焦荧光显微镜、扫描电镜和透射电镜观察细胞分裂和增殖的情况。将制备的聚氨酯/丝素复合膜包埋在大白鼠肌肉层内，观察大白鼠的日常生活情况。手术一周后从大白鼠体内将聚氨酯/丝素复合膜和周围的组织共同取出，经固定和染色后观察组织生长情况。

6.4.1　聚氨酯／丝素复合膜的制备

聚氨酯／丝素复合膜具体制备方法如下：20g丝素粉体与聚氨酯母粒（聚氨酯与丝素质量比分别为100/0、90/10、70/30、50/50、30/70）共同加入80g N,N-二甲基甲酰胺（DMF）中，在30℃环境下搅拌5h，聚氨酯完全溶解在DMF溶剂中，丝素粉体均匀分散在溶液中。混合均匀的聚氨酯／丝素共混物放置在真空环境（−0.1MPa）下进行脱泡2h，防止在制备过程中因气泡而破坏复合膜的结构。脱泡后的溶液立即倒入玻璃板槽中，使用干燥的玻璃棒进行快速刮膜。平铺在玻璃板槽中的聚氨酯／丝素溶液浸泡在30℃蒸馏水凝固浴中使其成型。10min后从凝固浴中取出贴敷在玻璃板槽上的聚氨酯／丝素复合膜，放置在40℃干燥环境中进行干燥，干燥时间为72h。干燥后的复合膜从玻璃表面取下，保存在温度为（25±2）℃、湿度为（65±5）%的环境中以便测试时使用。在制备过程中与水接触的一面称为上表面，与玻璃接触的一面为下表面。图6-17为聚氨酯／丝素复合膜的制备示意图。

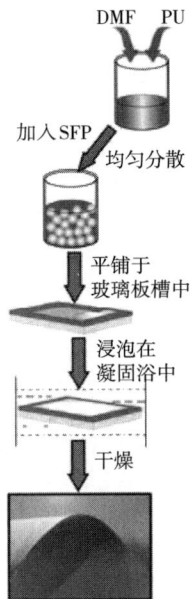

图6-17　聚氨酯／丝素复合膜的制备示意图

6.4.2　聚氨酯／丝素复合膜的形貌

超细丝素粉体分散在聚氨酯溶液中，混合溶液平铺于干净的玻璃槽中，放置于凝固浴中通过相转变的方法制备了聚氨酯／丝素复合膜。使用扫描电镜获取了聚氨酯／丝素复合膜的上、下表面及横截面形貌图。图6-18为聚氨酯／丝素复合膜的形貌图。纯聚氨酯膜的上表面致密光滑，随着丝素粉体的加入，上表面出现了微孔，丝素粉体含量越高，上表面包含微孔的数量越多。纯聚氨酯膜下表面出现了少量微孔，随着聚氨酯膜中丝素含量的增加，下表面包含微孔的数量也增加，微孔的孔径增大。当丝素含量达到70%时，上、下表面都出现了聚氨酯片段。丝素粉体随机分散在聚氨酯／丝素复合膜中，随着复合膜中丝素含量的增加，复合膜横截面由连续性结构转变成了蜂巢结构。

相转化法制备聚氨酯膜的原理如下：溶液固化过程中任何一点的相分离类型的决定性因素是沉淀时此处聚合物浓度。溶液刚接触到凝固浴时，如果溶液中的溶剂大量与凝固浴

（a）聚氨酯／丝素 0/100

（b）聚氨酯／丝素 90/10

（c）聚氨酯／丝素 70/30

（d）聚氨酯／丝素 50/50

（e）聚氨酯／丝素 30/70

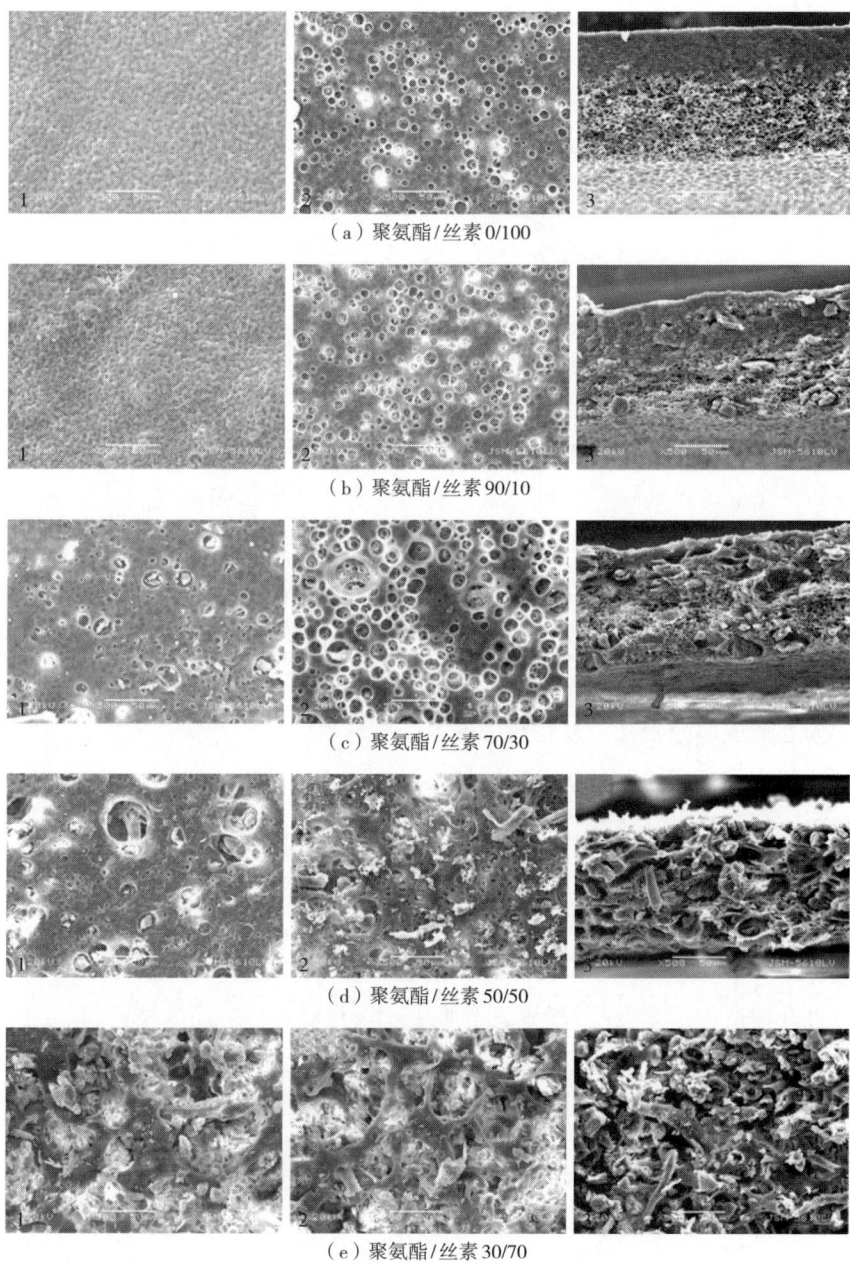

图6-18　聚氨酯／丝素复合膜形貌图

1—上表面　2—下表面　3—横截面

互溶，溶剂损失大，速度快。而此时非溶剂扩散进聚合物中的量相对较少，意味着在聚合物膜与凝固浴界面处的聚合物浓度增加了，此处的体系组成进入了凝胶区（如图6-20所示，C区进入A区），于是形成了很薄的致密凝胶层，称为皮层。表面的皮层对于亚层中溶剂的扩散是一个阻力，于是亚层中低的聚合物浓度和较高的非溶剂浓度使亚层发生液液分离相（如图6-19所示，C区进入B区），生成多孔结构的亚层。

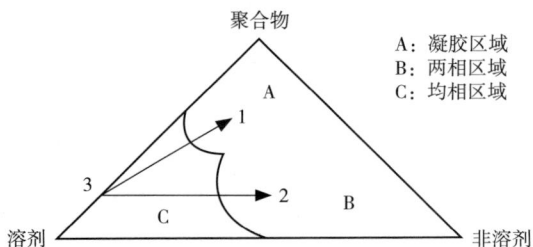

图6-19　沉淀相转化法制膜过程中皮层和亚层的形成示意图

当聚氨酯/丝素溶液遇到凝固浴蒸馏水时，表层的聚氨酯快速固化成膜，表层的丝素粉体吸水膨胀，残留在聚氨酯膜中间。蒸馏水通过表面的皮层向亚层渗透，进入亚层的水分被分成两部分，一部分与溶剂DMF之间发生缓慢的交换，其余的蒸馏水被丝素粉体吸收。亚层中水分的分流致使DMF溶剂流失速度降低，加剧亚层中微孔的形成。在聚氨酯/丝素复合膜干燥过程中，皮层和亚层中的丝素粉体被加热，粉体中吸收的蒸馏水变成水蒸气挥发到大气中，粉体收缩，聚氨酯材料的尺寸没有发生变化，因此，在丝素粉体与聚氨酯的结合界面处形成部分微孔。复合膜中聚氨酯与丝素的总质量保持不变，随着丝素含量的增加，复合膜中聚氨酯的含量减少，聚氨酯膜由连续的基层变成了随机分布的片段，最后，随机分布的丝素粉体与聚氨酯片段组成了蜂巢结构。

6.4.3　聚氨酯/丝素复合膜的物理性能

通过红外光谱研究了聚氨酯/丝素复合膜中丝素与聚氨酯之间的结合力。图6-20为聚氨酯/丝素复合膜及丝素粉体的红外光谱图。聚氨酯的特征吸收峰在$3330cm^{-1}$、$2940cm^{-1}$、

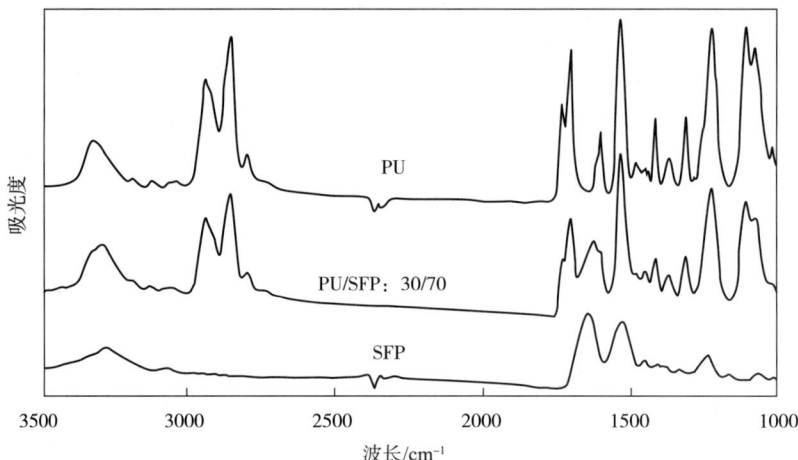

图6-20　聚氨酯/丝素复合膜及丝素粉体的红外光谱图

2855cm^{-1}、1701cm^{-1}、1530cm^{-1}、1105cm^{-1}处，分别对应着N—H振动、C—H伸缩振动、不同—CH$_2$基团（对称和不对称的）的伸缩振动、酯键中的C＝O伸缩振动、酯键中的N—H振动及C—O—C振动。丝素粉体在1640cm^{-1}（amide Ⅰ），1234cm^{-1}（amide Ⅲ）和1164cm^{-1}（amide Ⅳ）处有吸收峰，这些吸收特征峰对应着丝素的无规线团结构。在1515cm^{-1}（amide Ⅱ）、1065cm^{-1}（amide Ⅴ）和690cm^{-1}（amide Ⅴ）处的吸收峰对应着丝素蛋白的β–折叠结构。红外光谱图显示制备的丝素粉体中同时存在着无规线团和β–折叠两种结构。

与丝素粉体和聚氨酯膜的红外光谱图对比，在聚氨酯/丝素复合膜的红外光谱图上没有发现新的特征吸收峰，表明聚氨酯与丝素粉体之间仅仅是物理上的结合，并未形成新的化学键。但是，在1710cm^{-1}和3390cm^{-1}处特征吸收峰的强度出现变弱的现象，表明丝素粉体加入后破坏了聚氨酯聚合物中的氢键，导致聚氨酯中间软段和硬段之间出现微相分离。

丝素是一种吸水性较好的生物材料。笔者团队使用一种非水溶性丝素粉体，由物理研磨的方法而获得，因此，粉体保留了原丝素纤维具有的良好吸水性。丝素粉体的加入必然对聚氨酯材料的亲水性和吸水性产生一定的影响。图6-21为聚氨酯/丝素复合膜的吸水率。表6-2为聚氨酯/丝素复合膜的透湿率和静态水接触角。图6-21和图6-22的结果显示随着丝素粉体含量在复合膜中增加，聚氨酯的亲水性、透湿率和吸水率均增加。丝素粉体在复合膜中的含量低于10%时，透湿率、亲水性和吸水率的增加幅度较小，随着丝素粉体含量继续增加，三项指标（透湿率、亲水性和吸水率）大幅增加。造成该现象的主要原因是复合膜中丝素粉体之间相互连接的程度不同及其微孔的数量不等。复合膜中丝素粉体的含量较低时，粉体被聚氨酯溶液完全包裹，很难形成通道。但是，丝素粉体的加入造成复合膜中微孔数量增加，复合膜的透湿率、亲水性和吸水率也均出现少量的增加。丝素粉体含量增加到30%以上时，丝素粉体之间结合形成通道的概率增加，复合膜中微孔的数量增加，为蒸馏水或水蒸气

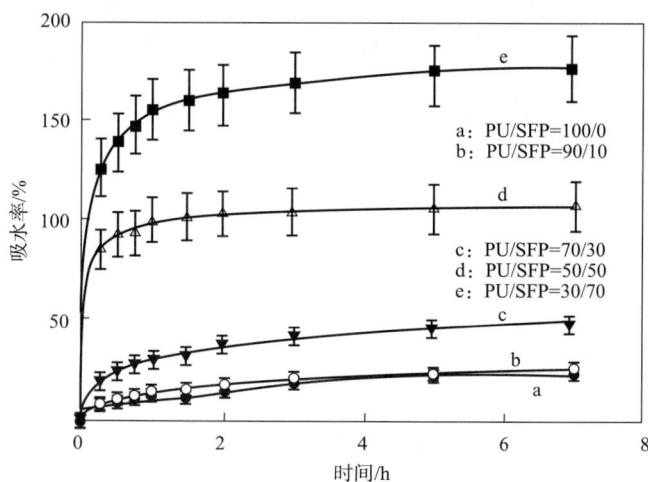

图6-21 聚氨酯/丝素复合膜的吸水率

表6-2　聚氨酯／丝素复合膜透湿性和静态水接触角

PU/SFP	透湿率/g·m⁻²·d⁻¹	水接触角/（°）
100/0	537 ± 10	69.25 ± 2.15
90/10	539 ± 12	67.13 ± 1.58
70/30	3102 ± 115	53.08 ± 1.09
50/50	10803 ± 218	0.00
30/70	17584 ± 237	0.00

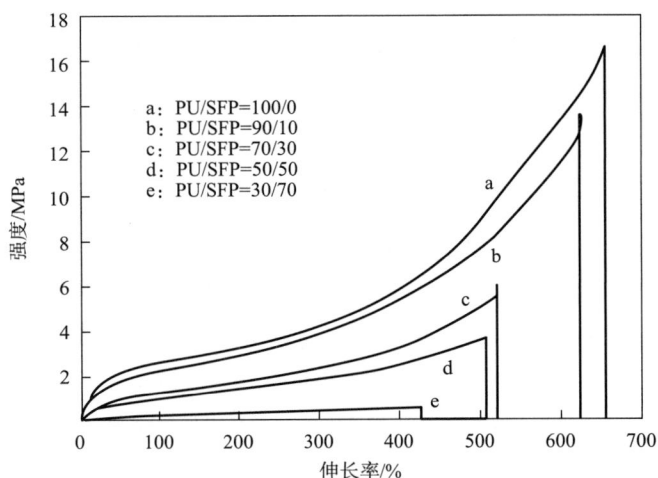

图6-22　聚氨酯／丝素复合膜的力学性能

的自由进出提供了通道，使复合膜亲水性提高，透湿率增加和吸水性提高。

　　图6-22为聚氨酯／丝素复合膜的力学性能。随着丝素粉体含量的增加，复合膜的应变和应力均下降。聚氨酯／丝素复合膜力学性能下降的原因有三个：丝素粉体加入后破坏了聚氨酯分子中的部分氢键，导致软段和硬段之间出现微相分离，聚氨酯材料的力学性能下降，造成复合膜的应力和应变下降；单位重量内随着丝素含量的增加，聚氨酯的含量减少，单位面积上能够承受的拉力下降，复合膜的整体力学性能下降；单位体积内复合膜中微孔的数量随着丝素粉体含量的增加而增加，降低了单位面积上能够承受的拉力，影响了复合膜的力学性能。

6.4.4　聚氨酯／丝素复合膜的体外生物相容性

　　为了提高聚氨酯材料的生物相容性，将丝素粉体加入聚氨酯溶液中并制备成膜，利用体外细胞实验检测聚氨酯/丝素复合膜的生物相容性。体外衡量生物材料的生物相容性主要是通过观察体外细胞与材料直接或间接接触后的增殖、黏附和形态变化衡量生物材料的生物相容性。

6.4.4.1　WST-8法检测聚氨酯/丝素复合膜的细胞毒性

将已灭菌的聚氨酯/丝素复合膜在无菌条件下浸泡在含5%胎牛血清的细胞基质（ECM）培养基中（试样表面积/培养基=6cm²/mL）。在37℃条件下将样品浸泡48h制备标准浓度浸提液。使用ECM培养基稀释标准浓度浸提液，分别获得2倍、4倍和10倍稀释的浸提液，无菌封存备用。

实验共设两组，一组为阴性对照组，另外一组为实验组，每组样品均为三个复孔。处于对数生长期的第三代人脐静脉内皮细胞（HUVEC）胰酶消化，加入培养基吹打成细胞悬浮液，经离心、去除培养基和胰酶液后得到细胞，向获得的细胞中加入ECM培养基得到细胞悬浮液，调整细胞浓度至1×10^4cells/mL，以100μL/孔接种于96孔细胞培养板中。培养板置于细胞培养箱中（5%CO_2、37℃）培养24h后去除培养液，实验组分别加入100μL不同浓度的材料浸提液，阴性对照组加入100μL含5%胎牛血清的ECM培养基继续培养。在培养1天、3天和5天后向每孔中加入10μL CCK-8溶液，并继续培养4h，显色后用酶标仪测定460nm波长处吸光度（OD）值，将OD值代入公式（6-1）计算细胞相对增殖率（Relative Growth Rate，RGR）进行细胞毒性分析。

$$RGR = \frac{OD_{实验}}{OD_{阴性}} \times 100\% \qquad (6-1)$$

式中：RGR——细胞相对增殖率，%；

　　　$OD_{实验}$——实验组460nm波长处吸光度；

　　　$OD_{阴性}$——阴性对照组460nm波长处吸光度；

细胞毒性分级见表6-3。

表6-3　细胞相对增殖率，毒性分级标准

细胞相对增殖率/%	细胞毒性分级
≥100	0（无毒、合格）
75~99	1（轻微毒、合格）
50~74	2（中等毒、不合格）
25~49	3（严重毒、不合格）
1~24	4（不合格）
0	5（不合格）

6.4.4.2　细胞在聚氨酯/丝素复合膜表面的增殖

直径为16mm的圆形聚氨酯/丝素复合膜和圆形聚四氟乙烯（PTFE）参比样平铺在24孔培养板中，使用圆形硅胶环将其固定在培养板的底部。向培养孔中加入磷酸盐缓冲溶液（PBS）清洗材料表面，每孔洗涤3次，每次洗涤5min。洗涤后的试样置于40℃环境中干燥，环氧乙烷消毒、密封。在无菌操作台中将5×10^4个第三代HUVEC细胞种植在材料的表面，轻轻来回晃动培养板2min便于细胞均匀平铺在材料的表面。培养板置于细胞培养箱中培养72h后取出，去除培养液并加入1mL浓度为4%的多聚甲醛，在4℃冰箱中固定细胞2h。去除多聚甲醛，使用PBS溶液洗涤3次，每次5min。然后在每孔中加入5%牛血清白蛋白(BSA)封闭液，在常温环境下孵育20min。去除BSA封闭液，向每孔中加入100μL的vwf（血管性血友病因子）抗体覆盖材料表面，置于4℃冰箱孵育过夜（8h）。次日去除一抗（兔抗人vwf抗体），PBS溶液洗涤3次，每次5min，然后加入100μL cy3（菁类荧光染料）连接的二抗（cy3标记的山羊抗兔抗体），常温下孵育1h。为了更好地观察细胞的外表面和细胞核，在二抗溶液孵育1h后向每孔中加入4,6-联脒-2-苯基吲哚（DAPI）溶液，继续孵育1min。去除二抗及DAPI，PBS溶液洗涤材料表面3次，每次5min。从培养板中取出材料，分别置于载玻片上，加盖盖玻片，使用共聚焦荧光显微镜进行观察。

6.4.4.3　聚氨酯/丝素复合膜表面细胞形态

环氧乙烷消毒后的试样表面种植5×10^4个第三代HUVEC细胞并放置在培养箱中培养72h，去除培养基，使用PBS溶液洗涤3次，每次5min。向培养孔中加入1mL 2.5%戊二醛，放置于4℃冰箱中固定48h，移除固定液后进行PBS溶液洗涤。使用1%锇酸固定细胞2h后，PBS溶液洗涤3次，每次5min。分别置于梯度（60%、70%、80%、90%、100%）酒精中脱水，每次15min。脱水后的试样一半经喷金后进行扫描电镜观察；另外一半进行环氧树脂包埋和超薄切片的制备，以便通过透射电镜观察材料表面细胞的形态及细胞与材料之间的结合紧密度。

6.4.5　聚氨酯/丝素复合膜的体内相容性

制备的材料包埋在动物的体内是最直接和最有效的衡量生物材料生物相容性的方法。从聚氨酯/丝素复合膜的中间部位切取8mm×3mm（长×宽）的矩形实验样品3块，置于75%酒精中消毒30min，然后转移到无菌的0.9%氯化钠注射液中洗涤，洗涤3次，每次10min。

材料体内相容性实验严格遵照《中华人民共和国实验动物管理条例》进行实施。从武汉市协和医院动物房购买到21只雄性大白鼠，随机分成7组，放在饲养笼中进行饲养。为了让大白鼠熟悉新的环境，对大白鼠进行有规律地喂养一周。每天早晨8点钟喂养一次，中午12点钟喂养第二次，下午5点钟再喂养一次。一个星期后进行样品包埋手术。使用速眠新Ⅱ和盐酸氯胺酮注射液混合麻醉剂〔（0.3mL速眠新Ⅱ+0.1mL盐酸氯胺酮注射液）/kg〕对大白鼠进行麻醉，麻醉方式采用静脉注射麻醉。麻醉后的大白鼠固定在手术板上，去除背部毛发，依次使用碘酒和酒精进行消毒。切开表面的皮肤层进入肌肉层，将消毒后的聚氨酯/丝素复合膜样品平铺在肌肉层中间。为防止因伤口感染而影响实验结果，缝合后的伤口使用无菌纱布进行包扎，然后重新放回养殖笼中进行饲养。在后续饲养过程中定期观察大白鼠的日常行为。手术一周后的大白鼠经无痛处死后，从肌肉层中取出埋置的实验样品，取样过程中要求将样品连带的周围组织共同切除。取出的样品放置在2.5%戊二醛固定液中固定2h后，采用苏木精—伊红染色法（Hematoxylin–eo sin Staining，HE）对样品及其周围的组织进行染色。染色后的样品制备成切片进行检测。切片的制备及其观察均在武汉市协和医院组织检测室完成。样品埋置手术全过程如图6-23所示。手术过程中使用的材料与大白鼠分组实验见表6-4。

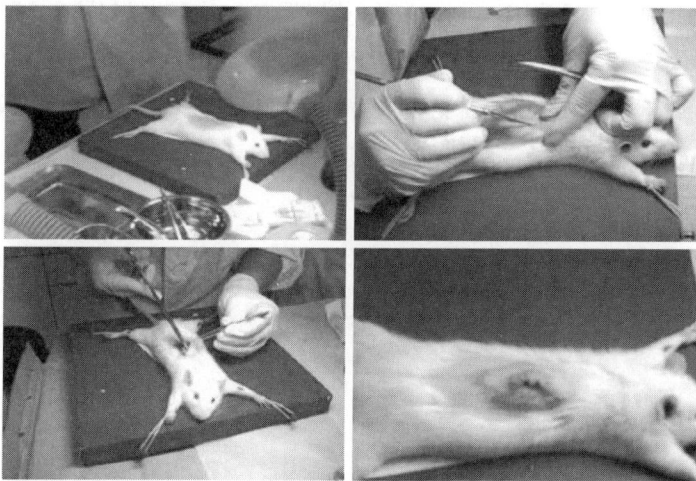

图6-23　聚氨酯/丝素复合膜包埋在大白鼠体内

表6-4　动物分组与实验样品对应表

序列号	组号	包埋材料
1	A	空白组，阴性对照样
2	B	NSFP/BPU=0/100
3	C	NSFP/BPU=10/90
4	D	NSFP/BPU=30/70
5	E	NSFP/BPU=50/50

序列号	组号	包埋材料
6	F	NSFP/BPU=70/30
7	G	PTFE对比样

6.4.6 聚氨酯/丝素复合膜的体外相容性

6.4.6.1 细胞毒性

表6-5和表6-6分别为聚氨酯/丝素浸提液培养细胞24h和48h后细胞增殖率及毒性分级统计表。表6-7为不同浓度材料浸提液培养细胞24h后细胞增殖率及细胞毒性分级统计表。材料浸提液体外细胞毒性实验结果显示材料浸提液体外与细胞共培养24h，各组丝素与聚氨酯复合膜材料均表现出轻度毒性，在合格范围内，聚氨酯/丝素50/50、聚氨酯/丝素30/70、PTFE组比纯聚氨酯组毒性大。材料浸提液体外与细胞共同培养48h后，各组材料毒性均显著降低，聚氨酯/丝素90/10组细胞增殖率高于阴性对照组，没有体现出细胞毒性，PTFE仍有轻度毒性，且PTFE比纯聚氨酯毒性大。经梯度稀释的标准浓度浸提液与细胞进行培养24h（聚氨酯/丝素70/30组），实验结果显示随着材料浸提液浓度的降低，细胞毒性显著降低。

表6-5 材料浸提液培养24h后细胞相对增殖率及毒性分级

材料	吸光度（平均值）	相对增殖率/%	细胞毒性分级
阴性对照	2.447	—	—
纯PU	2.260*	92.36	1
PU/SFP 90/10	2.281	93.22	1
PU/SFP 70/30	2.132	87.13	1
PU/SFP 50/50	2.049*Δ	83.74	1
PU/SFP 30/70	2.052*Δ	83.86	1
PTFE	1.965*Δ	80.30	1

与阴性对照比较，纯PU、PU/SFP 50/50、PU/SFP 30/70、PTFE组的P值*$P < 0.05$；与纯PU组比较，PU/SFP 50/50、PU/SFP 30/70、PTFE组的P值Δ$P < 0.05$。

表6-6 材料浸提液培养48h后细胞相对增殖率及毒性分级

材料	吸光度（平均值）	相对增殖率/%	细胞毒性分级
阴性对照	3.016	—	—
纯PU	3.104	102.92	0
PU/SFP 90/10	3.168*	105.04	0
PU/SFP 70/30	3.054	101.26	0
PU/SFP 50/50	2.891	95.86	1
PU/SFP 30/70	2.889	95.79	1
PTFE	2.871*Δ	95.20	1

与阴性对照比较，PU/SFP 90/10、PTFE组的P值*P<0.05；与纯PU组比较，PTFE组的P值ΔP<0.05。

表6-7 不同浓度材料浸提液培养24h后细胞相对增殖率及毒性分级

不同标准浓度材料浸提液（PU/SFP 7:3）	吸光度（平均值）	相对增殖率/%	细胞毒性分级
阴性对照	2.123	—	—
标准浓度	1.775*	83.61	1
标准浓度稀释2倍	2.132	100.42	0
标准浓度稀释4倍	2.197Δ	103.49	0
标准浓度稀释10倍	2.211Δ	104.15	0

与阴性对照组比较，标准浓度组的P值*P<0.05；与标准浓度组比较，0.25倍、0.1倍标准浓度组的P值ΔP<0.05。

综合以上三组实验数据来看，聚氨酯/丝素复合材料浸提液体外与细胞共培养24h后，各组材料均表现出轻度毒性，随着培养时间的延长（48h）和浸提液浓度的降低，聚氨酯/丝素复合膜的细胞毒性显著降低，聚氨酯/丝素90/10组的细胞毒性低于纯聚氨酯及PTFE组。

6.4.6.2 聚氨酯/丝素复合膜表面细胞形态

相同数量的细胞种植在聚氨酯/丝素复合膜的表面，孵育72h后通过染色使细胞的表面和细胞核分别带有不同的荧光色，使用共聚焦荧光显微镜观察复合膜上表面细胞的形态及生长情况。图6-24为人体脐静脉内皮细胞在聚氨酯/丝素复合膜表面的共聚焦显微镜图。

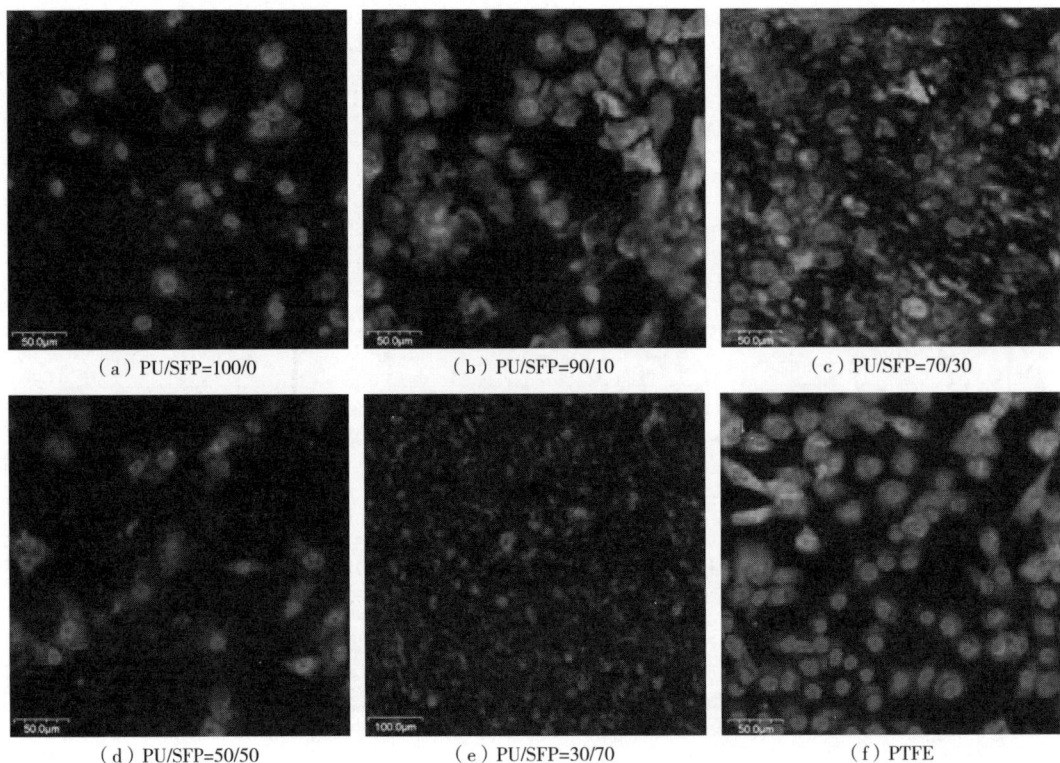

(a) PU/SFP=100/0　　　　　　(b) PU/SFP=90/10　　　　　　(c) PU/SFP=70/30

(d) PU/SFP=50/50　　　　　　(e) PU/SFP=30/70　　　　　　(f) PTFE

图6-24　聚氨酯／丝素复合膜表面细胞的共聚焦显微镜图

在聚氨酯膜的表面观察到一定数量的细胞，细胞保持着良好的形态。复合膜中丝素粉体含量低于30%时，复合膜表面细胞的数量略有增加，细胞保持着良好的形态。当丝素含量继续增加时，观察到的细胞数量下降。丝素在复合膜中的含量达到70%时，在复合膜的表面观察到极少量的细胞。PTFE膜的表面观察到一定数量的细胞，细胞保持着良好的形态。

　　丝素粉体在复合膜中出现给细胞的观察带来一定的困难。随着丝素粉体在聚氨酯表面增加，荧光标记的抗体与丝素粉体进行结合，在使用共聚焦显微镜观察过程中，细胞的对比度下降，表层丝素粉体结合的荧光对细胞的观察产生了一定的干扰。为消除染色带来的观察难题，使用扫描电镜观察复合材料表面细胞的数量和细胞形态，同时，利用透射电镜观察材料表面细胞的完整性，确认内皮细胞在材料空隙中存活的概率。

　　图6-25为聚氨酯丝素复合膜表面细胞的SEM图。图像结果反映内皮细胞的数量随着丝素含量的增加而先增加后减少，SEM图像结果与共聚焦荧光显微镜观察的结果完全吻合。扫描电镜观察到复合膜表面细胞的形态完好，部分细胞显示出长条状的形态，部分细胞为三角形。细胞在聚氨酯／丝素复合膜的表面具有良好的铺展性，体现出细胞与复合膜之间具有良好的结合力。但是，扫描电镜结果显示PTFE表面未出现大量的细胞，实验结果与共聚焦荧光显微镜结果相反。造成这种现象的主要原因可能是在制备扫描电镜观察样品过

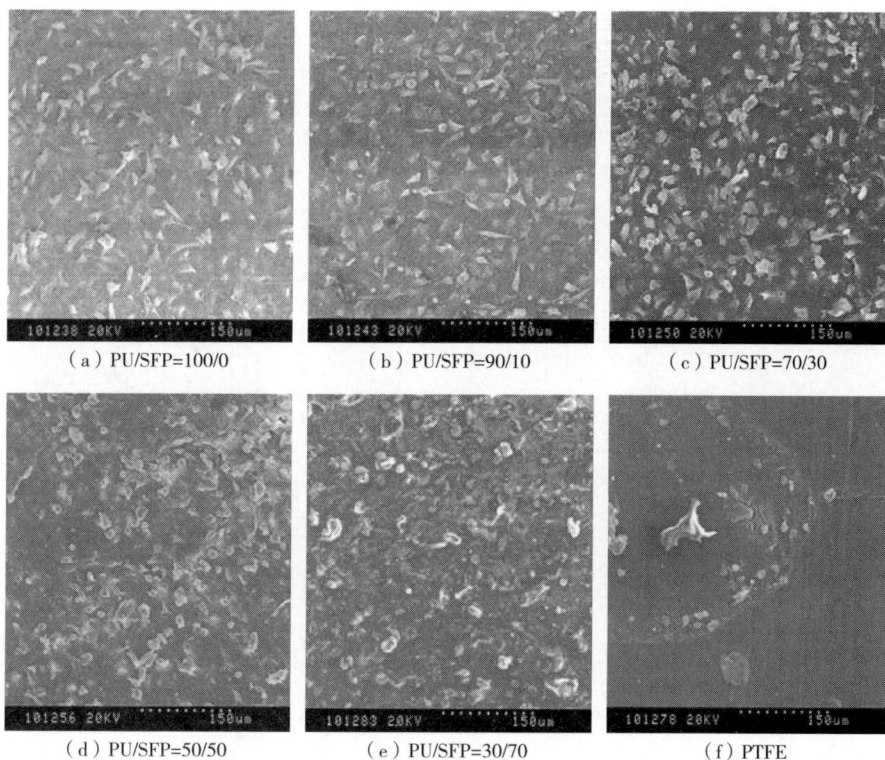

図6-25 聚氨酯／丝素复合膜表面细胞的SEM图

程中大量的细胞由于受到外力的作用而从PTFE材料表面脱落。内皮细胞脱落的结果也显示出内皮细胞与PTFE材料之间的结合力较差，不利于血液循环系统中人造血管的内皮化。

　　无论是共聚焦显微镜结果还是扫描电镜结果均显示随着丝素粉体含量的增加，细胞的数量先增加后减小。当丝素粉体含量达到70%时，很难在聚氨酯／丝素复合膜的表面观察到细胞。出现细胞数量先增加后减小的主要原因是复合膜结构的变化。丝素粉体的加入导致大量的微孔和粉体出现在聚氨酯膜的上表面，表面的微孔和丝素粉体提高了上表面的粗糙度。长时间的研究发现表面分布70μm以下的微孔则可以增加细胞的繁殖能力，使细胞保持着良好形态。反之，如果微孔的孔径大于70μm则会破坏细胞繁殖的环境，导致细胞繁殖能力下降。增加丝素粉体在聚氨酯复合膜中的含量，复合膜上表面微孔的数量增加，孔径缓慢增大。丝素粉体的含量达到70%时，大量的丝素颗粒和微孔出现在上表面，在表面出现了蜂巢结构，破坏了细胞的繁殖环境，因此，细胞出现萎缩、死亡，数量下降。

　　为了更好地观察聚氨酯／丝素复合膜表面细胞的完整性，验证是否存在细胞生长在复合膜的微孔中，利用透射电镜观察了聚氨酯／丝素复合膜的超薄切片。图6-26为聚氨酯／丝素复合膜超薄切片TEM图。复合膜上表面黏附的细胞保持着良好形态，包含着完整的细胞核和细胞质两部分。当聚氨酯／丝素复合膜中丝素粉体含量在70%时，种植在材料上表

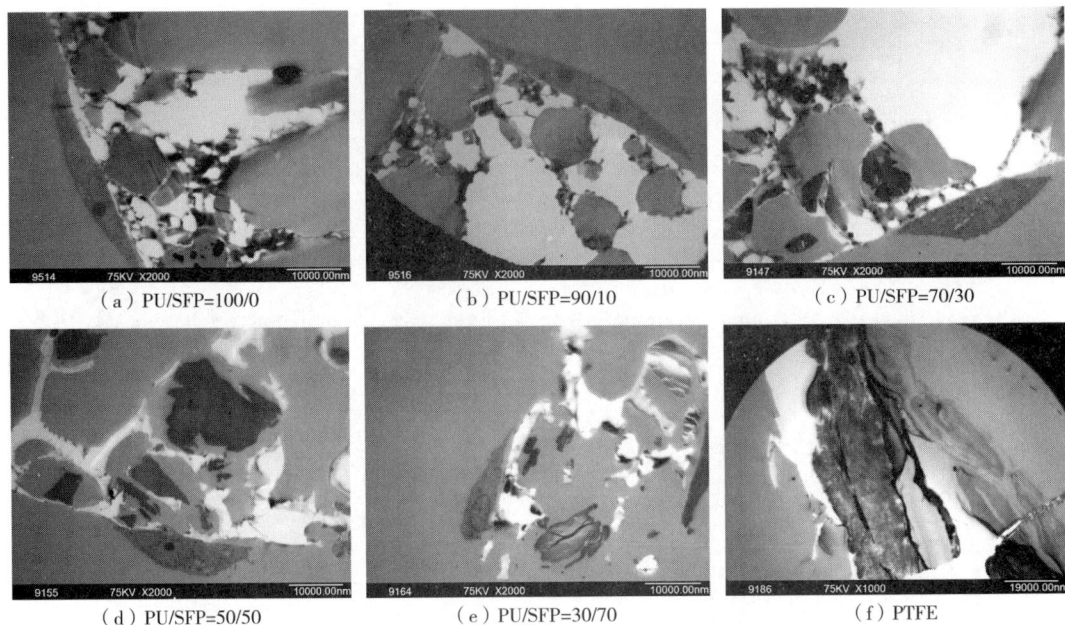

（a）PU/SFP=100/0   （b）PU/SFP=90/10   （c）PU/SFP=70/30

（d）PU/SFP=50/50   （e）PU/SFP=30/70   （f）PTFE

图6-26 聚氨酯/丝素复合膜超薄切片TEM图

面的细胞出现了部分萎缩，细胞繁殖能力下降。由于PTFE材料与细胞之间的结合力较弱，在制备超薄切片过程中，细胞很难黏附在材料的表面，因此，未在PTFE材料的表面观察到细胞。造成细胞萎缩和数量下降的主要原因是表面粗糙的丝素粉体出现在复合膜的上表面。虽然丝素粉体具有很好的生物相容性，但是，带有毛刺的粗糙表面将会刺激细胞壁，致使内皮细胞收缩，而不能完全铺展在材料的表面进行增殖和分裂。

6.4.7 聚氨酯/丝素复合膜的体内生物相容性

生物材料体内生物相容性检测方法是将制备的生物材料包埋在动物的体内，在设定时间点将材料及其周围的组织共同取出，并对其进行组织切片分析。在动物体内直接衡量生物材料的生物相容性是最直接和最有效的检测材料生物相容性的方法。图6-27为聚氨酯/丝素复合膜包埋在动物体内一周后的组织切片染色图。聚氨酯/丝素复合膜包埋在大白鼠的肌肉层内，在后续饲养过程中观察大白鼠的日常生活行为，检测复合膜动物体内生物相容性。手术后的大白鼠未出现异常行为，伤口愈合快。一周后将包埋的复合膜及其周围组织一同从大白鼠体内取出，进行染色、制备切片和观察。空白组中肌纤维水肿不明显，肌纤维连续性好，组织间仅有少量炎性细胞浸润，包埋处组织边缘存在少量纤维组织增生。纯聚氨酯膜中肌纤维轻度水肿，连续性尚可，组织间存在较多炎性细胞浸润，聚氨酯材料在制备切片后无明显显色，材料间也有大量炎性细胞浸润，包埋组织周边纤维组织

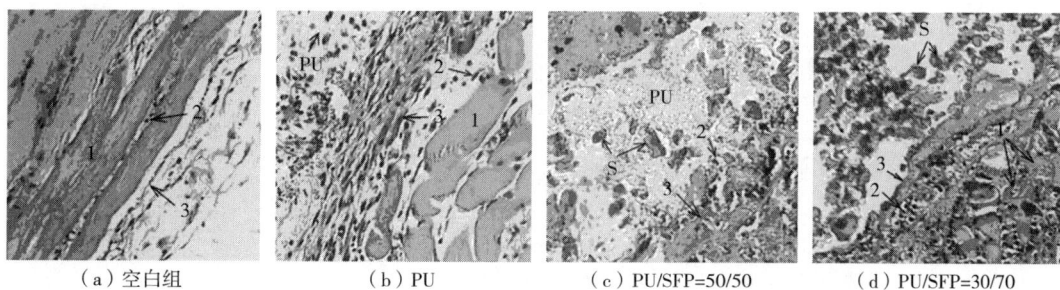

（a）空白组　　　　　（b）PU　　　　（c）PU/SFP=50/50　　　　（d）PU/SFP=30/70

图6-27　聚氨酯/丝素复合膜包埋在动物体内一周后的组织切片染色图

1—肌纤维　2—炎性细胞　3—纤维组织　S—丝素粉体

增生明显。聚氨酯/丝素复合膜中肌纤维轻度水肿，连续性尚可，组织间隙处可见少量炎性细胞浸润，材料周边未出现明显的组织增生。对比以上实验结果发现聚氨酯/丝素复合膜周围存在少量的炎性细胞侵入，复合膜与周围的组织之间未出现明显的间隙，未发现组织坏死及变性的现象，细胞形态结构完好，与纯聚氨酯材料结果相比，聚氨酯/丝素复合膜具有良好的体内生物相容性。对于PTFE材料，组织与材料的结构均保持完整，但是，组织与材料之间存在明显的间隙，而且大量死亡的细胞在PTFE与组织之间形成了一层伪膜。

6.5　基于聚氨酯/丝素复合膜组建的肝素钠药物释放系统

加入丝素粉体后，聚氨酯材料生物相容性得以提高的主要原因是丝素蛋白粉体本身具有良好的生物相容性，与聚氨酯混合后可以弥补聚合物材料生物相容性的不足。丝素蛋白粉体因具有良好的生物相容性，在药物释放系统中的应用也被广泛地关注。2006年，美国塔夫斯大学的WANG等人制备了丝素微球用于药物控释系统中。在丝素微球制备过程中通过控制微球制备工艺可以达到延长药物释放的作用。2007年，WANG等人又设计了一种携带药物的丝素蛋白纳米涂层，用来控制药物的释放。实验结果表明丝素涂层能够有效地控制药物的释放。随后，WANG等人将丝素蛋白涂覆在聚乳酸—羟基乙酸共聚物［Poly（lactic-co-glycolic acid），PLGA］和海藻酸钠组成的微球表面，有效地控制了蛋白质的释放。同年，新西兰药剂科学研究中心LORENZ UEBERSAX等人将丝素蛋白用作神经生长因子的药物释放基材。神经生长因子持续释放延长到3个星期，释放出来的生长因子依然保持着良好的生物活性。

目前，用在药物释放系统中的丝素蛋白均是由盐溶解再生法获得，具有较好的生物相容性和药物控制作用。但是，制备的药物释放系统力学性能较差，很难满足临床使用的要求。另外，再生的丝素蛋白在药物释放过程中容易流失，造成药物释放系统的坍塌。

6.5.1 肝素钠释放系统的制备

6.5.1.1 肝素化丝素粉体（H-SFP）的制备

丝素粉体浸泡在6倍自身重量的肝素钠水溶液中2h，使肝素钠与丝素粉体进行充分的接触。含有丝素粉体的肝素钠水溶液放置在40℃烘箱中进行干燥，去除水分。干燥后的丝素粉体放回自制的粉体加工器中进行二次加工，获得肝素化丝素粉体。在制备过程中通过控制丝素粉体的质量和肝素钠的浓度达到获得携带不同质量肝素钠的丝素粉体。

6.5.1.2 肝素钠药物释放系统的制备

肝素化丝素粉体与聚氨酯母粒共同加入DMF溶液中，在30℃环境下充分搅拌并获得混合均匀的共混溶液。经真空脱泡后将肝素化丝素粉体与聚氨酯混合溶液平铺在干燥的玻璃板槽中，然后浸泡在蒸馏水凝固浴中10min使其成型。从凝固浴中取回黏附有药物释放系统的玻璃板槽，放置在40℃烘箱中干燥72h。成型和干燥后的肝素钠药物释放系统从玻璃板槽表面取下，保存在温度为（25±2）℃、湿度为（65±5）%的环境中。制备的肝素钠药物释放系统是由肝素化丝素粉体与聚氨酯共同组成，因此，也称为聚氨酯/肝素化丝素复合膜（PU/H-SFP）。

肝素钠药物释放系统中肝素的百分含量（Heparin%）、丝素粉体百分含量（SFP%）和聚氨酯（PU%）的百分含量分别按照式（6-2）～式（6-4）进行计算：

$$\text{Heparin\%} = \frac{W_{\text{Heparin}}}{W_{\text{SFP}} + W_{\text{PU}}} \qquad (6-2)$$

$$\text{SFP\%} = \frac{W_{\text{SFP}}}{W_{\text{SFP}} + W_{\text{PU}}} \qquad (6-3)$$

$$\text{PU\%} = \frac{W_{\text{PU}}}{W_{\text{SFP}} + W_{\text{PU}}} \qquad (6-4)$$

式中：W_{Heparin}——肝素钠的质量，g；

W_{SFP}——丝素粉体的质量，g；

W_{PU}——聚氨酯的质量，g。

肝素钠药物释放系统中各组分含量，如表6-8所示。

表6-8　肝素钠药物释放系统中各组分含量

序号	PU/g	SFP/g	肝素钠/g	PU/%	SFP/%	肝素钠/%
A	3	7	1	30%	70%	10%
B	5	5	1	50%	50%	10%
C	7	3	0.5	70%	30%	5%
D	7	3	0.75	70%	30%	7.5%
E	7	3	1	70%	30%	10%

6.5.2　肝素钠释放功能

按照Smith甲苯胺蓝测定法测定肝素钠药物释放系统中肝素的释放速度。测试具体步骤如下：向2.5mL已知不同浓度的肝素钠溶液中加入2.5mL甲苯胺蓝溶液后充分震荡使肝素钠与甲苯胺蓝完全反应，形成络合物。加入5mL正己烷与络合物充分混合，使有机相中的络合物与水溶液分离，萃取。取下层水溶液测定631nm处的紫外吸光度。测定的吸光度值与水溶液中未反应的甲苯胺蓝的浓度成正比。以肝素钠含量为横坐标，测定的吸光度值为纵坐标，绘制标准曲线。

从聚氨酯/肝素化丝素复合膜中取出矩形样品（40mm×50mm）浸泡在20mL磷酸盐缓冲溶液（PBS，pH=7.4）中，在预设定的时间点处从浸泡液中准确量取2.5mL溶液，同时，向浸泡液中重新注入2.5mL新鲜的PBS代替取出的部分。使用上述介绍的甲苯胺蓝测定法测量提取的PBS的吸光度值，根据标准曲线计算肝素钠的浓度。将肝素钠的浓度代入式（6-5）和式（6-6），计算肝素钠累计相对释放量和肝素钠释放的浓度百分含量。

第n次取样时，肝素钠累计释放量的计算见式（6-5）：

$$Q_n = C_n V + V_1 \sum_{i=1}^{n} C_n - 1 \qquad (6-5)$$

式中：Q_n——第n次取样时肝素钠的累计释放量，mg；

　　　C_n——第n次取样时溶液的浓度，mg/mL；

　　　V——溶液的体积，mL；

　　　V_1——每次取样的体积，mL；

第n次取样时，肝素钠累计释放率的计算见式（6-6）：

$$y = Q_n / q \qquad (6-6)$$

式中：y——第n次取样时肝素钠的累计释放率，%；

　　　Q_n——第n次取样时肝素钠的累计释放量，mg；

　　　q——复合膜中肝素钠的质量，mg。

6.5.3　肝素钠活性

凝血酶原时间（Prothrombin Time，PT），活化部分凝血活酶时间（Activated Partial Thromboplastin Time，APTT）和凝血酶时间（Thrombine Time，TT）为临床测试人体血液凝血机制是否正常的三大指标。目前，该测试方法已被应用在生物材料抗凝血性评价中。具体测试方法如下：30mL新鲜的血液与枸橼酸钠抗凝剂进行充分混合防止血液凝固。在2500g［离心力计算公式为式（6-7）］的条件下对获取的鲜血进行离心30min，得到贫血小板血浆（Platelet-poor plasma，PPP）。37℃环境下，将聚氨酯/肝素化丝素矩形样品（5mm×20mm）浸泡在0.5mL贫血小板血浆中1h。去除聚氨酯/肝素化丝素复合膜样品，剩余血浆放置在Coag-A-Mate Mtx全自动血凝仪中进行PT、APTT和TT三项指标的测试。

离心力计算如式（6-7）所示：

$$G = 1.11 \times 10^{-5} \times R \times [rmp]^2 \qquad (6-7)$$

式中：G——离心力，g；

　　　R——离心半径，cm；

　　　$[rmp]$——离心速度，r/min。

测试后，如果三项指标（PT、APTT和TT）均增加较大，表明释放出来的肝素钠依然保持着良好的生物活性。反之，三项指标未有明显的增加或减少，则说明释放出来的肝素钠已失去了原有的生物活性，制备的药物释放系统失败。

6.5.4　肝素钠释放模型

丝素粉体浸泡在肝素钠水溶液中2h，确保足够的药物通过浓度差的动力进入丝素粉体的内部并固定下来。干燥时，溶液中剩余的肝素钠附着在丝素粉体的表面，干燥后获得肝素化丝素粉体。图6-28为肝素钠、丝素粉体和肝素化丝素粉体的红外光谱图。将肝素化丝素粉体的红外光谱图与丝素粉体光谱图进行对比，肝素化后丝素粉体中未出现新的特征吸收峰，但是，部分特征吸收峰的位置发生了偏移。1517cm^{-1}和1233cm^{-1}处的特征吸收峰偏移到1515cm^{-1}和1231cm^{-1}。发生特征峰偏移的主要原因可能是肝素钠分子中的羧基（—COOH）与丝素粉体中的氨基形成了氢键。

6.4部分研究结果表明丝素粉体大大提高了聚氨酯材料的亲水性、透湿率和吸水率。复合膜中的丝素粉体破坏了聚氨酯材料的紧密结构，大量的微孔出现在复合膜的表面，为蒸馏水或水蒸气的自由出入提供了通道。另外，复合膜中紧密相连的丝素粉体也为蒸馏水或水蒸气的出入提供了路径。复合膜包含的微孔和相互连接的丝素粉体提高了聚氨酯材料

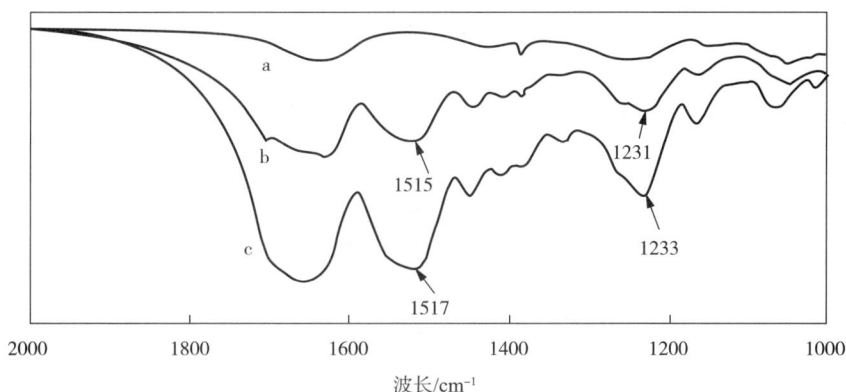

图6-28 肝素钠、丝素粉体和肝素化丝素粉体的红外光谱图
a—肝素钠 b—肝素化丝素粉体 c—丝素粉体

的亲水性、透湿率和吸水率。无论是聚氨酯/丝素复合膜表面的微孔还是丝素粉体形成的通道也都为抗凝药物肝素钠的释放提供了途径。图6-29为肝素化丝素/聚氨酯复合膜中肝素钠的释放原理。肝素钠药物释放系统浸泡在PBS溶液中时，蒸馏水沿着表面的微孔和丝素粉体形成的通道进入复合膜的内部，溶解掉丝素颗粒中携带的肝素钠。肝素钠开始由复合膜内部向上、下表面转移，随时间逐渐递增，在复合膜与水接触的表面处形成了药物浓度差，复合膜内部肝素钠的浓度高，复合膜外部肝素钠的浓度低，丝素携带的肝素钠在浓度差的作用下经过微孔和相互连接的丝素由内向外释放。在了解了肝素钠释放原理的基础上可以推断出影响肝素钠释放的三个主要因素，即聚氨酯与丝素的质量比、复合膜中的药物含量及复合膜的厚度。

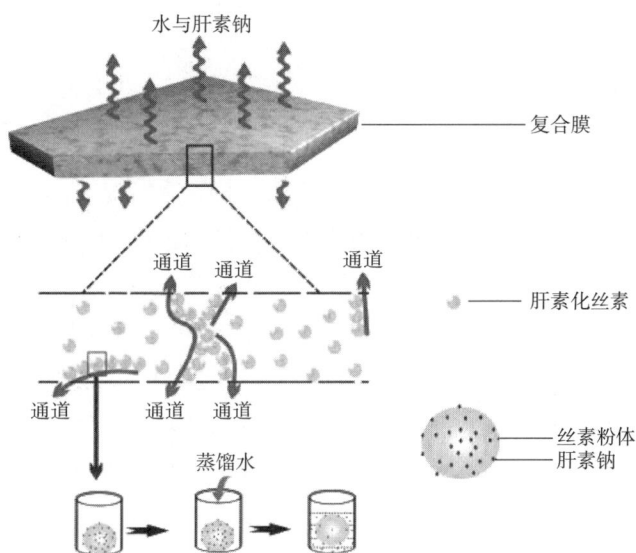

图6-29 肝素钠释放原理

丝素粉体携带抗凝药物肝素钠与聚氨酯共同组成了一种新型的肝素钠释放系统，希望将其应用在小口径人造血管工程中，提高血管壁的抗凝血性和血管的长时间通畅率。图6-30为肝素钠释放系统中肝素钠10天内的累积释放率。图中显示随着时间的延长，肝素钠的释放速率越来越慢。释放系统中48h内肝素钠的释放量较大，随着时间的继续增加，释放速率下降，肝素钠的释放逐渐平稳。造成肝素钠释放速率下降的主要原因是复合膜内外浓度差变小。药物释放系统中丝素粉体携带肝素钠的质量恒定，遇到模拟体液后肝素钠缓慢释放，复合膜内肝素钠的含量减少，复合膜内部与PBS溶液之间肝素钠浓度差降低，药物释放动力下降，肝素钠的释放速率也出现下降。在短时间内，大量的药物从释放系统内释放出来进入释放液中的现象称为"突释"。在开始释放的48h内，丝素、聚氨酯和肝素钠共同组成的药物释放系统中肝素钠释放量相对较大，存在突释的现象，这种现象直接影响药物的释放行为。如果能够很好地控制短时间内肝素钠的释放量，则可以延长相同量肝素钠的释放时间，延长血管的抗凝血性。

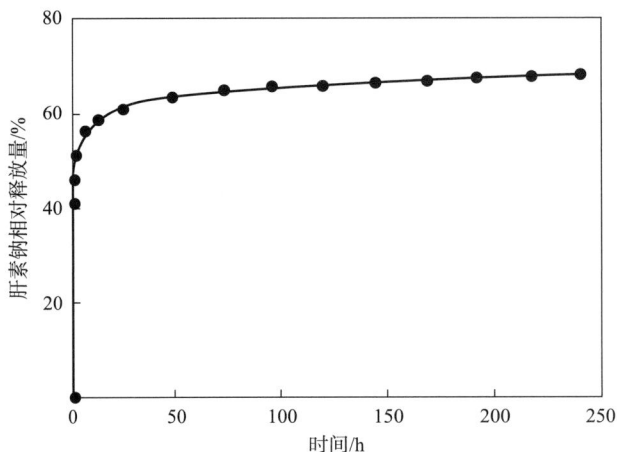

图6-30　肝素钠缓释系统中肝素钠10天内的累计释放率
（复合膜中聚氨酯/丝素比率为70/30、复合膜厚度为160μm、肝素钠含量为10%）

6.5.5　聚氨酯/丝素质量比对肝素钠释放性能的影响

丝素粉体携带一定量的肝素钠与医用聚氨酯复合制备了一种新型的肝素钠药物释放系统。肝素钠在丝素粉体中分布的位置分为两种：一是分布在粉体的表面；二是分布在粉体的内部。当复合膜中药物含量保持恒定时，丝素与聚氨酯的质量比直接影响单个丝素粉体中携带药物的量，丝素含量越大，单个丝素粉体中肝素钠的含量越少。单个丝素粉体携带药物的量下降，药物进入粉体内部的机会增加，短时间内药物释放行为将受到影响。图6-31为复合膜中聚氨酯/丝素比率对48h内肝素钠累计释放量的影响。随着复合膜中丝

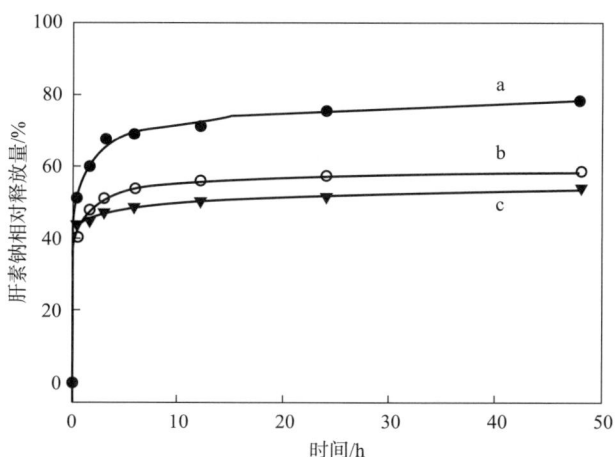

图6-31 复合膜中聚氨酯/丝素比率对48h内肝素钠累计释放量的影响

a—聚氨酯/丝素=70/30 b—聚氨酯/丝素=50/50 c—聚氨酯/丝素=30/70

素粉体含量的增加,48h内肝素钠累计释放量减小。丝素粉体与肝素钠之间的氢键是造成肝素钠累计释放量减小的主要原因。相同质量的肝素钠分布到不同质量的丝素粉体中,随着粉体质量的增加,单个丝素粉体中肝素钠的含量减少,药物进入丝素粉体内部的机会增加,附着粉体表面药物的含量下降,丝素与肝素钠之间形成氢键的概率增加。在药物释放过程中,丝素与肝素钠之间的氢键阻止了肝素钠药物的快速释放,降低了肝素钠的累计释放量。

6.5.6 聚氨酯/丝素复合膜厚度对肝素钠释放性能的影响

丝素粉体携带的肝素钠沿着复合膜中随机分布的微孔和丝素粉体形成的水通道释放到PBS溶液中。在制备的肝素钠药物释放系统中,复合膜的厚度直接决定了肝素钠行走的路程,影响单位时间内药物的释放行为。复合膜越厚,药物在进入PBS前需要行走的路程越长,相同时间内肝素钠的释放量越少。图6-32为聚氨酯/丝素复合膜厚度与肝素钠累计释放量的关系。图中结果显示复合膜的厚度与肝素钠的累计释放量之间存在很大的关系,肝素钠在48h内的累计释放量随着聚氨酯/丝素复合膜厚度的增加而减小。聚氨酯/丝素复合膜的厚度从160μm增加到210μm时,肝素钠累计释放量从79.34%下降到53.24%。增加复合膜的厚度相当于直接增加了肝素钠在复合膜中行走的路程,减少了相同时间内肝素钠的累计释放量。因此,通过控制复合膜的厚度可以达到有效控制肝素钠释放的效果。

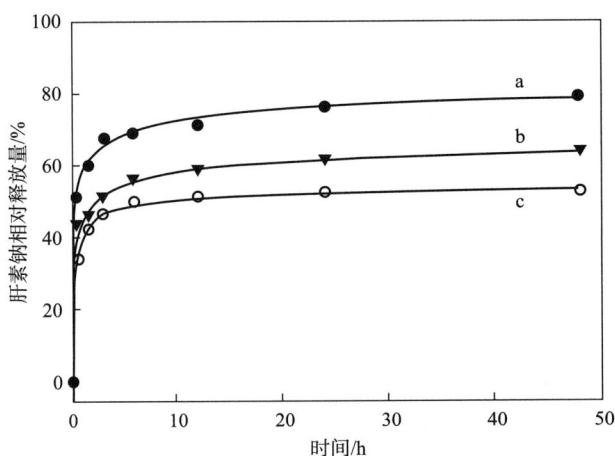

图6-32 聚氨酯／丝素复合膜厚度与肝素钠累计释放量的关系

a—110μm　b—160μm　c—210μm

6.5.7　复合膜中药物含量对肝素钠释放性能的影响

聚氨酯/丝素复合膜中单位体积上含有肝素钠的质量直接影响药物释放的动力，即复合膜与PBS溶液之间肝素钠的浓度差，影响短时间内抗凝药物肝素钠的累计释放量。图6-33为聚氨酯/丝素复合膜中肝素钠质量分数与肝素钠累计释放量之间的关系。肝素钠48h内累计释放量随着复合膜中药物质量分数的增加而增加。肝素钠累计释放量增加的主要原因是附着在丝素粉体表面的药物数量增加。增加复合膜中肝素钠的含量所起的作用等同于减少复合膜中丝素粉体的含量。在聚氨酯与丝素粉体含量保持恒定时，增加复合膜中肝素钠的质量分数，单位质量丝素粉体内药物的含量增加。由于丝素粉体内部药物的容量基本恒定

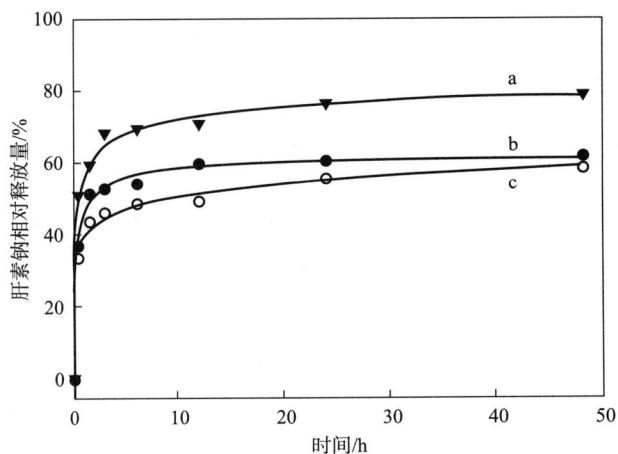

图6-33　聚氨酯／丝素复合膜中肝素钠质量分数与肝素钠累计释放量之间的关系

a—10%　b—7.5%　c—5%

不变，药物含量增加时大部分药物附着在丝素粉体的表面。处于相同厚度的复合膜在药物释放过程中，依靠物理作用力吸附在粉体表面的药物首先向外释放，由于没有类似于氢键的作用力束缚肝素钠，因此，短时间内释放的量增加。

丝素与聚氨酯的比值、复合膜的厚度和复合膜中肝素钠的含量均会影响抗凝药物肝素钠的释放。因此，通过控制制备工艺，获得具有不同物理参数的复合膜，制备出具有不同释放速率的肝素钠释放系统，达到准确控制肝素钠释放的目的。将该肝素钠药物释放系统应用在小口径人造血管工程中，可以依靠释放出来的肝素钠提高血管壁的抗凝血性和内皮化能力，达到延长人造血管长时间通畅的目的。

6.5.8　复合膜中肝素钠的活性

药物活性检测是药物释放系统研究中的重要环节，如果从药物释放系统中释放出来的药物失去了原有的活性，释放出来的药物达不到治疗的目的，从而制备的药物释放系统为失败的。TT、APTT和PT三项指标为临床使用检测凝血机制是否正常的指标。随着生物材料的发展，这三项指标现已被用来衡量生物材料的抗凝血性。检测方法是将丝素、聚氨酯和肝素钠共同组建的肝素钠释放体系浸泡在PPP血浆中1h，测试血浆的TT、APTT和PT三项指标，根据测试结果衡量释放出来的肝素钠是否保留原有的抗凝血活性。表6-9为TT、APTT和PT的三项指标测试结果。实验结果为三项指标均出现大幅度提高，血液凝固时间超出了仪器的测量范围。PPP血浆凝血时间大幅提高的主要原因是从药物释放系统中释放出具有良好生物活性的肝素钠，抑制了血液的凝固，实验结果证明从释放系统中释放出来的肝素钠依然保留着原有的抗凝血性。

表6-9　TT、APTT和PT三项指标值

肝素钠含量	凝血时间/s		
	TT	APTT	PT
0%	14.6	37.3	12.5
5%	>150	>200	>150
7.5%	>150	>200	>150
10%	>150	>200	>150

6.5.9　肝素钠释放后复合膜力学性能的变化

由丝素和聚氨酯为基材组成的肝素钠药物释放系统浸泡在PBS溶液中，基材内部和

PBS之间的药物浓度差为药物的释放提供了动力，推动肝素钠从聚氨酯/丝素复合膜向PBS释放。聚氨酯/丝素复合膜力学性能在PBS中的变化情况影响肝素钠释放系统使用的安全性。假如PBS破坏了复合膜的结构造成力学性能急剧下降，以丝素为载体的药物释放体系将不适合应用在小口径人造血管工程中。图6-34为肝素钠释放系统中肝素钠释放前后复合膜的力学性能。测试结果显示药物释放后聚氨酯/丝素复合膜的力学性能，包括应力和应变，出现了下降但是下降幅度较小，对肝素钠释放系统在小口径人造血管工程中的使用不会造成影响。肝素钠药物释放系统的制备方法是将混合溶液浸泡在蒸馏水凝固浴中，依靠相转变方法使其成型，因此，蒸馏水不会对肝素钠药物释放系统的基材聚氨酯/丝素复合膜的结构造成损伤。PBS是由溶解在蒸馏水中的盐溶液而组成，溶液pH固定在7.4，因此，PBS也不会对复合膜的结构和力学性能造成较大的破坏。结果证明丝素粉体为药物载体组建的药物释放系统适合应用在小口径人造血管工程中，控制血管壁中肝素钠的释放，达到提高血管抗凝血性和延长血管长时间通畅率的目的，满足小口径人造血管临床使用的要求。

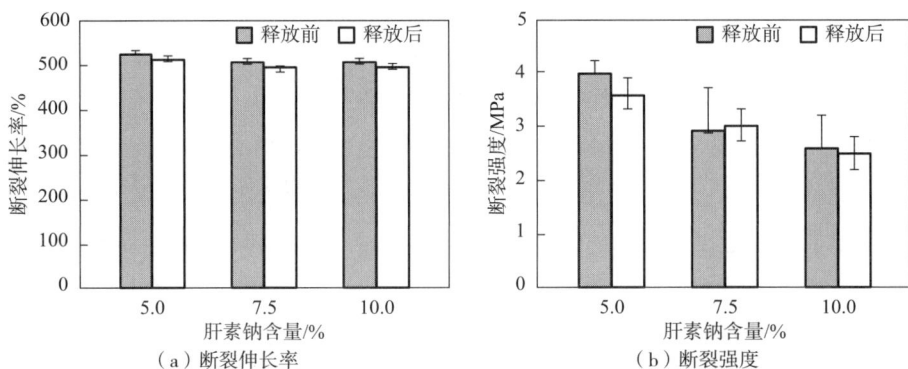

图6-34 肝素钠释放系统中肝素钠释放前后复合膜的力学性能

6.6 管状织物增强功能型人造血管动物体内移植实验

涤纶/氨纶小口径管状织物作为增强层，与携带肝素钠的丝素粉体和聚氨酯复合制备成血管壁，使管壁具有药物释放功能，达到改善人造血管生物相容性、抑制血栓形成的目的，提高小口径人造血管的长时间通畅率。

动物实验是验证人工器官产品成功与否最直接和最有效的方法，多种新方法或新材料制备的人造器官通过外科手术移植到动物体内，检测器官的各种生理性能。为了验证制备

天然蛋白质纤维粉体化及其应用

的小口径人造血管的长时间通畅率及可行性，利用动物模型评估血管的长时间通畅情况。经环氧乙烷消毒处理的复合型血管移植到狗的颈动脉上，通过观察狗的日常生活情况及其血管的通畅情况衡量血管的长时间通畅率。

6.6.1 人造血管动物体内移植实验

成年狗（体重为16kg左右）颈动脉上的血管直径为4mm左右，为了使替换实验更加接近临床试验的效果，在血管移植过程中，将长度为70mm、内径为4mm的小口径人造血管置换在狗颈动脉上。100mm长小口径人造血管（内径为4mm）送入武汉市协和医院消毒科进行环氧乙烷消毒和密封保存以备置换使用。体重为16kg左右的狗通过静脉注射进行麻醉（麻醉剂为4.8mL速眠新Ⅱ和1.6mL盐酸氯胺酮注射液混合物）后平放在动物手术台上，剃除颈部的毛发，经碘酒和酒精两道消毒后进行体内移植试验。血管移植过程如图6-35所示。完成血管置换手术的动物放回动物房进行饲养，在饲养过程中未增加任何抗炎、抗血栓的治疗和维护。动物体内血管置换实验共进行了三组：第一组是纯聚氨酯人造血管；第二、三组是织物增强功能型小口径人造血管。

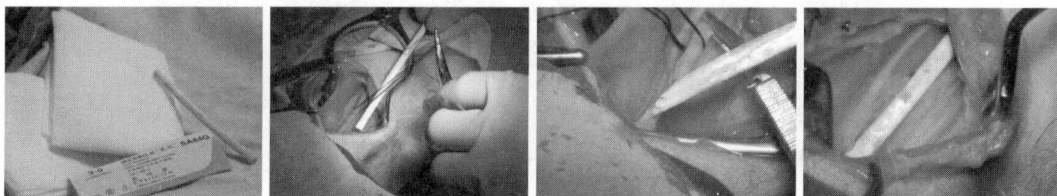

图6-35　人造血管移植流程图

6.6.2 核磁共振检测

核磁共振成像（Nuclear Magnetic Resonance Imaging，NMRI），又称自旋成像（Spin imaging），也称磁共振成像（Magnetic Resonance Imaging，MRI），是利用核磁共振（Nuclear Magnetic Resonance，NMR）原理，依据所释放的能量在物质内部不同结构环境中不同的衰减，通过外加梯度磁场检测所发射出的电磁波，即可得知构成这一物体原子核的位置和种类，据此可以绘制成物体内部的结构图像。将这种技术用于人体内部结构的成像，就产生出一种革命性的医学诊断工具。快速变化的梯度磁场的应用，大大加快了核磁共振成像的速度，使该技术在临床诊断、科学研究的应用成为现实，极大地推动了医学、神经生理学和认知神经科学的迅速发展。

通过静脉注射麻醉方式将需要检测的动物麻醉，置于核磁共振观测台上进行观察和拍照。检测的整个流程在武汉市协和医院核磁共振科完成。

6.6.3　结果与讨论

图6-36左图为纯聚氨酯小口径人造血管，右图为织物增强功能型小口径人造血管。为了模拟人造血管临床的真实环境评估人造血管使用过程中的长时间通畅率，将长度为70mm、内径为4mm的人造血管移植到成年狗颈动脉处。血管移植后观察狗的日常生活行为，在饲养过程中未发现狗有任何异常行为。移植6个月后，通过核磁共振成像技术检查血管的通畅情况。图6-36为狗颈动脉核磁共振图像。核磁共振图像为移植6个月后纯聚氨酯小口径人造血管和织物增强功能型小口径人造血管的核磁共振图像，其中B段为人造血管移植部位。

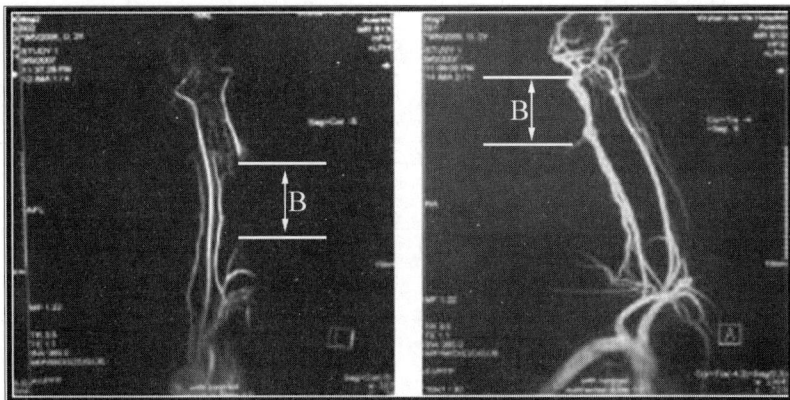

图6-36　狗颈动脉处核磁共振图像

狗颈动脉处核磁共振图像结果显示纯聚氨酯小口径人造血管替换部位在成像过程中未显示，表明该段血管出现了堵塞，未有血液流过的迹象。织物增强功能型小口径人造血管与动物体内其他通畅的血管一样显示在图像中，证实人造血管在动物体内依然保持通畅，与成年狗本身血管一同组成了封闭的血液循环系统，为各个组织输送氧气和营养。

纯聚氨酯小口径人造血管堵塞的主要原因可能是血管内部形成的血栓堵塞了血管。聚氨酯材料虽然具有一定的抗凝血性，当用作血流速度慢、阻力较大的小口径人造血管时，血液中的有效成分（血小板、红细胞和白细胞）容易沉淀在血管壁的表面，形成血栓而使血管堵塞。织物增强功能型小口径人造血管能够保持通畅的主要原因是管壁具备肝素钠释放功能。从管壁中释放出来的肝素钠能够有效防止血栓在管壁表面形成而堵塞血管；管壁表面缓慢释放出来的肝素钠增加了内皮细胞与管壁之间的结合力，促进细胞的分裂和增殖，加速血管内皮化，使人造血管保持通畅。

由于时间有限，目前只能获得人造血管半年的通畅情况，根据本章6.1~6.4部分的研究结果可以初步推断血管具有良好的长时间通畅率。但是还需要更长时间的动物实验结果支持以上推论。

天然蛋白质纤维粉体化及其应用

参考文献

[1] 张致身. 人脑血管解剖与临床[M]. 上海：科学技术文献出版社，2004.

[2] 佘永华，肖洪文. 系统解剖学[M]. 成都：四川大学出版社，2004.

[3] 朱治元，张凤真，马桦，等. 人体系统解剖学[M]. 上海：上海医科大学出版社，1997.

[4] 任惠民，张怀瑶. 人体系统解剖学[M]. 西安：陕西科学技术出版社，1992.

[5] 陈铮. 拿什么替代你，血管——探秘人造血管技术[J]. 首都医药，2008,234(15)：44–46.

[6] 贾立霞，王璐，凌凯. 人造血管的发展历程和方向[J]. 上海纺织科技，2003(3)：52–53.

[7] FRIEDMAN S G. A history of vascular surgery[M]. 2nd Edition. New York: Wiley-Blackwell, 2005.

[8] 赵荟菁. 国外人造血管的发展和我国人造血管现状[J]. 现代纺织技术，2006(3)：55–57.

[9] VOORHEES A B, JARETZKI A, BLAKEMORE A H. The use of tubes constructed from vinyon-n cloth in bridging arterial defects-a preliminary report[J]. Annals of Surgery, 1952,135(3): 332–336.

[10] BORDENAVE L, MENU P, BAQUEY C. Developments towards tissue-engineered, small-diameter arterial substitutes[J]. Expert Review of Medical Devices, 2008,5(3): 337–347.

[11] SARKAR S, LEE G Y, WONG J Y, et al. Development and characterization of a porous micro-patterned scaffold for vascular tissue engineering applications[J]. Biomaterials, 2006,27(27): 4775–4782.

[12] 曹海建，钱坤. 人造血管的发展及现状[J]. 北京纺织，2004(6)：36–38.

[13] VOORHEES A B. The development of arterial prostheses-a personal view[J]. Archives of Surgery, 1985,120(3): 289–295.

[14] VOORHEES R L. Vascular anatomy of eustachian-tube in guinea-pig[J]. Laryngoscope, 1976,86(8): 1087–1110.

[15] VOORHEES A B. Current status of surgical methods of decompression in the treatment of portal hypertension[J]. Journal de Chirurgie (Paris), 1964(88): 407–413.

[16] VOORHEES A B, MCALLISTER F F. Long term results following resection of arteriosclerotic abdominal aortic aneurysms[J]. Surgery Gynecology and Obstetrics, 1963,117(3): 355.

[17] VOORHEES A B, BLAKEMORE A H. Superior mesenteric vein-inferior vena cava shunt in treatment of portal hypertension[J]. Surgery, 1963,54(4): 559–562.

[18] 汪忠镐，陈学明. 人工血管在血管外科中的应用[J]. 临床外科杂志，2008(1)：12–14.

[19] 步雪峰，李晓强，吴浩荣. 小口径人造血管支架的研究进展[J]. 国际外科学杂志，2006(5)：362–365.

[20] ESQUIVEL C O, BLAISDELL F W. Why small caliber vascular grafts fail - a review of clinical and experimental experience and the significance of the interaction of blood at the interface[J]. Journal of Surgical Research, 1986,41(1): 1–15.

[21] SALACINSKI H, TIWARI A, HAMILTON G, et al. Performance of a polyurethane vascular prosthesis carrying a dipyridamole (Persantin) coating on its lumenal surface[J]. Journal of Biomedical Materials

Research, 2002,61(2): 337–338.

[22] BUTTAFOCO L, KOLKMAN N G, POOT A A, et al. Electrospinning collagen and elastin for tissue engineering small diameter blood vessels[J]. Journal of Controlled Release, 2005,101(1-3): 322–324.

[23] BUTTAFOCO L, KOLKMAN N G, ENGBERS-BUIJTENHUIJS P, et al. Electrospinning of collagen and elastin for tissue engineering applications[J]. Biomaterials, 2006,27(5): 724–734.

[24] LAGUNA P, MOODY G B, MARK R G. Power spectral density of unevenly sampled data by least-square analysis: performance and application to heart rate signals[J]. IEEE Transactions On Biomedical Engineering, 1998,45(6): 698–715.

[25] 汪忠镐，蒲力群. 涤纶人工血管下腔静脉移植的实验研究 [J]. 北京生物医学工程，1992(1)：39–43.

[26] 张英民，刘殿生，郭鸣凤. 涤纶人造血管复股血管损伤 11 例报告 [J]. 骨与关节损伤杂志，1993(3)：189–190.

[27] 叶茂昌，罗永祥，李容新，等. 聚四氟乙烯人造血管在颈内静脉搭桥术中的应用 [J]. 现代口腔医学杂志，1990(2)：118–119.

[28] 叶建荣. 聚四氟乙烯人造血管股腘动脉搭桥术 34 例报告 [J]. 中国现代医学杂志，1999(10)：46–48.

[29] YONEYAMA T, ISHIHARA K, NAKABAYASHI N, et al. Short-term in vivo evaluation of small-diameter vascular prosthesis composed of segmented poly(etherurethane) 2-methacryloyloxyethyl phosphorylcholine polymer blend[J]. Journal of Biomedical Materials Research, 1998,43(1): 15–20.

[30] LYMAN D J, FAZZIO F J, VOORHEES H, et al. Compliance as a factor effecting patency of a copolyurethane vascular graft[J]. Journal of Biomedical Materials Research, 1978,12(3): 337–345.

[31] HOW T V, GUIDOIN R, YOUNG S K. Engineering design of vascular prostheses[J]. Proceeding of the Institution of Mechanical Engineers, Part H: Journal of Engineering in Medicine, 1992,206(2): 61–71.

[32] TANZI M C. Bioactive technologies for hemocompatibility[J]. Expert Review of Medical Devices, 2005,2(4): 473–492.

[33] DOI K, MATSUDA T. Enhanced vascularization in a microporous polyurethane graft impregnated with basic fibroblast growth factor and heparin[J]. Journal of Biomedical Materials Research, 1997,34(3): 361–370.

[34] KNETSCH M L W, KOOLE L H. VEGF-E enhances endothelialization and inhibits thrombus formation on polymeric surfaces[J]. Journal of Biomedical Materials Research Part A, 2010,93A(1): 77–85.

[35] NAKAYAMA Y, NISHI S, ISHIBASHI-UEDA H, et al. Surface microarchitectural design in biomedical applications: in vivo analysis of tissue ingrowth in excimer laser-directed micropored scaffold for cardiovascular tissue engineering[J]. Journal of Biomedical Materials Research, 2000,51(3): 520–528.

[36] ZHANG L, AO Q, WANG A, et al. A sandwich tubular scaffold derived from chitosan for blood vessel tissue engineering[J]. Journal of Biomedical Materials Research Part A, 2006,77A(2): 277–284.

[37] DOI K, MATSUDA T. Significance of porosity and compliance of microporous, polyurethane-based

microarterial vessel on neoarterial wall regeneration[J]. Journal of Biomedical Materials Research, 1997,37(4): 573–584.

[38] BEZUIDENHOUT D, DAVIES N, ZILLA P. Effect of well defined dodecahedral porosity on inflammation and angiogenesis[J]. Asaio Journal, 2002,48(5): 465–471.

[39] QUAGLINI V, VILLA T, MIGLIAVACCA F, et al. An in vitro methodology for evaluating the mechanical properties of aortic vascular prostheses[J]. Artificial Organs, 2002,26(6): 555–564.

[40] 邹菲, 王璐. 经编人造血管顺应性的实验研究 [J]. 上海生物医学工程, 2005(1): 20–23.

[41] CHOI J Y, JUNG K Y, LEE J S, et al. Fabrication and in vivo evaluation of the electrospun small diameter vascular grafts composed of elastin/PLGA/PCL and heparin-VEGF[J]. Tissue Engineering and Regenerative Medicine, 2010,7(2): 149–154.

[42] MOONEY D T, MAZZONI C L, BREUER C, et al. Stabilized polyglycolic acid fibre based tubes for tissue engineering[J]. Biomaterials, 1996,17(2): 115–124.

[43] JEONG S I, KIM S H, KIM Y H, et al. Manufacture of elastic biodegradable PLCL scaffolds for mechano-active vascular tissue engineering[J].Journal of Biomaterials Science-polymer Edition, 2004,15(5): 645–660.

[44] INOGUCHI H, KWON I K, INOUE E, et al. Mechanical responses of a compliant electrospun poly(l-lactide-co-epsilon-caprolactone) small-diameter vascular graft[J]. Biomaterials, 2006,27(8): 1470–1478.

[45] REMUZZI A, MANTERO S, COLOMBO M, et al. Vascular smooth muscle cells on hyaluronic acid: culture and mechanical characterization of an engineered vascular construct[J]. Tissue Engineering, 2004,10(5-6): 699–710.

[46] GAO J, NIKLASON L, LANGER R. Surface hydrolysis of poly(glycolic acid) meshes increases the seeding density of vascular smooth muscle cells[J]. Journal of Biomedical Materials Research, 1998,42(3): 417–424.

[47] HIGGINS S P, SOLAN A K, NIKLASON L E. Effects of polyglycolic acid on porcine smooth muscle cell growth and differentiation[J]. Journal of Biomedical Materials Research Part A, 2003,67A(1): 295–302.

[48] HOPKINS R A. Tissue engineering of autologous aorta using a new biodegradable polymer-Invited commentary[J]. Annals of Thoracic Surgery, 1999,68(6): 2305.

[49] YANG J, MOTLAGH D, WEBB A R, et al. Novel biphasic elastomeric scaffold for small-diameter blood vessel tissue engineering[J]. Tissue Engineering, 2005,11(11- 12): 1876–1886.

[50] WANG S, ZHANG Y, WANG H, et al. Fabrication and (properties of the electrospun polylactide/silk fibroin-gelatin composite tubular scaffold)[J]. Biomacromolecules, 2009,10(8): 2240–2244.

[51] ENOMOTO S, SUMI M, KAJIMOTO K, et al. Long-term patency of small-diameter vascular graft made from fibroin, a silk-based biodegradable material[J]. Journal of Vascular Surgery, 2010,51(1): 155–164.

[52] ZHANG L, WANG K, ZHAO Q, et al.Core-shell fibrous vascular grafts with the nitric oxide releasing

property[J]. Science China-Chemistry, 2010,53(3): 528–534.

[53] 敖伟，陈南梁. 国外人造血管的发展[J]. 产业用纺织品，2000(12)：1–4.

[54] JU Y, CHOI J S, ATALA A, et al. Bilayered scaffold for engineering cellularized blood vessels[J]. Biomaterials, 2010,31(15): 4313–4321.

[55] ZHOU J, CAO C, MA X. A novel three-dimensional tubular scaffold prepared from silk fibroin by electrospinning[J]. International Journal of Biological Macromolecules, 2009,45(5): 504–510.

[56] SMITH M J, MCCLURE M J, SELL S A, et al. Suture-reinforced electrospun polydioxanone-elastin small-diameter tubes for use in vascular tissue engineering: a feasibility study[J]. Acta Biomaterialia, 2008,4(1): 58–66.

[57] SPILLER D, LOSI P, BRIGANTI E, et al. PDMS content affects in vitro hemocompatibility of synthetic vascular grafts[J]. Journal of Materials Science-materials In Medicine, 2007,18(6): 1097–1104.

[58] TAITE L J, YANG P, JUN H W, et al. Nitric oxide-releasing polyurethane-PEG copolymer containing the YIGSR peptide promotes endothelialization with decreased platelet adhesion[J]. Journal of Biomedical Materials Research Part B-Applied Biomaterials, 2008,84B(1): 108–116.

[59] KIELTY C M, STEPHAN S, SHERRATT M J, et al. Applying elastic fibre biology in vascular tissue engineering[J]. Philosophical Transactions of the Royal Society B-Biological Sciences, 2007,362(1484): 1293–1312.

[60] LI Z, KLEINSTREUER C, FARBER M. Computational analysis of biomechanical contributors to endovascular graft failure[J]. Biomechanics and Modeling in Mechanobiology, 2005,4(4): 221–234.

[61] VAN T I, DE WACHTER D, TORDOIR J, et al. Comparison of the hemodynamics in 6 mm and 4-7 mm hemodialysis grafts by means of CFD[J]. Journal of Biomechanics, 2006,39(2): 226–236.

[62] WESTON M W, RHEE K, TARBELL J M. Compliance and diameter mismatch affect the wall shear rate distribution near an end-to-end anastomosis[J]. Journal of Biomechanics, 1996,29(2): 187–198.

[63] STEWART S F C, LYMAN D J. Effects of a vascular graft natural artery compliance mismatch on pulsatile flow[J]. Journal of Biomechanics, 1992,25(3): 297–310.

[64] STEWART S F C, LYMAN D J. Effects of an artery/vascular graft compliance mismatch on protein transport: a numerical study[J]. Annals of Biomedical Engineering, 2004,32(7): 991–1006.

[65] SUROVTSOVA I. Effects of compliance mismatch on blood flow in an artery with endovascular prosthesis[J]. Journal of Biomechanics, 2005,38(10): 2078–2086.

[66] CHEN J, LAIW R F, JIANG S, et al. Microporous segmented polyetherurethane vascular graft: I. dependency of graft morphology and mechanical properties on compositions and fabrication conditions[J]. Journal of Biomedical Materials Research, 1999,48(3): 235–245.

[67] SEIFALIAN A M, SALACINSKI H J, TIWARI A, et al. In vivo biostability of a poly(carbonate-urea) urethane graft[J]. Biomaterials, 2003,24(14): 2549–2557.

[68] CHAOUAT M, LE VISAGE C, AUTISSIER A, et al. The evaluation of a small-diameter polysaccharide-based arterial graft in rats[J]. Biomaterials, 2006,27(32): 5546–5553.

[69] HONG Y, YE S, NIEPONICE A, et al. A small diameter, fibrous vascular conduit generated from a poly(ester urethane)urea and phospholipid polymer blend[J]. Biomaterials, 2009,30(13): 2457–2467.

[70] LOSI P, LOMBARDI S, BRIGANTI E, et al. Luminal surface microgeometry affects platelet adhesion in small-diameter synthetic grafts[J]. Biomaterials, 2004,25(18): 4447–4455.

[71] ZHANG Z, WANG Z, LIU S, et al. Pore size, tissue ingrowth, and endothelialization of small-diameter microporous polyurethane vascular prostheses[J]. Biomaterials, 2004,25(1): 177–187.

[72] SONODA H, TAKAMIZAWA K, NAKAYAMA Y, et al. Small-diameter compliant arterial graft prosthesis: design concept of coaxial double tubular graft and its fabrication[J]. Journal of Biomedical Materials Research, 2001,55(3): 266–276.

[73] SONODA H, TAKAMIZAWA K, NAKAYAMA Y, et al. Coaxial double-tubular compliant arterial graft prosthesis: time-dependent morphogenesis and compliance changes after implantation[J]. Journal of Biomedical Materials Research Part A, 2003,65A(2): 170–181.

[74] ZHANG L, ZHOU J, LU Q, et al. A novel small-diameter vascular graft: in vivo behavior of biodegradable three-layered tubular scaffolds[J]. Biotechnology and Bioengineering, 2008,99(4): 1007–1015.

[75] 潘仕荣, 陶军, 郑欢玲, 等. 小径微孔聚氨酯人工血管的顺应性[J]. 生物医学工程学杂志, 2006(3): 517–520.

[76] 潘仕荣, 杨世方, 易武, 等. 小径微孔聚氨酯人工血管的制备条件对微观结构与性能的影响[J]. 中国修复重建外科杂志, 2005(1): 64–69.

[77] 潘仕荣, 杨世方. 小径人工血管的径向顺应性测定[J]. 中山大学学报: 医学科学版, 2004(5): 404–407, 412.

[78] 杨震, 陶军, 涂昌, 等. 外周血内皮祖细胞种植小径聚氨酯人工血管及流体切应力处理的实验研究[J]. 生物医学工程学杂志, 2007(2): 299–302.

[79] 潘仕荣, 李松奇, 唐兴奎, 等. 小口径微孔聚氨酯人工血管的动物体内植入研究[J]. 中国生物医学工程学报, 2008,118(3): 451–456.

[80] 王琴梅, 滕伟, 潘仕荣, 等. 聚谷氨酸苄酯/聚乙二醇嵌段共聚物膜的血液相容性研究[J]. 生物医学工程学杂志, 2005(1): 66–69.

[81] 王琴梅, 滕伟, 潘仕荣, 等. 聚谷氨酸苄酯/聚乙二醇/聚谷氨酸苄酯嵌段共聚物膜的生物降解性[J]. 北京生物医学工程, 2004(1): 40–42.

[82] 潘仕荣, 黄宝鑫, 贾磊, 等. 聚六亚甲基碳酸酯聚氨酯脲的抗凝血性[J]. 中山大学学报: 医学科学版, 2005(1): 88–91, 94.

[83] 王永杰. 小口径人造血管研制成功[J]. 发明与创新: 综合版, 2006(12): 31.

[84] 许益民, 张文清, 漆松涛. 小口径人造血管的研究[J]. 国外医学（脑血管疾病分册）, 2005(8): 52–55.

[85] 贾立霞，王璐，凌凯. 小直径纺织基人造血管的工程设计 [J]. 东华大学学报：自然科学版，2004(2): 125-129.

[86] NOJIRI C, OKANO T, PARK K D, et al. Suppression mechanisms for thrombus formation on heparin-immobilized segmented polyurethane-ureas[J]. ASAIO Transactions, 1988,34(3): 386-398.

[87] DU Y, BRASH J L, MCCLUNG G, et al. Protein adsorption on polyurethane catheters modified with a novel antithrombin-heparin covalent complex[J]. Journal of Biomedical Materials Research Part A, 2007,80(1): 216-225.

[88] YAN Y, WANG X, D, et al. A new polyurethane/heparin vascular graft for small-caliber vein repair[J]. Journal of Bioactive and Compatible Polymers, 2007,22(3): 323-341.

[89] LIN W, TSENG C, YANG M. In-vitro hemocompatibility evaluation of a thermoplastic polyurethane membrane with surface-immobilized water-soluble chitosan and heparin[J]. Macromolecular Bioscience, 2005,5(10): 1013-1021.

[90] WAN M, BAEK D K, CHO J H, et al. In vitro blood compatibility of heparin-immobilized polyurethane containing ester groups in the side chain[J]. Journal of Materials Science-materials in Medicine, 2004,15(10): 1079-1087.

[91] LIN W, LIU T, YANG M. Hemocompatibility of polyacrylonitrile dialysis membrane immobilized with chitosan and heparin conjugate[J]. Biomaterials, 2004,25(10): 1947-1957.

[92] PARK K D, OKANO T, NOJIRI C, et al. Heparin immobilization onto segmented polyurethane-urea surfaces--effect of hydrophilic spacers[J].Journal of Biomedical Materials Research, 1988,22(11): 977-992.

[93] LV Q, CAO C, ZHU H. A novel solvent system for blending of polyurethane and heparin[J]. Biomaterials, 2003,24(22): 3915-3919.

[94] CHAPMAN J R, Compliance: the patient, the doctor, and the medication?[J] Transplantation, 2004,77(5): 782-786.

[95] TAI N R, SALACINSKI H J, EDWARDS A, et al. Compliance properties of conduits used in vascular reconstruction[J]. British Journal of Surgery, 2000,87(11): 1516-1524.

[96] ROEDER R, WOLFE J, LIANAKIS N, et al. Compliance, elastic modulus, and burst pressure of small-intestine submucosa (SIS), small-diameter vascular grafts[J]. Journal of Biomedical Materials Research, 1999,47(1): 65-70.

[97] BALLYK P D, WALSH C, BUTANY J, et al. Compliance mismatch may promote graft-artery intimal hyperplasia by altering suture-line stresses[J]. Journal of Biomechanics, 1998,31(3): 229-237.

[98] TRUBEL W, MORITZ A, SCHIMA H, et al. Compliance and formation of distal anastomotic intimal hyperplasia in Dacron mesh tube constricted veins used as arterial bypass grafts[J]. ASAIO Journal, 1994,40(3): 273-278.

[99] SCHMITZ-RIXEN T, LEPIDI S, HAMILTON G. Compliance: a critical parameter for maintenance of arterial reconstruction?[J] Annali Italiani di Chirurgia, 1993,64(1): 15–27.

[100] UCHIDA N, KAMBIC H, EMOTO H, et al. Compliance effects on small-diameter polyurethane graft patency[J]. Journal of Biomedical Materials Research, 1993,27(10): 1269–1279.

[101] EBERHART A, ZHANG Z, GUIDOIN R, et al. A new generation of polyurethane vascular prostheses: rara avis or ignis fatuus?[J] Journal of Biomedical Materials Research, 1999,48(4): 546–558.

[102] KITAMOTO Y, TOMITA M, KIYAMA S, et al. Antithrombotic mechanisms of urokinase immobilized polyurethane[J]. Thrombosis and Haemostasis, 1991,65(1): 73–76.

[103] EDWARDS A, CARSON R J, SZYCHER M, et al. In vitro and in vivo biodurability of a compliant microporous vascular graft[J]. Journal of Biomaterials Applications, 1998,13(1): 23–45.

[104] GRASL C, BERGMEISTER H, STOIBER M, et al. Electrospun polyurethane vascular grafts: in vitro mechanical behavior and endothelial adhesion molecule expression[J]. Journal of Biomedical Materials Research Part A, 2010,93A(2): 716–723.

[105] KHORASANI M T, SHORGASHTI S. Fabrication of microporous inversion method as small material polyurethane by spray phase diameter vascular grafts[J]. Journal of Biomedical Materials Research Part A, 2006,77A(2): 253–260.

[106] PAN S, TAO J, ZHENG H, et al. Compliance of small diameter polyurethane artificial vascular graft[J]. Journal of Biomedical Engineering, 2006,23(3): 517–520.

[107] TIWARI A, SALACINSKI H, SEIFALIAN A M, et al. New prostheses for use in bypass grafts with special emphasis on polyurethanes[J]. Cardiovascular Surgery, 2002,10(3): 191–197.

[108] HSU S H, TSENG H J, WU M S. Comparative in vitro evaluation of two different preparations of small diameter polyurethane vascular grafts[J]. Artificial Organs, 2000,24(2): 119–128.

[109] KONING G, MCALLISTER T N, DUSSERRE N, et al. Mechanical properties of completely autologous human tissue engineered blood vessels compared to human saphenous vein and mammary artery[J]. Biomaterials, 2009,30(8): 1542–1550.

[110] PAN S, TAO J, ZHENG H, et al. Compliance of small diameter polyurethane artificial vascular graft[J]. Journal of Biomedical Engineering, 2006,23(3): 517–520.

[111] INOGUCHI H, KWON I K, INOUE E, et al. Mechanical responses of a compliant electrospun poly(L-lactide-co-epsilon-caprolactone) small-diameter vascular graft[J]. Biomaterials, 2006,27(8): 1470–1478.

[112] SUROVTSOVA I. Effects of compliance mismatch on blood flow in an artery with endovascular prosthesis[J]. Journal of Biomechanics, 2005,38(10): 2078–2086.

[113] CHAPMAN J R. Compliance: the patient, the doctor, and the medication?[J]. Transplantation, 2004,77(5): 782–786.

[114] WESTON M W, RHEE K, TARBELL J M. Compliance and diameter mismatch affect the wall shear

rate distribution near an end-to-end anastomosis[J]. Journal of Biomechanics, 1996,29(2): 187–198.

[115] TRUBEL W, MORITZ A, SCHIMA H, et al. Compliance and formation of distal anastomotic intimal hyperplasia in Dacron mesh tube constricted veins used as arterial bypass grafts[J]. ASAIO Journal, 1994,40(3): M273–278.

[116] SONODA H, URAYAMA S I, TAKAMIZAWA K, et al. Compliant design of artificial graft: compliance determination by new digital X-ray imaging system-based method[J]. Journal of Biomedical Materials Research, 2002,60(1): 191–195.

[117] ROEDER R, WOLFE J, LIANAKIS N, et al. Compliance, elastic modulus, and burst pressure of small-intestine submucosa (SIS), small-diameter vascular grafts[J]. Journal of Biomedical Materials Research, 1999,47(1): 65–70.

[118] 潘仕荣，杨世方. 小径人工血管的径向顺应性测定 [J]. 中山大学学报：医学科学版，2004(5)： 404–407,412.

[119] XU W, ZHOU F, OUYANG C, et al. Mechanical properties of small-diameter polyurethane vascular grafts reinforced by weft-knitted tubular fabric [J]. Journal of Biomedical Materials Research Part A, 2010,92A(1): 1–8.

[120] XU W, ZHOU F, OUYANG C, et al. Small diameter polyurethane vascular graft reinforced by elastic weft-knitted tubular fabric of polyester/spandex [J]. Fibers and Polymers, 2008(9): 71-75.

[121] YANG H, XU W, OUYANG C, et al. Circumferential compliance of small diameter polyurethane vascular grafts reinforced with elastic tubular fabric [J]. Fibres and Textile in Eastern Europe, 2009(17): 89–92.

[122] 杨红军. 管状织物增强功能小口径人造血管的制备与性能研究 [D]. 上海：东华大学，2011.

[123] 陈忠敏，郝雪菲，吴大洋，等. 再生蚕丝丝素蛋白纳米颗粒的制备及抗菌性 [J]. 纺织学报，2008,268(7): 17–20.

[124] 周凤娟，许时婴，杨瑞金，等. 可溶性丝素蛋白的功能性质[J]. 食品科学，2007,336(11)：71–75.

[125] VEPARI C, KAPLAN D L. Silk as a biomaterial[J]. Progress in Polymer Science, 2007(32): 991–1007.

[126] HAKIMI O, KNIGHT D P, VOLLRATH F, et al. Spider and mulberry silkworm silks as compatible biomaterials[J]. Composites Part B-Engineering, 2007,38(3): 324–337.

[127] ALTMAN G H, DIAZ F, JAKUBA C, et al. Silk-based biomaterials[J]. Biomaterials, 2003,24(3): 401–416.

[128] WANG Y, KIM H J, VUNJAK-NOVAKOVIC G, et al. Stem cell-based tissue engineering with silk biomaterials[J]. Biomaterials, 2006,27(36): 6064–6082.

[129] ALTMAN G H, HORAN R L, LU H H, et al. Silk matrix for tissue engineered anterior cruciate ligaments[J]. Biomaterials, 2002,23(20): 4131–4141.

[130] DAL P I, FREDDI G, MINIC J, et al. De novo engineering of reticular connective tissue in vivo by silk

fibroin nonwoven materials[J]. Biomaterials, 2005,26(14): 1987–1999.

[131] JIN H, CHEN J, KARAGEORGIOU V, et al. Human bone marrow stromal cell responses on electrospun silk fibroin mats[J]. Biomaterials, 2004,25(6): 1039–1047.

[132] JIN H J, PARK J, VALLUZZI R, et al. Biomaterial films of Bombyx mori silk fibroin with poly(ethylene oxide)[J]. Biomacromolecules, 2004,5(3): 711–717.

[133] FINI M, MOTTA A, TORRICELLI P, et al. The healing of confined critical size cancellous defects in the presence of silk fibroin hydrogel[J]. Biomaterials, 2005,26(17): 3527–3536.

[134] MOTTA A, MIGLIARESI C, FACCIONI F, et al. Fibroin hydrogels for biomedical applications: preparation, characterization and in vitro cell culture studies[J]. Journal of Biomaterials Science-Polymer Edition, 2004,15(7): 851–864.

[135] TAMADA Y. New process to form a silk fibroin porous 3-D structure[J]. Biomacromolecules, 2005,6(6): 3100–3106.

[136] RAJKHOWA R, WANG L J, WANG X G. Ultra-fine silk powder preparation through rotary and ball milling[J]. Powder Technology, 2008,185(1): 87–95.

[137] TAJIMA M, TANAKA T. Silk powders and their manufacture and coating materials containing silk powders and fabrics coated using silk powders for silklike touch: Japan, 6306772[P]. 1994.

[138] KAWAMURA K, ENOMOTO M. Finishing agents comprising aqueous dispersions containing silk powders for finishing clothing for silk-like luster and handle and good hygroscopicity: Japan,2000220073[P]. 2000.

[139] ENDO Y, YONEDA H. Leather-like sheet made of nonwoven fabric and elastomer: Japan, 2002302879[P]. 2002.

[140] NAKAMURA T. Powder-coated synthetic fibers with improved dyeability, hygroscopicity or luster: Japan, 7229024[P]. 1995.

[141] SANO M, MIKAMI S, SASAKI N, et al. Substance including natural organic substance fine powder: the United States, US5718954[P]. 1998-2-17.

[142] JARERAT A, TOKIWA Y, TANAKA H. Production of poly(L-lactide)-degrading enzyme by Amycolatopsis orientalis for biological recycling of poly(L-lactide)[J]. Applied Microbiology and Biotechnology, 2006,72(4): 726–731.

[143] ZHANG Y. Natural silk fibroin as a support for enzyme immobilization[J]. Biotechnology Advances, 1998,16(5-6): 961–971.

[144] WENK E, WANDREY A J, MERKLE H P, et al. Silk fibroin spheres as a platform for controlled drug delivery[J]. Journal of Controlled Release, 2008,132(1): 26–34.

[145] YEO J H, LEE K G, LEE Y W, et al. Simple preparation and characteristics of silk fibroin microsphere[J]. European Polymer Journal, 2003,39(6): 1195–1199.

[146] XU W, CUI W, LI W, et al. Development and characterizations of super-fine wool powder[J]. Powder Technology, 2004,140(1-2): 136–140.

[147] SCHEIBEL T. Silk - a biomaterial with several facets[J]. Applied Physics a-Materials Science & Processing, 2006,82(2): 191–192.

[148] ZHU L, XU W, MA P, et al. Effect of plasma treatment of silk fibroin powder on the properties of silk fibroin powder/polyurethane blend film[J]. Polymer Engineering and Science, 2010(50): 1705–1712.

[149] ZUO D, TAO Y, CHEN Y, et al. Preparation and characterization of blend membranes of polyurethane and superfine chitosan powder [J]. Polymer Bulletin, 2009(62): 713–725.

[150] TAO Y, YAN Y, XU W. Physical Characteristics and properties of waterborne polyurethane materials reinforced with silk fibroin powder[J]. Journal of Polymer Science, Part B: Polymer Physics, 2010(48): 940–950.

[151] 陶咏真，鄢芸，徐卫林，等. 丝素蛋白与聚氨酯共混膜的制备及结构和性能 [J]. 高分子学报，2010,(1)：27–32.

[152] 许海叶，徐卫林，刘秀英. 非水溶性丝素粉体与聚氨酯共混膜的性能[J]. 纺织学报，2008,29：16–21.

[153] XU W, KE G, PENG X. Studies on the effects of the enzymatic treatment on silk [J]. Journal of Applied Polymer Science, 2006(101): 2967–2971.

[154] LIU X, ZHANG C, XU W, et al. Blend films of silk fibroin and water-insoluble polyurethane prepared from an ionic liquid [J]. Materials Letters, 2011,65(15-16): 2489–2491.

[155] LIU X, XU W, LI W. Characterization of polyamide 6/superfine silk powder blend films [J]. Polymer and Polymer Composites, 2009(17): 505–511.

[156] HUANG J, XU W. Efficient synthesis of zwitterionic sulfobetaine group functional polyurethanes via "Click" reaction [J]. Journal of Applied Polymer Science, 2011,122(2): 1251–1257.

[157] HUANG J, XU W. Zwitterionic monomer graft copolymerization onto polyurethane surface through a PEG spacer [J]. Applied Surface Science, 2010(256): 3921–3927.

[158] BERNACCA G M, GULBRANSEN M J, WILKINSON R, et al. In vitro blood compatibility of surface-modified polyurethanes[J]. Biomaterials, 1998,19(13): 1151–1165.

[159] EDWARDS A, CARSON R J, SZYCHER M, et al. In vitro and in vivo biodurability of a compliant microporous vascular graft[J]. Journal of Biomaterials Applications, 1998,13(1): 23–45.

[160] KANG I K, KWON O H, KIM M K, et al. In vitro blood compatibility of functional group grafted and heparin-immobilized polyurethanes prepared by plasma glow discharge[J]. Biomaterials, 1997,18(16): 1099–1107.

[161] KEOGH J R, WOLF M F, OVEREND M E, et al. Biocompatibility of sulphonated polyurethane surfaces[J]. Biomaterials, 1996,17(20): 1987–1994.

[162] LIN W, TSENG C H, YANG M. In-vitro hemocompatibility evaluation of a thermoplastic polyurethane

membrane with surface-immobilized water-soluble chitosan and heparin[J]. Macromolecular Bioscience, 2005,5(10): 1013–1021.

[163] NOJIRI C, KURODA S, SAITO N, et al. In vitro studies of immobilized heparin and sulfonated polyurethane using epifluorescent video microscopy[J]. ASAIO Journal, 1995,41(3): M389–394.

[164] WAN M, BAEK D K, CHO J H, et al. In vitro blood compatibility of heparin-immobilized polyurethane containing ester groups in the side chain[J]. Journal of Materials Science-materials in Medicine, 2004,15(10): 1079–1087.

[165] ZHANG X. THOMAS V, XU Y, et al. An in vitro regenerated functional human endothelium on a nanofibrous electrospun scaffold[J]. Biomaterials, 2010,31(15): 4376–4381.

[166] 汤苏阳，艾玉峰，董兆麟，等. 新型生物可降解性材料聚β-羟基丁酸生物相容性和安全性研究 [J]. 现代康复，2001(14)：50–51.

[167] 王康，史宏灿，陆世春，等. 人工血管管壁涂层生物材料的生物相容性评价 [J]. 生物医学工程研究，2009,28(1)：43–47.

[168] CHOI J Y, JUNG K Y, LEE J S, et al. Fabrication and in vivo evaluation of the electrospun small diameter vascular grafts composed of elastin/PLGA/PCL and heparin-VEGF[J]. Tissue Engineering and Regenerative Medicine, 2010,7(2): 149–154.

[169] DU Y J, KLEMENT P, BERRY L R, et al. In vivo rabbit acute model tests of polyurethane catheters coated with a novel antithrombin-heparin covalent complex[J]. Thromb Haemost, 2005,94(2): 366–372.

[170] NAKAYAMA Y, NISHI S, ISHIBASHI-UEDA H, et al. Surface microarchitectural design in biomedical applications: in vivo analysis of tissue ingrowth in excimer laser-directed micropored scaffold for cardiovascular tissue engineering[J]. Journal of Biomedical Materials Research, 2000,51(3): 520–528.

[171] SEIFALIAN A M, SALACINSKI H J, TIWARI A, et al. In vivo biostability of a poly(carbonate-urea) urethane graft[J]. Biomaterials, 2003,24(14): 2549–2557.

[172] ZHANG L, ZHOU J, LU Q, et al. A novel small-diameter vascular graft: in vivo behavior of biodegradable three-layered tubular scaffolds[J]. Biotechnology and Bioengineering, 2008,99(4): 1007–1015.

[173] 张士杰，裴庆国，潘可风，等. PLGA/HA 支架材料生物相容性的动物实验研究 [J]. 口腔颌面外科杂志，2007,62(1)：40–45.

[174] 宋凤兰，杨帆，杨轶群，等. 聚乳酸—乙醇酸微球的生物降解性和生物相容性研究 [J]. 海峡药学，2008,106(11)：21–24.

[175] 李晓峰，蔡道章，王昆. 新型生物型半月板的体外生物相容性 [J]. 中国组织工程研究与临床康复，2008,340(32)：6235–6238.

[176] HUANG J H. A new test method for determining water vapor transport properties of polymer

membranes[J]. Polymer Testing, 2007,26(5): 685–691.

[177] 俞三传, 高从堦. 浸入沉淀相转化法制膜[J]. 膜科学与技术, 2000(5): 36–41.

[178] 李战胜, 李恕广, 江成璋. 浸入凝胶法聚合物膜形成机理的研究现状[J]. 膜科学与技术, 2002(2): 29–36.

[179] WIENK I M, BOOM R M, BEERLAGE M A M, et al. Recent advances in the formation of phase inversion membranes made from amorphous or semi-crystalline polymers[J]. Journal of Membrane Science, 1996,113(2): 361–371.

[180] VANDE WITTE P, DIJKSTRA P J, VANDENBERG J W A, et al. Phase separation processes in polymer solutions in relation to membrane formation[J]. Journal of Membrane Science, 1996,117(1-2): 1–31.

[181] STROPNIK C, KAISER V. Polymeric membranes preparation by wet phase separation: mechanisms and elementary processes[J]. Desalination, 2002,145(1-3): 1–10.

[182] LIU X, XU W, PENG X. Effects of stearic acid on the interface and performance of polypropylene/superfine down powder composites[J]. Polymer Composites, 2008,42(5): 1854–1863.

[183] XU W, FANG J, CUI W, et al. Modification of polyurethane by superfine protein powder[J]. Polymer Engineering and Science, 2006,46(5): 617–622.

[184] OUYANG C, XU H, WANG W, et al. In vivo histocompatibility evaluation of polyurethane membrane modified by superfine silk-fibroin powder[J]. Journal of Huazhong University of Science and Technology-Medical Sciences, 2009,29(4): 508–511.

[185] YANG H, XU H, WANG W, et al. Inflammatory response of native silk fibroin powder/polyurethane composite membrane containing aspirin in vivo [J]. Advanced materials research, 2011(175–176): 236–241.

[186] UEBERSAX L, MATTOTTI M, PAPALOIZOS M, et al. Silk fibroin matrices for the controlled release of nerve growth factor (NGF)[J]. Biomaterials, 2007(28): 4449–4460.

[187] HOFMANN S, FOO C, ROSSETTI F, et al. Silk fibroin as an organic polymer for controlled drug delivery[J]. Journal of Controlled Release, 2006,111(1-2): 219–227.

[188] KUNDU J, PATRA C, KUNDU, S C. Design, fabrication and characterization of silk fibroin-HPMC-PEG blended films as vehicle for transmucosal delivery[J]. Materials Science & Engineering C-biomimetic and Supramolecular Systems, 2008,28(8): 1376–1380.

[189] BAYRAKTAR O, MALAY O, OZGARIP Y, et al. Silk fibroin as a novel coating material for controlled release of theophylline[J]. European Journal of Pharmaceutics and Biopharmaceutics, 2005,60(3): 373–381.

[190] FANG H Y, CHEN J P, LEU Y L, et al. Characterization and evaluation of silk protein hydrogels for drug delivery[J]. Chemical & Pharmaceutical Bulletin, 2006,54(2): 156–162.

[191] WANG X, WENK E, MATSUMOTO A, et al. Silk microspheres for encapsulation and controlled release[J]. Journal of Controlled Release, 2007,117(3): 360–370.

[192] 刘纯，金梦瑶，张学农. 丝素蛋白—壳聚糖双氯芬酸钠缓释微球的制备与特性研究[J]. 中国新药杂志，2009,18(16): 1566–1571.

[193] 张幼珠，丁悦，吴徵宇，等. 复层药物丝素膜中药物的释放[J]. 丝绸，2001(8): 10–12.

[194] 张幼珠，王朝霞，丁悦，等. 丝素蛋白作为药物控制释放材料的研究[J]. 蚕业科学，1999(3): 181–185.

[195] 张锋. BMP-2在体内外三维多孔丝素蛋白支架上的释放研究[J]. 国外丝绸，2007,167(3): 7–9.

[196] WANG X, HU X, DALEY A et al. Nanolayer biomaterial coatings of silk fibroin for controlled release[J]. Journal of Controlled Release, 2007,121: 190–199.

[197] WANG X, WENK E, HU X, et al. Silk coatings on PLGA and alginate microspheres for protein delivery[J]. Biomaterials, 2007,28(28): 4161–4169.

[198] SMITH P K, MALLIA A K, HERMANSON G T. Colorimetric method for the assay of heparin content in immobilized heparin preparations[J]. Analytical Biochemistry, 1980,109(2): 466–473.

[199] LIN W, LIU T, YANG M. Hemocompatibility of polyacrylonitrile dialysis membrane immobilized with chitosan and heparin conjugate[J]. Biomaterials, 2004,25(10): 1947–1957.

[200] MOTLAGH D, ALLEN J, HOSHI R, et al. Hemocompatibility evaluation of poly(diol citrate) in vitro for vascular tissue engineering[J]. Journal of Biomedical Materials Research Part A, 2007,82A(4): 907–916.

[201] MOTLAGH D, YANG J, LUI K Y, et al. Hemocompatibility evaluation of poly(glycerol-sebacate) in vitro for vascular tissue engineering[J]. Biomaterials, 2006,27(24): 4315–4324.

[202] SONODA H, TAKAMIZAWA K, NAKAYAMA Y, et al. Coaxial double-tubular compliant arterial graft prosthesis: time-dependent morphogenesis and compliance changes after implantation[J]. Journal of Biomedical Materials Research Part A, 2003,65A(2): 170–181.

[203] SEIFALIAN A M, SALACINSKI H J, TIWARI A, et al. In vivo biostability of a poly(carbonate-urea) urethane graft[J]. Biomaterials, 2003,24(14): 2549–2557.

[204] EDWARDS A, CARSON R J, SZYCHER M, et al. In vitro and in vivo biodurability of a compliant microporous vascular graft[J]. Journal of Biomaterials Applications, 1998,13(1): 23–45.

[205] WANG Z, WANG S, MAROIS Y, et al. Evaluation of biodegradable synthetic scaffold coated on arterial prostheses implanted in rat subcutaneous tissue[J]. Biomaterials, 2005,26(35): 7387–7401.

[206] YONEYAMA T, ISHIHARA K, NAKABAYASHI N, et al. Short-term in vivo evaluation of small-diameter vascular prosthesis composed of segmented poly(etherurethane) 2-methacryloyloxyethyl phosphorylcholine polymer blend[J]. Journal of Biomedical Materials Research, 1998,43(1): 15–20.

[207] NAKAYAMA Y, NISHI S, ISHIBASHI-UEDA H, et al. Surface microarchitectural design in

biomedical applications: in vivo analysis of tissue ingrowth in excimer laser-directed micropored scaffold for cardiovascular tissue engineering[J]. Journal of Biomedical Materials Research, 2000,51(3): 520–528.

[208] ZHANG L, ZHOU J, LU Q, et al. A novel small-diameter vascular graft: in vivo behavior of biodegradable three-layered tubular scaffolds[J]. Biotechnology and Bioengineering, 2008,99(4): 1007–1015.

[209] MAROIS Y, AKOUM A, KING M, et al. A novel microporous polyurethane vascular graft: in vivo evaluation of the UTA prosthesis implanted as infra-renal aortic substitute in dogs[J]. Journal of Investigative Surgery, 1993,6(3): 273–88.

[210] DU Y J, KLEMENT P, BERRY L R, et al. In vivo rabbit acute model tests of polyurethane catheters coated with a novel antithrombin-heparin covalent complex[J]. Thromb Haemost, 2005,94(2): 366–72.

[211] CHOI J Y, JUNG K Y, LEE J S, et al. Fabrication and in vivo evaluation of the electrospun small diameter vascular grafts composed of elastin/PLGA/PCL and heparin-VEGF[J]. Tissue Engineering and Regenerative Medicine, 2010,7(2): 149–154.

展望

Prospect

本书重点讲述了天然蛋白质纤维，即羊毛纤维、蚕丝纤维、羽绒纤维等的粉体化及应用。无论是在膜材料、纤维材料还是生物材料中，天然蛋白质粉体在其中发挥的作用都不能小觑，特别是粉碎技术在生产和应用超细粉体吸附和着色方面更是具有很大的潜力。

其中，就羊毛纤维粉体而言，从羊毛废料中粉碎的羊毛粉体比纯毛纤维具有更高的气味吸附性能，这可能归因于其增强的表面积、多孔结构、表面能等（Tang，2022）。具有固有颜色的羊毛粉作为添加剂显示出广泛的应用潜力，可以通过不同的制造技术对纺织品进行空气净化和着色。羊毛粉基纺织品还具有可回收的气味吸附性、耐洗牢度、柔软的手感和良好的拉伸强度。此外，羊毛粉在复杂环境下对不同气味具有普遍的吸附能力和选择性，为理解蛋白质吸附剂在VOC污染物混合物中的吸附行为提供了支撑。这种无化学转化工艺不仅减少了纺织废料对环境的负面影响，而且扩大了纺织废料的利用率，兼具气味吸附和颜料着色性能，为纺织废弃物管理提供了循环经济的新策略。

关于羊毛粉体的利用在未来工作仍有待改进，具体如下所示。

1. 将羊毛粉在一些领域的应用拓展并推广到其他领域。一种可能的策略是在气体传感器中应用羊毛粉，以实现超高灵敏度和快速响应（Tang，2022）。这主要得益于羊毛粉吸附能力强，毛粉改性气体传感器可以快速吸附气体分子，缩短响应时间，降低检出限。

2. 从经济角度来看，应减少用于纺织品和羊毛颗粒之间聚合物桥接的黏合剂。一种可能的策略是采用可扩展的"颗粒流旋转"方法。可以尝试制造羊毛粉体纱线，可以进一步制成羊毛粉体织物（Huang，2023）。未来工作也可以是开发羊毛粉粉碎方法，以减少研磨时间和成本。一种可能的策略是冷冻—铣削方法，它可以通过预冷冻过程增加羊毛的脆性。因此，与上述切割—铣削—喷雾干燥方法相比，羊毛颗粒与介质球之间的摩擦效果将得到增强，从而可以在更短的时间内粉碎羊毛颗粒。将冷冻碾磨法制备的羊毛粉的形态、化学和物理演变与本方法进行比较，从而更好地理解毛粉的特性。

| 28℃ | 150℃ | 190℃ | 220℃ | 240℃ | 300℃ |

彩图1（见正文第35页，图3-17）

| 0s | 10s | 20s | 30s | 60s | 120s | 180s | 300s |

彩图2（见正文第36页，图3-18）

彩图3（见正文第39页，图3-23）

彩图4（见正文第40页，图3-25）

彩图5（见正文第41页，图3-27）

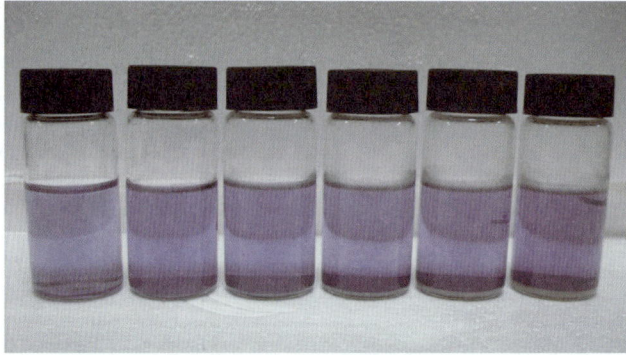
彩图6（见正文第42页，图3-29）

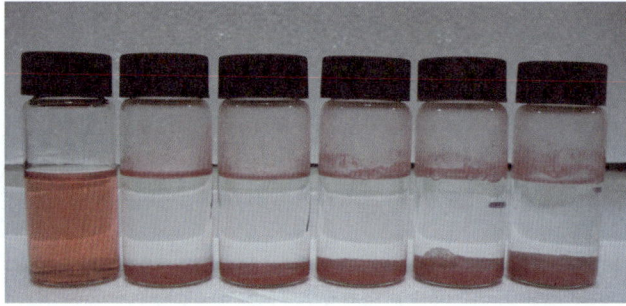
彩图7（见正文第43页，图3-31）

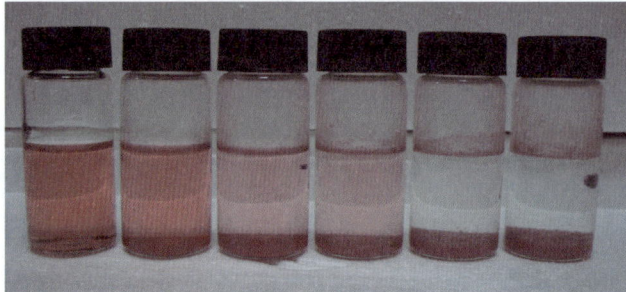
彩图8（见正文第44页，图3-33）

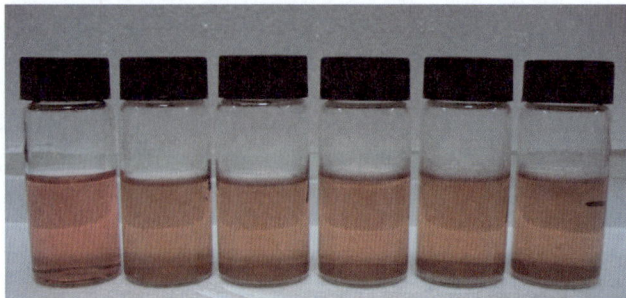
彩图9（见正文第45页，图3-35）

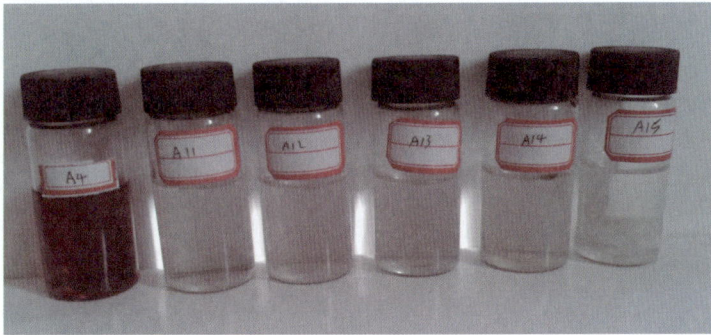
彩图 10（见正文第 46 页，图 3-37）

彩图 11（见正文第 47 页，图 3-39）

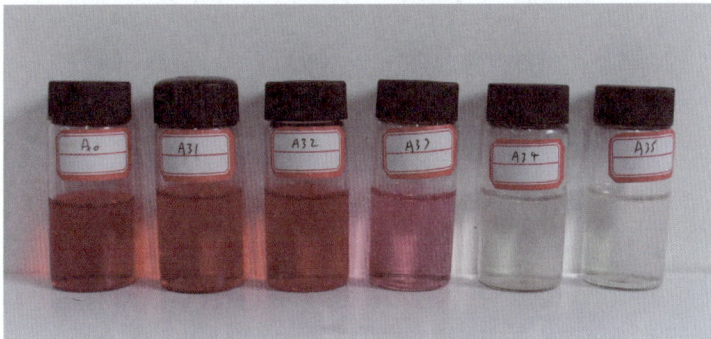
彩图 12（见正文第 48 页，图 3-41）

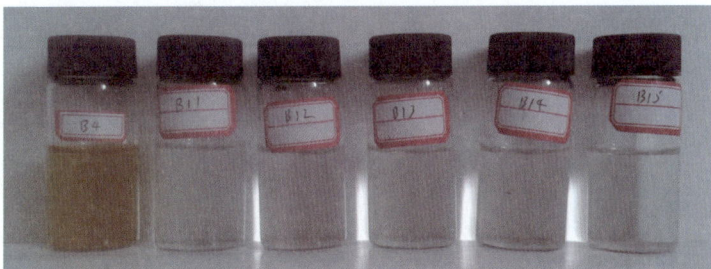
彩图 13（见正文第 49 页，图 3-43）

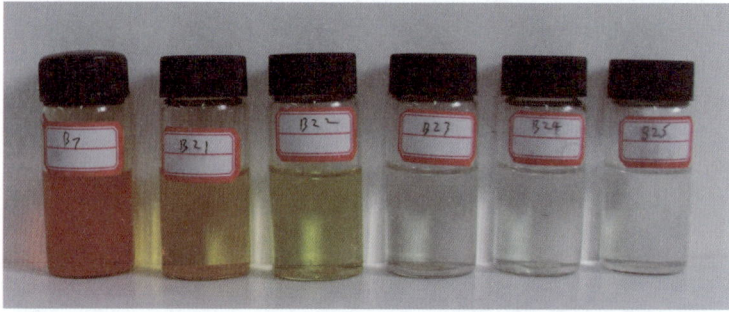

彩图14（见正文第50页，图3-45）

彩图15（见正文第51页，图3-47）

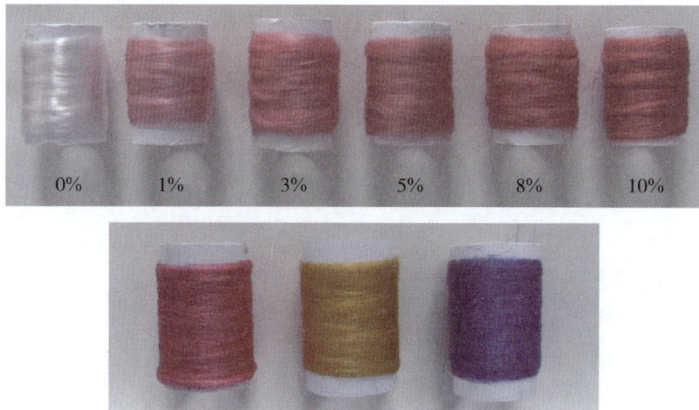

彩图16（见正文第158页，图5-3）